VDE-Schriftenreihe **184**

Zum Autor

Dipl.-Ing. (TH) **Patrick Gehlen** ist bei der Siemens AG verantwortlich für die Normungsarbeit zu den Themen Maschinensicherheit, Funktionale Sicherheit und Schutz gegen elektrischen Schlag. Er ist Delegierter in nationalen und internationalen Normungsgremien. Dipl.-Ing. (TH) Patrick Gehlen (Jahrgang 1966) hat an der Universität Liège/Belgien Elektrotechnik studiert und ist seit 1988 bei der Siemens AG tätig, seit 2000 im Applikations- und Produktmanagement mit den Schwerpunkten Funktionale Sicherheit und Maschinensicherheit. Er ist seit vielen Jahren im Unternehmen verantwortlich für die Normungsarbeit zu den Themen Maschinensicherheit, Funktionale Sicherheit und Schutz gegen elektrischen Schlag. Patrick Gehlen ist TÜV-zertifizierter Senior Safety Expert, Mitglied in verschiedenen Industrieverbänden (z. B. ZVEI, VDMA) und deutsches Mitglied in nationalen Spiegelgremien für das DIN Deutsches Institut für Normung und die DKE Deutsche Kommission Elektrotechnik Elektronik und Informationstechnik in DIN und VDE. Er ist als Delegierter in zahlreichen nationalen und internationalen Normungsgremien sowie Arbeitsgruppen tätig.

Ergänzende Materialien zum Download

Liebe Leserin, lieber Leser,

zusätzliche Daten zu diesem Buch stehen Ihnen kostenlos zum Download zur Verfügung.

Die Daten können Sie herunterladen unter:

https://www.vde-verlag.de/buecher/download/405903.zip

VDE-Schriftenreihe Normen verständlich **184**

Funktionale Sicherheit von Maschinen – kompakt

Zum Nachschlagen und Erstellen – von der Sicherheitsfunktion zur sicheren Maschine

DIN EN IEC 62061 (VDE 0113-50) und
DIN EN ISO 13849-1 im Kontext der DIN EN ISO 12100

Inklusive Software „FSP“ als Arbeitshilfe zum Download

Dipl.-Ing. (TH) Patrick Gehlen

VDE VERLAG GMBH

ICS 13.110; 25.040; 35.240.50

Hinweis: Die Software „FSP“ als Arbeitshilfe steht als Download zur Verfügung und kann unter https://www.vde-verlag.de/buecher/download/405903.zip heruntergeladen werden.

Note: A software documentation in English can be ordered via kreienberg@vde-verlag.de upon request.

Bibliografische Information der Deutschen Nationalbibliothek
Die Deutsche Nationalbibliothek verzeichnet diese Publikation in der Deutschen Nationalbibliografie; detaillierte bibliografische Daten sind im Internet über http://dnb.dnb.de abrufbar.

ISBN 978-3-8007-5902-6 (Buch)
ISBN 978-3-8007-5903-3 (E-Book)
ISSN 0506-6719

Satz: Text- und Software-Service Manuela Treindl, Fürth
Druck: Buch- und Offsetdruckerei H. Heenemann GmbH & Co. KG, Berlin
Printed in Germany 2022-07

Vorwort

Was ärgert den ehrlichen Menschen? Unwahrheiten und Verleumdungen – erst recht, wenn diese sehr offensichtlich sind oder einfach frech behauptet werden.

Und was hat das bitte mit Funktionaler Sicherheit und Maschinensicherheit zu tun? Leider sehr viel in der heutigen hoch komplexen Welt der Gesetze und Normen.

Als ehrlicher Maschinen- oder auch Komponentenhersteller stellt sich einem die Frage nicht, ob die Maschine sicher sein soll oder nicht. Sie muss es einfach sein.

Damit ist das moralische und ethische Umfeld definiert, in dem Geld verdient werden darf. Für diejenigen, die sich nicht so genau daran halten wollen, weil Profit und Faulheit hervorragende Entschuldigungen und Ausflüchte bieten, für diese gibt es widerwillig zu akzeptierende Gesetze und Richtlinien, die sie daran erinnern sollen, was sein und nicht sein darf.

Schutzziele gegen das Vergessen und die Verdrängungskultur

Mein Mobiltelefon sollte nicht auf die Idee kommen in Flammen aufzugehen – Stichwort Lithium-Ionen-Batterien. Mein Rasenmäher sollte nur dann losmarschieren, wenn ich das möchte. Und während ich an meinem Arbeitsplatz Teile bearbeite und prüfe, sollte der Transportschlitten so lange stillstehen, bis ich meine Hände auch wieder sicher verstaut habe.

All das sind Schutzziele – ob das im Unterhaltungselektronikbereich ist oder aber auch im Kontext von gefährlichen Gerätschaften oder Bedienungen: Mir als Mensch soll niemand und nichts Schaden zufügen.

Risikobeurteilung, inhärent sichere Konstruktion, technische Schutzmaßnahmen und Warnhinweise sind die Begriffe, mit denen diese Schutzziele erreicht werden können.

Risiken erkennen und funktional denken

Alles fing in den 1990er-Jahren an. Das Risiko wurde in der Maschinensicherheit geboren. Die DIN EN ISO 12100 schrieb nieder, was der gesunde Menschenverstand bis dato hervorgebracht hatte: Die Risikobeurteilung, damals noch Gefahrenanalyse genannt, wurde als grundlegende Methodik angeboten.

Die Maschinenrichtlinie dankte freundlich für diese Steilvorlage und verankerte diese Vorgehensweise als grundlegende Schutzziele im Anhang I. Dabei wurden noch weitere kreative Aspekte mit aufgenommen, sodass der Hersteller einer Maschine nicht schlecht staunte, was Brüssel im Gewand der EU-Kommission so alles vorschreiben konnte – Stichwort freier Warenverkehr.

Da die Automatisierung und die Steuerungsaufgaben immer besser und schneller wurden, wir schreiben das Jahr 1996, wurde die EN 954-1 angeboten, um den gewieften Herstellern ins Gewissen zu reden: Es wurde alles katalogisiert mithilfe der neuen Kategorien B und 1 bis 4.

Das ist die Geburtsstunde der *Funktionalen Sicherheit*, auch wenn der Begriff noch gar nicht existent war.

Funktionale Sicherheit als Spiegelbild der Sicherheitsfunktionen

In diesem Umfeld Maschinenrichtlinie, Risikobeurteilung und EN 954-1 musste passieren, was sich unausweichlich andeutete: Es wird zu komplex und die EN 954-1 kann nicht die technologische Weiterentwicklung im Sinne von generischen Anforderungen ausreichend befriedigen.

Das Jahr 1999 verändert alles: Die Sicherheitsintegrität SIL (aus IEC 61508 als Grundnorm und 2005 in der Sektornorm IEC 62061) war ein neuer Player im Spiel, um die Herrschaft der deterministischen und probabilistischen Betrachtungen. Mit im Gepäck wurde auch die systematische Integrität angeboten, da nicht alles im Sinne von Wahrscheinlichkeiten ausgedrückt werden kann.

Die EN 954-1 räumte aber nicht wortlos das Feld, sondern bot als Alternative, basierend auf den Prinzipien des SIL, einen kleinen Bruder an: Den Performance Level, PL in der damals neuen ISO 13849-1:2006.

Beide, die IEC 62061 und die ISO 13849-1 versuchen die Sicherheitsfunktionen bewertbar zu machen, sodass das teilweise emotionalen Engineering der 1990er-Jahre nüchtern Zahlen und Fakten weichen kann – theoretisch zumindest.

Von ISO 12100 mit IEC 62061 und ISO 13849-1 zum Ziel

Da die Sicherheitsfunktion der zentrale Begriff ist, der das Schutzziel beschreibt und die Funktionale Sicherheit eine Lösung dazu anbietet, führt kein Weg an ihr vorbei.

In diesem Buch sollen die Sicherheitsfunktionen betrachtet und diskutiert werden, die sich aus der ISO 12100 ergeben und im Kontext heutiger Maschinenkonzepte sinnvoll umgesetzt werden können.

Wegen des Umfangs dieser Aufgabe ist der vorliegenden VDE-Schriftenreihe 184 eine Software als Arbeitshilfe beigelegt, die eine zielführende elektronische Dokumentation gemäß den Anforderungen der Normen ermöglichen soll.

Der Hintergrund ist, dass wir alle keine Zeit mehr haben, oder dass die uns gegebene Zeit möglichst effektiv genutzt werden soll. Diesen Zwiespalt kann man nur lösen, indem wiederkehrende Fragen und Lösungen für sich standardisiert werden – Vorlagen oder Typicals können dabei helfen.

Die Software-Arbeitshilfe „FSP“ sinnvoll nutzen, ohne nachlässig zu werden

Tabellen und Arbeitshilfen unterstützen dort wo hilfreich, weil das Rad nicht immer wieder neu erfunden werden kann. Neben Hintergründen und Erläuterungen liefern diese Tabellen und Arbeitshilfen wertvolle Eselsbrücken während der Entwicklung der technischen Lösungen.

Für die häufigsten Sicherheitsfunktionen wurde eine Projektdatei erstellt, die alle Feinheiten und Stolperfallen berücksichtigt, die sich bei der Umsetzung der Funktionalen Sicherheit ergeben können.

Die Software „FSP“ selber wird Schritt für Schritt erläutert: Basis ist der alltägliche Konstruktions- bzw. Entwicklungsprozess. Die Software richtet sich deshalb nach dem Arbeitsablauf und unterstützt mit erforderlichen Eingaben.

Abschließend sei gesagt: Die Sicherheit von Maschinen ist uns allen wichtig, die Umsetzung nicht immer einfach. Aber typische Beispiele aus der Praxis helfen ungemein und finden sich mit anderen Namen so oft wieder.

Das heißt: Wer sich hier mit der angebotenen Klassifizierung oder Einteilung der Sicherheitsfunktionen gemäß der ISO 12100 anfreunden kann, der wird feststellen, dass es kein Dschungel an Funktionen gibt, sondern alles ins sich schlüssig ist und ein externer Berater auch nicht mehr weiß – selbst wenn mit Ängsten wild argumentiert wird.

Und was dem Leser nicht mehr genommen werden kann, ist das vermittelte Wissen und das bessere Verständnis für Funktionale Sicherheit – den gesunden Menschenverstand hat nämlich jeder. Es ist nur eine Frage des Vertrauens in die eigene Entscheidungsfähigkeit, nicht eine Frage der Unfähigkeit.

Mein persönlicher Dank gilt Kollegen aus der Normung und Anwendern, die sich intensiv mit dem vorliegenden Band sowie der Software auseinandersetzt haben, und dabei hilfreiche Verbesserungen aus der alltäglichen Arbeit eingebracht haben.

Erlangen im Juni 2022 *Patrick Gehlen*

Inhalt

Vorwort 5

Hinweise und Hilfestellungen 13

1 Grundlagen 15
1.1 Gefahr, Risiko und Schaden 15
1.2 Klassifikation der Sicherheitsfunktionen 22
1.3 Beziehung zwischen DIN EN ISO 12100 und DIN EN IEC 62061 (**VDE 0113-50**), DIN EN ISO 13849-1 23

2 Umsetzung Schritt für Schritt 25
2.1 Projektinformationen 25
2.2 Risikobeurteilung und SRS 29
2.3 Sicherheitsfunktionen und funktionale Anforderungen 34
2.4 SCS- und SRP/CS-Methodik 35
2.5 Kategorien und Architekturen 37
2.5.1 Geräte-Typen 37
2.5.2 Vorgesehene Architekturen vs. Ein- und Zweikanaligkeit und *SFF* 41
2.6 Diagnose und Diagnosedeckungsgrad 53
2.7 Fehlerausschlüsse 62
2.8 *PFH* oder PFH_D 66
2.9 CCF und systematische Ausfälle 70
2.10 Validieren mit Verifizieren 76
2.11 Security-Aspekte 80

3 Liste der Sicherheitsfunktionen nach DIN EN ISO 12100 87
3.1 Sicherheitsfunktionen zum Schutz von Personen 92
3.2 Andere Sicherheitsfunktionen 92
3.3 Sicherheitsfunktionen zum Schutz der Maschine 92

4 Software erstellen und prüfen 97
4.1 Grundsätzliches 97
4.2 Anwendungssoftware 99
4.3 Softwareentwurf – SW-Level 1 101
4.4 Softwareentwurf – SW-Level 2 110
4.5 Programmierrichtlinien 119

4.6 Spezifikation der Software 121
4.7 Programmgestaltung 122
4.8 Verifizieren und Validieren 124

5 Validierung 127
5.1 Grundsätzliches 127
5.2 Relevante Informationen 128
5.3 Tests und Prüfungen 134
5.4 Validierung jeder Sicherheitsfunktion 135

6 Dokumentation 137
6.1 Muss und Kann 137
6.2 Struktur 138
6.3 Vorlagen zum kopieren 141

7 Hintergrundwissen zu *PFH* 145
7.1 Hilfreiche Tabellen 145
7.2 *PFH*-Formeln im Überblick 149
7.3 Grundannahmen für die *PFH*-Ermittlung 153
7.3.1 Allgemein 153
7.3.2 Definitionen 153
7.4 Einkanalige Architektur, ohne Diagnose 159
7.4.1 Allgemein 159
7.4.2 *PFH* 160
7.5 Einkanalige Architektur, mit Diagnose 160
7.5.1 Allgemein 160
7.5.2 Fehlerreaktion durch ein anderes Teilsystem 160
7.5.3 Im Teilsystem zu berücksichtigende Fehlerreaktion 162
7.5.4 Betrachtung von CCF 165
7.5.5 Einfluss von CCF 166
7.6 Zweikanalige Architektur, ohne Diagnose 169
7.6.1 Allgemein 169
7.6.2 *PFH* 170
7.6.3 Einfluss von CCF 170
7.7 Zweikanalige Architektur, mit Diagnose 171
7.7.1 Allgemein 171
7.7.2 *PFH*-Ermittlung für den Term A 172
7.7.3 *PFH*-Ermittlung für den Term B 173
7.7.4 *PFH*-Ermittlung für den Term C 173
7.7.5 *PFH*-Ermittlung für den Term C und Term D 173

7.7.6 *PFH* aller Terme 173
7.7.7 Einfluss von CCF 174
7.8 Zweikanalige Architektur, mit Diagnose und mit zwei Betrachtungszeiträumen 174
7.8.1 Allgemein 174
7.8.2 *PFH*-Ermittlung für den Term A 175
7.8.3 *PFH*-Ermittlung für den Term B 175
7.8.4 *PFH*-Ermittlung für den Term C und Term D 175
7.8.5 *PFH* aller Terme 176
7.8.6 Einfluss von CCF 176

8 Risikobeurteilung 179
8.1 Detaillierte Vorgehensweise 179
8.2 Gefährdungen 185
8.3 Gefahren und die Ermittlung von SIL und PL 191
8.4 Risikominderung 194

9 Begriffe und Definitionen 199
9.1 Übersicht aller Abkürzungen und Begriffe 199
9.2 Begriffe kompakt – ergänzend erläutert 202
9.3 Fachwörterbuch Deutsch – Englisch 248

10 Normenlotse 257

11 Die Software „FSP“ 271
11.1 Quick Start (Portable und Start) 271
11.2 Projektinformation 283
11.3 Import 284
11.4 Risikobeurteilung 286
11.5 Basis-Maßnahmen 293
11.6 Funktionale Anforderungen (einer Sicherheitsfunktion) 296
11.7 SCS oder SRP/CS 298
11.8 Software 308
11.9 Validierung 309
11.10 Dokumentation 310
11.11 MeineTypicals (oder Vorlagen) 313

Hinweise und Hilfestellungen

Alle Abschnitte und Anhänge entsprechen der Nummerierung der DIN EN IEC 62061 (**VDE 0113-50**).

Zu jedem Abschnitt wird zu dem Normentext eine Erläuterung angeboten.

Je nach Notwendigkeit wird ein zitierter Normentext hervorgehoben, und nach dem unten aufgezeigten Schema detailliert erläutert.

… zitierter Normentext …

Je nach Notwendigkeit wird ein zitierter Normentext hervorgehoben, und nach dem unten aufgezeigten Schema detailliert erläutert.

Zielsetzung der Normen mit Hintergrundinformationen

Wichtiges Fazit

Interpretationen und neue Erkenntnisse

Verbote oder Fehlanwendung

Weiterführende Querverweise auf Abschnitte, Anhänge, Bilder oder Tabellen der DIN EN IEC 62061 (VDE 0113-50) 6.3 Anhang A Tabelle 5

Verantwortlichkeiten bei der Ermittlung von elektrischen Betriebsmitteln mit Eigenschaften einer Funktionalen Sicherheit

Das Thema der Funktionalen Sicherheit muss immer im Großen und Ganzen gesehen werden.

Das nachfolgende Bild zeigt im Kontext der elektrischen Sicherheit anhand von einigen wichtigen Begriffen, wie die Risikobeurteilung einer elektrischen Ausrüstung letztendlich

- Planer der Maschine,
- Planer der elektrischen Ausrüstung,
- als auch Produkthersteller (oder Komponentenhersteller)

im gegenseitigen Zusammenspiel vereinnahmt.

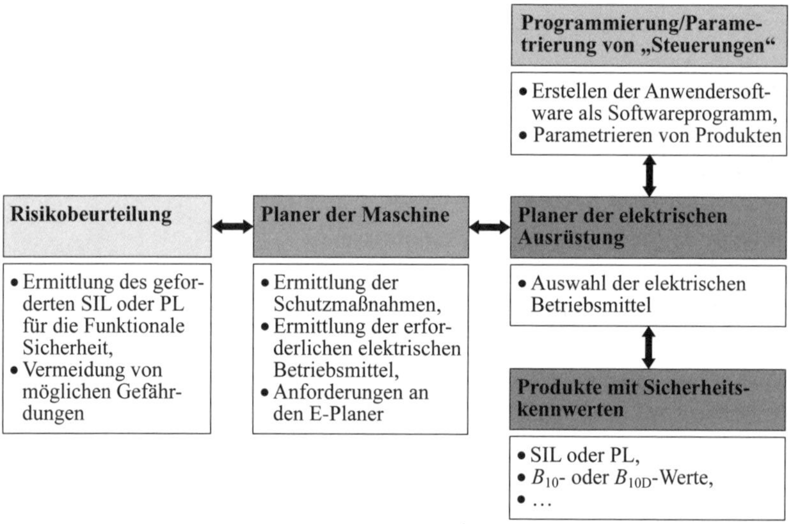

Dies sollte immer von allen betroffenen Parteien berücksichtigt werden, im Dienste und mit der Zielsetzung der Konstruktion einer sicheren Maschine.

1 Grundlagen

1.1 Gefahr, Risiko und Schaden

Basierend auf dem Prozess Risikobeurteilung der DIN EN ISO 12100 werden die Sicherheitsfunktionen identifiziert.

Viele lokale Vorschriften verweisen auf die DIN EN ISO 12100, DIN EN IEC 62061 (**VDE 0113-50**) oder DIN EN ISO 13849-1 oder sind mit ihnen verknüpft.

Risikobewertung und Risikominderung nach DIN EN ISO 12100

Eine Typ-A-Norm gibt die Richtung vor. Warum?

DIN EN ISO 12100 ist eine fundamentale Sicherheitsnorm, die einen Gesamtrahmen und eine Anleitung für die Konstruktion von Maschinen bietet, die für ihre bestimmungsgemäße Verwendung sicher sind. Sie enthält Vorgaben

- zur Identifizierung der Gefährdungen und zur Abschätzung und Bewertung der mit der Maschine verbundenen Risiken;
- zur Beseitigung von Gefährdungen oder zur ausreichenden Risikominderung und
- Hinweise zur Dokumentation und Überprüfung der durchgeführten Risikobeurteilung und Risikominderung.

Kann die Gefährdung nicht beseitigt werden, und wenn es notwendig ist, das mit der Gefährdung verbundene Risiko durch die Umsetzung von Schutzmaßnahmen zu reduzieren, sind diese in der folgenden Reihenfolge anzuwenden, die als dreistufige Risikominderungsstrategie bezeichnet wird:

Schritt 1: Inhärent sichere Konstruktionsmaßnahmen;
Schritt 2: Technische und/oder ergänzende Schutzmaßnahmen;
Schritt 3: Benutzerinformationen.

DIN EN ISO 12100 bietet auch eine Strategie für Normensetzer zur Erstellung von konsistenten und geeigneten Typ-B- und Typ-C-Normen.

DIN EN ISO 12100 ist eine Typ-A-Norm und nach dieser Klassifizierung sind DIN EN IEC 62061 (**VDE 0113-50**) und DIN EN ISO 13849-1, DIN EN ISO 13849-2 Typ-B1-Normen.

Typ-A-, Typ-B- und Typ-C-Normen werden in der DIN EN ISO 12100 definiert – in der Einleitung! Ganz schön frech mal eben so was Grundlegendes zu definieren.

DIN EN ISO 12100 ist die Grundlage für eine Reihe von Normen, die wie folgt klassifiziert werden können:

- **Typ-A-Normen** (Sicherheitsgrundnormen) behandeln Grundbegriffe, Gestaltungsleitsätze und allgemeine Aspekte, die auf Maschinen angewandt werden können;
- **Typ-B-Normen** (Sicherheitsfachgrundnormen) behandeln einen Sicherheitsaspekt oder eine Art von Schutzeinrichtungen, die für eine ganze Reihe von Maschinen verwendet werden können:
  - **Typ-B1-Normen** für bestimmte Sicherheitsaspekte (z. B. Sicherheitsabstände, Oberflächentemperatur, Lärm);
  - **Typ-B2-Normen** für Schutzeinrichtungen (z. B. Zweihandschaltungen, Verriegelungseinrichtungen, druckempfindliche Schutzeinrichtungen, trennende Schutzeinrichtungen);
  - **Typ-C-Normen** (Maschinensicherheitsnormen) behandeln detaillierte Sicherheitsanforderungen an eine bestimmte Maschine oder Gruppe von Maschinen.

Weitere Informationen zur Beziehung von DIN EN ISO 13849-1 mit DIN EN ISO 12100 finden sich in DIN ISO/TR 22100-2. Diese Beziehung gilt auch für die DIN EN IEC 62061 (**VDE 0113-50**).

Wenn eine Typ-C-Norm von einer oder mehreren technischen Anforderungen abweicht, die in dieser internationalen Norm oder in einer Typ-B-Norm behandelt werden, hat die Typ-C-Norm Vorrang.

Anhang A der DIN EN ISO 12100 beschreibt den grundlegenden Ansatz der Norm im Kontext der Funktionalen Sicherheit.

Risikominderung und Verbindung zu SCS und SRP/CS

Und warum der DIN EN ISO 12100 folgen für die Funktionale Sicherheit?

DIN EN IEC 62061 (**VDE 0113-50**), DIN EN ISO 13849-1, DIN EN ISO 13849-2 und dieses Dokument werden im Zusammenhang mit dem dreistufigen Risikominderungsprozess, wie in DIN EN ISO 12100 beschrieben, verwendet. Man kann auch von einem „Drei-Stufen-Verfahren“ oder „Drei-Schritt-Methode“ (en: three-step method) reden.

Sie stellen Anforderungen für die

- Entwurf des sicherheitsbezogenen Steuerungssystems (SCS oder SRP/CS) und der zugehörigen Sicherheitsfunktionen,
- Berechnung des SIL bzw. des PL der Sicherheitsfunktion auf Basis der verwendeten Technik,
- Verifizierung und Validierung des erreichten SIL bzw. des erreichten PL mit den Anweisungen für die sichere Verwendung und
- Hinweise zur Bestimmung der erforderlichen Sicherheitsintegrität.

Bild 1.1 zeigt die Integration von SCS oder SRP/CS innerhalb des Risikominderungsprozesses, wie er in der DIN EN ISO 12100 beschrieben ist.

Grundannahmen zur Risikominderung bei Maschinen

Und warum der DIN EN ISO 12100 folgen für Maschinensicherheit?

Die folgenden Grundannahmen für die Anwendung der Risikominderung in Maschinen sind:

- Die nicht sicherheitsgerichteten Teile der Maschinensteuerung (MCS, en: Machine Control System) werden bei keiner Art der Risikominderung berücksichtigt.
- Für den direkten oder indirekten Schutz von Personen wird der Bedarf an Sicherheitsfunktionen abgeschätzt und die ***Betriebsart mit hoher Anforderungsrate*** als Grundlage für die Bewertung genommen;
- SCS oder SRP/CS ist die einzige Schutzmaßnahme zur Risikominderung.
- Die Reparatur der Sicherheitsfunktionen wird vor dem Wiederanlauf des Maschinenprozesses durchgeführt.

Betriebsart mit hoher Anforderungsrate

Betriebsart, bei der die Häufigkeit der Anforderungen an eine Sicherheits- **IEC 62061,**
funktion größer als eine pro Jahr ist **3.2.27**

Anmerkung 1: Kontinuierlicher Betrieb bedeutet, dass eine Sicherheitsfunktion kontinuierlich ausgeführt wird, d. h., das SCS steuert die Maschine kontinuierlich und ein (gefährlicher) Ausfall ihrer Funktion kann zu einer Gefährdung führen.

Anmerkung 2: Die Unterscheidung zwischen Hochlast- und Dauerbetrieb ist für die Qualifizierung von Diagnosemaßnahmen relevant (siehe Abschnitt 7.4.3 und Abschnitt 7.4.4 der Norm). Sie ist nicht relevant für die Zielausfallmaßnahme und die SIL-Zuweisung.

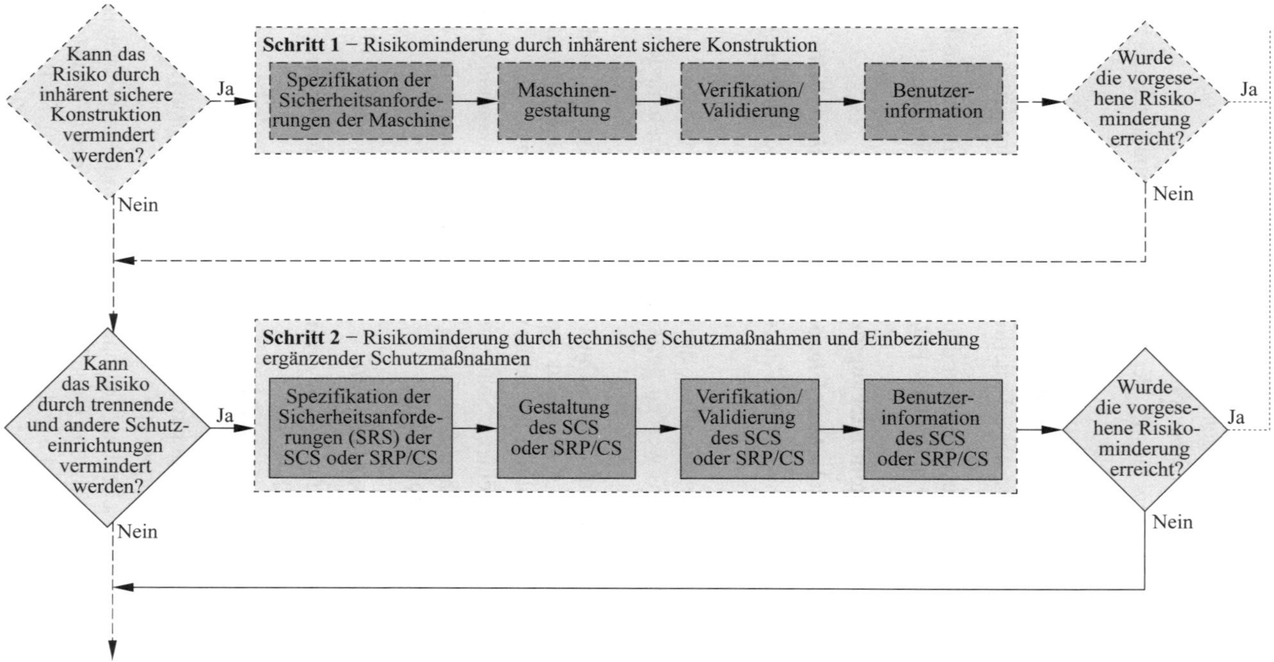

Bild 1.1 Risikominderung durch SCS oder SRP/CS

Grundlegende Sicherheitsannahmen für den Entwurf (die Gestaltung) und die Integration des SCS oder SRP/CS

Funktionale Sicherheit und Maschinen gehen nur bedingt.

Für den Entwurf des sicherheitsgerichteten Steuerungssystems kann jede der verfügbaren Technologien (elektrisch, hydraulisch, pneumatisch, mechanisch usw.) einzeln oder in Kombination verwendet werden.

Ein SCS oder SRP/CS besteht in der Regel aus einem oder mehreren Sensoren (oder Tastern oder Schaltern), einer Entscheidungslogik und einem oder mehreren Auslösegeräten.

Bild 1.2 zeigt ein typisches Beispiel für ein SCS oder SRP/CS, das in drei Teilsysteme unterteilt ist, die jeweils die Aufgaben der Erkennung, der Auswertung und der Auslösung einer Aktion übernehmen.

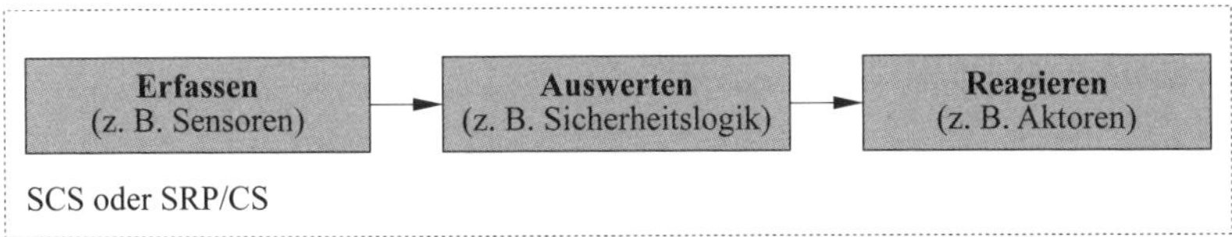

Bild 1.2 SCS oder SRP/CS als Sicherheitsfunktion

Für die Integration eines SCS oder SRP/CS sind folgende Grundsätze zu beachten:

- SCS bzw. SRP/CS sind getrennt und unabhängig von den nicht sicherheitsgerichteten Teilen der Maschinensteuerung (MCS).
- SCS bzw. SRP/CS ist nur für den direkten oder indirekten Schutz von Personen bestimmt; es nimmt nicht aktiv am Maschinenprozess teil und wird nur aktiviert, wenn eine gefährliche Situation auftritt.
- Die Zuverlässigkeit der nicht sicherheitsbezogenen Teile der Maschinensteuerung (MCS) spielt bei der Bewertung der Sicherheitsfunktion keine Rolle. Es geht, um die Zuverlässigkeit des SCS oder SRP/CS; je größer die Wahrscheinlichkeit ist, dass eine Person dem Risiko ausgesetzt ist, desto höher sollte die Verfügbarkeit des SCS oder SRP/CS sein.
- Beim Erkennen eines gefährlichen Fehlers im SCS oder SRP/CS wird die Maschine in einen sicheren Zustand gebracht. Ein Wiederanlauf des Maschinenprozesses wird erst nach Reparatur und Wiederherstellung des SCS oder SRP/CS akzeptiert.

Sicherheitsfunktion = Auslöser + Auswertung + Reaktion
(Ursache) (Verarbeitung) (Wirkung)

In der Welt der Steuerungstechnik benötigt man zur Umsetzung dazu nachfolgende Einheiten:

Sicherheitsfunktion = Eingang + Logik + Ausgang

Gefahr, Gefährdung und Risiko

Gefahr wird erkannt und benannt

Mit der Erkenntnis, dass eine Gefahr (en: danger) für den Bediener der Maschine bestehen kann, z. B. wenn eine Schutztüre geöffnet wird und ein Antrieb sicher angehalten werden soll, dann muss diese Interaktion des Menschen mit der Maschine bewertet werden.

Gefahr wird zu einer Gefährdung

Trifft ein Mensch auf eine Gefahr, dann entsteht eine Gefährdung. Man redet auch von einem Gefährdungsereignis, en: hazardous event.

Gefährdung wird zum Risiko

Der Begriff Risiko soll dabei helfen, eine Einstufung der Gefährdung vorzunehmen: Mit dieser Bewertung des Risikos ergeben sich Entwurfslösungen die das Restrisiko auf ein akzeptables Niveau beschränkt.

Die DIN EN ISO 12100 beschreibt jedoch das Risiko aus Sicht der Konstruktion einer Maschine, und nicht aus Sicht der Funktionalen Sicherheit:

Hier besteht nach wie vor eine Lücke zwischen Risikobewertung gemäß DIN EN ISO 12100 und Einstufung in Form von **gefordertem SIL oder PL**

Lediglich die Eingangsgrößen des Risikos sind durch die Anwendung der DIN EN ISO 12100 gegeben.

Das Risiko

Es steht für eine Anforderung, resultierend aus den genaueren Betrachtungen aller Risiken der Maschine im Rahmen der Risikobeurteilung der Maschine gemäß der DIN EN ISO 12100. Hiermit soll eine einzelne risikomindernde Maßnahme qualitativ erfasst und bewertet werden. Das nennt man Risikoeinschätzung: das Schadensausmaß, also der Schaden, der mir zugefügt werden kann und die Eintrittswahrscheinlichkeit, mit der dieses Risiko mir diesen Schaden auch wirklich zufügen könnte.

Risikoparameter der DIN EN ISO 12100 lassen grüßen

- Schadensausmaß
- Eintrittswahrscheinlichkeit dieses Schadens, die eine Funktion von ist:
  - Gefährdungsexposition einer Person,
  - der Wahrscheinlichkeit des Eintritts eines Gefährdungsereignisses,
  - Möglichkeiten zur Vermeidung oder Begrenzung des Schadens.

Beispiele

„Ein Roboter oder eine sich bewegende Achse in einem Bearbeitungszentrum könnte meine Hand ernsthaft verletzen", wenn es keine Sicherheitstechnik geben würde (eine medizinische Behandlung wäre kurzfristig notwendig wegen einer Schürfwunde) – die Einstufung des Schadensausmaßes wäre hier eine „reversible Verletzung, einschließlich schwerer Fleischwunden, Stichwunden und schwerer Quetschungen".

„Wenn die Schutztür geöffnet wird, dann muss die Bearbeitung des Werkstücks sofort beendet werden". Ohne Sicherheitstechnik würde eine medizinische Behandlung notwendig wegen möglicher Folgen durch Scheren oder Schneiden – die Einstufung des Schadensausmaßes wäre hier eine „irreversible Verletzung".

Die Funktion

Da wir ganz bewusst durch den Prozess der Risikobeurteilung auf einzelne Risiken eingehen müssen, um jedem Risiko erst gar keine Möglichkeit zu geben, dem Menschen auch einen Schaden zufügen zu können, müssen wir detailliert dieses Risiko verstehen und funktional beschreiben: Wenn wir diesem Risiko jede Feindseligkeit entreißen wollen, werden wir also eine risikomindernde Maßnahme in Form einer Funktion beschreiben. Beispiel: Dem Roboter oder der sich bewegenden Achse entziehen wir jede Bewegungsmöglichkeit, sobald wir diesen zu nahekommen. Ein Lichtvorhang oder eine Schutztür können hier das auslösende, rettende Moment sein. Somit würden wir sagen: „Wenn ich die Lichtstrahlen des Lichtvorhangs unterbreche oder wenn die Schutztür geöffnet wird, dann sollen alle Bewegungen unmittelbar beendet werden."

Der Ausfall

Da jedes Risiko für sich einen Handlungsbedarf im Entwurf der Maschinen hinsichtlich der Integration der Sicherheitstechnik nach sich zieht, ist es verständlich, dass nicht jede risikomindernde Maßnahme in ihrer Umsetzung die gleiche Qualität aufweisen muss. Die Basis dafür stellt das potenziell zu beherrschendem Risiko dar. Würde aber eine Schutzmaßnahme versagen, dann würde man sich diesem Risiko (Ursprungsrisiko) wieder aussetzen. Das heißt, der Ausfall einer Schutzmaßnahme muss auf Basis des zu erwartenden Risikos betrachtet werden, oder anders formuliert: Je höher das Risiko ist, dem ich mich aussetzen könnte (Schadensausmaß und Eintrittswahrscheinlichkeit), desto besser und sicherer müssen meine Maßnahmen sein, sodass ein Ausfall meiner Maßnahmen immer unwahrscheinlicher wird. In diesem Zusammenhang werden wir in der Funktionalen Sicherheit den umgangssprachlichen Begriff „Ausfallwahrscheinlichkeit" verwenden müssen.

1.2 Klassifikation der Sicherheitsfunktionen

Alle Sicherheits- oder ergänzenden Schutzmaßnahmen, die gemäß DIN EN ISO 12100 durchgeführt werden, können in drei Arten von Sicherheitsfunktionen unterteilt werden.

Arten von Sicherheitsfunktionen

1. Sicherheitsfunktionen zur Verringerung von Risiken, die durch **Mensch-Maschine-Interaktionen** entstehen. Sie werden zum Schutz des menschlichen Körpers oder von Körperteilen eingesetzt und sollen sofort bei einem bestimmten auslösenden Ereignis wirken. Sie sollen sicherstellen, dass die Person nicht verletzt wird.
2. Sicherheitsfunktionen zur Verringerung von Risiken, die durch **Ausfälle des Maschinen-Steuerungssystem** entstehen. Sie werden als Mittel zur Vorbeugung eingesetzt und sollen wirken, bevor ein bestimmtes auslösendes Ereignis eintritt.
   Ihre Aufgabe ist es, zu gewährleisten, dass der Unfall nicht eintritt oder zumindest seine Entwicklung zu verlangsamen oder die Abweichung des Prozesses auf ein akzeptables Niveau zu begrenzen.
3. Sicherheitsfunktionen zur Verringerung von Risiken, die durch **unsachgemäßen Gebrauch der Maschine** entstehen. Sie sollen das Risiko mechanischer katastrophaler Ausfälle verringern, die durch hohe Beanspruchung oder übermäßige Arbeitsbelastung entstehen.

Das Ergebnis der Risikobewertung bestimmt demnach, welche Sicherheitsfunktion oder welche Kombination von Sicherheitsfunktionen in welcher Reihenfolge implementiert werden muss.

1.3 Beziehung zwischen DIN EN ISO 12100 und DIN EN IEC 62061 (VDE 0113-50), DIN EN ISO 13849-1

Eingangsinformationen

Für die korrekte Anwendung von DIN EN IEC 62061 (**VDE 0113-50**) oder DIN EN ISO 13849-1 sind **Eingangsinformationen** erforderlich, die sich aus der Anwendung des gesamten Risikobewertungs- und Risikominderungsprozesses für die jeweilige Maschinenkonstruktion ergeben (**Tabelle 1.1**).

von DIN EN ISO 12100

Informationen von (Abschnitt der DIN EN ISO 12100:2011-03)	**Die wichtigsten, zu beachtenden Punkte**
Grenzen der Maschine (DIN EN ISO 12100, 5.3)	1) Verwendungsgrenzen, 2) räumliche Grenzen, 3) zeitliche Grenzen, 4) weitere Grenzen (wie z. B. umgebungsbezogen)
Das mit einer bestimmten Gefährdungssituation verbundene Risiko (DIN EN ISO 12100, 5.4, 5.5.2)	1) Schadensausmaß; 2) Eintrittswahrscheinlichkeit dieses Schadens als Funktion – der Gefährdungsexposition einer Person/von Personen, – des Eintritts eines Gefährdungsereignisses sowie – der technischen und menschlichen Möglichkeiten zur Vermeidung oder Begrenzung des Schadens
Spezifikationen für die beabsichtigte Leistungsfähigkeit der betreffenden Risikominderungs- bzw. Schutzmaßnahme	1) allgemeine Beschreibung der beabsichtigten Funktion der Risikominderungs- bzw. Schutzmaßnahme (relevante funktionale Anforderungen), 2) spezifische sicherheitsrelevante Merkmale für die Risikominderung bzw. Schutzmaßnahme (z. B. Reaktionszeit, Betriebsarten, Aufforderung), 3) Beschreibung der für die Risikominderung bzw. Schutzmaßnahme relevanten Umgebungsbedingungen (z. B. Raumbegrenzung, Temperatur, Feuchtigkeit, Luftfeuchtigkeit), 4) Vorgabe anderer maschinen- und/oder prozessspezifischer Bedingungen (z. B. ausgewiesene sicherheitsbezogene Komponenten)

Tabelle 1.1 Informationen von DIN EN ISO 12100

Auf der Grundlage dieser Eingangsinformationen kann das SCS oder SRP/CS angemessen gestaltet werden. Die Informationen, die sich aus der detaillierten Gestaltung des SCS oder SRP/CS für dessen Integration in die Maschinenkonstruktion ergeben, müssen dann im Gesamtprozess der Risikobeurteilung und Risikominderung gemäß DIN EN ISO 12100 berücksichtigt werden.

Ausgangsinformationen

Nach der Anwendung von DIN EN IEC 62061 (**VDE 0113-50**) oder DIN EN ISO 13849-1 ergeben sich **Ausgangsinformationen**, die für die Anwendung des gesamten Risikobewertungs- und Risikominderungsprozesses notwendig sind (**Tabelle 1.2**).

Informationen von (Abschnitten der DIN EN IEC 62061 (VDE 0113-50) und DIN EN ISO 13849-1)	**Die wichtigsten, zu beachtenden Punkte**
Bestätigung, dass die beabsichtigte Risikominderung durch die technische Lösung erreicht wird (DIN EN IEC 62061 (**VDE 0113-50**), Abschnitt 9) (DIN EN ISO 13849-1, Abschnitt 9)	Ergebnisse der Verifikation und Validierung des SCS gemäß DIN EN IEC 62061 (**VDE 0113-50**) oder SRP/CS der DIN EN ISO 13849-1
Technische Dokumentation (DIN EN IEC 62061 (**VDE 0113-50**), Abschnitt 10) (DIN EN ISO 13849-1, Abschnitt 10)	Technische Dokumentation zur Integration/ Zusammenbau der technischen Lösung in die Maschinenkonstruktion
Informationen zur Verwendung (DIN EN IEC 62061 (**VDE 0113-50**), Abschnitt 10) (DIN EN ISO 13849-1, Abschnitt 11)	Alle relevanten Informationen, die vom Maschinenkonstrukteur an den Benutzer der Maschine weitergegeben werden müssen, um die korrekte Verwendung des SCS oder SRP/CS und der damit verbundenen Risikominderungs- bzw. Schutzmaßnahmen sicherzustellen

↓ **an DIN EN ISO 12100**

Tabelle 1.2 Informationen an DIN EN ISO 12100

2 Umsetzung Schritt für Schritt

In diesem Kapitel werden die relevanten Schritte gemäß den Normen zur Funktionalen Sicherheit erläutert. Die beigefügte Software „FSP“ kann dabei unterstützen und als Arbeitshilfe dienen.

2.1 Projektinformationen

Wie in jedem Projekt wird ein Rahmen benötigt hinsichtlich der notwendigen Dokumentation und der betroffenen Personen bzw. Gruppen oder Abteilungen.

Typische Projektinformationen sind	
Projekt Daten:	Bezeichnung, interne Dokumentation, …
Projekt Verantwortliche und Funktionen (Rollen):	verantwortliche Gruppe sind die Kollegen: Projektleiter, Entwickler, Tester/QM, …
Projekt Konfigurations-management:	HW und SW werden durch den Kollegen Herr Konfigurator-QM geprüft.
Projekt Änderungs-management:	Jede Projektierungs-Änderung wird durch im Team freigegeben. Fehler beim Testen werden separat dokumentiert. Die Version der HW und SW wird eindeutig genannt.
Projekt Verifizierungsplan (Personen, Abteilungen, Gruppen, Einheiten):	Die Validierung jeder Sicherheitsfunktion basiert auf dem Verifizierungsplan; interne Dokumenten-Referenz ist VER *XYZ*.
Projekt Hardware:	interne Dokumenten-Referenz HW *XYZ* (Schaltpläne)
Projekt Software:	interne Dokumenten-Referenz SW *ABC* (Programm)

Bild 2.1 zeigt die typischen Projektinformationen. Diese Informationen können bereits in anderen Dokumenten vorliegen und müssen hier nicht mehr erfasst werden. „Wurde bereits durchgeführt, siehe Kommentare | Notizen“.

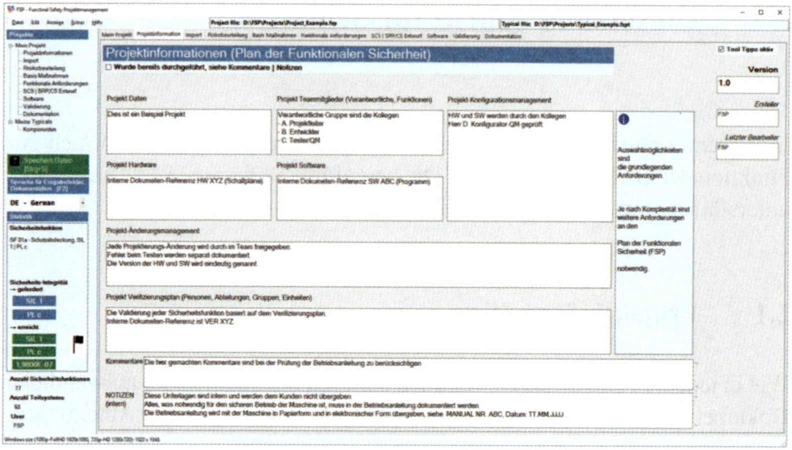

Bild 2.1 Projektinformationen (FSP)

Aktivitäten als „Plan der Funktionalen Sicherheit“ – Wer macht was?

Die DIN EN IEC 62061 (**VDE 0113-50**) beschreibt alle Aktivitäten im Rahmen der Funktionalen Sicherheit mit diesem Plan. **Bild 2.2** zeigt die relevanten Aktivitäten mit den Verantwortlichen.

Management für alle – kein Nachteil für den Einzelnen

In diesem Plan (en: safety plan) sollen alle notwendigen Aktivitäten erfasst und dokumentiert werden, damit die notwendige Funktionale Sicherheit des SCS also die entscheidenden Teile einer Sicherheitsfunktion, sichergestellt ist. Der Begriff „Managementaktivitäten“ in der Norm meint all die Aktivitäten, die diesbezüglich sowohl technisch als auch organisatorisch einzuhalten sind.

Plan der Funktionalen Sicherheit

Die legitimen Fragen, die beantwortet werden müssen, damit eine gewisse Qualität im Konstruktionsprozess nachgewiesen werden kann, sind:

1. Welche Eingangsparameter gibt es, wer ist verantwortlich dafür?
2. Wie wird die Funktionale Sicherheit erreicht?
3. Wer macht was?
4. Wie können die Resultate verifiziert und überprüft werden?
5. Wie werden Änderungen (Modifikation) verfolgt?

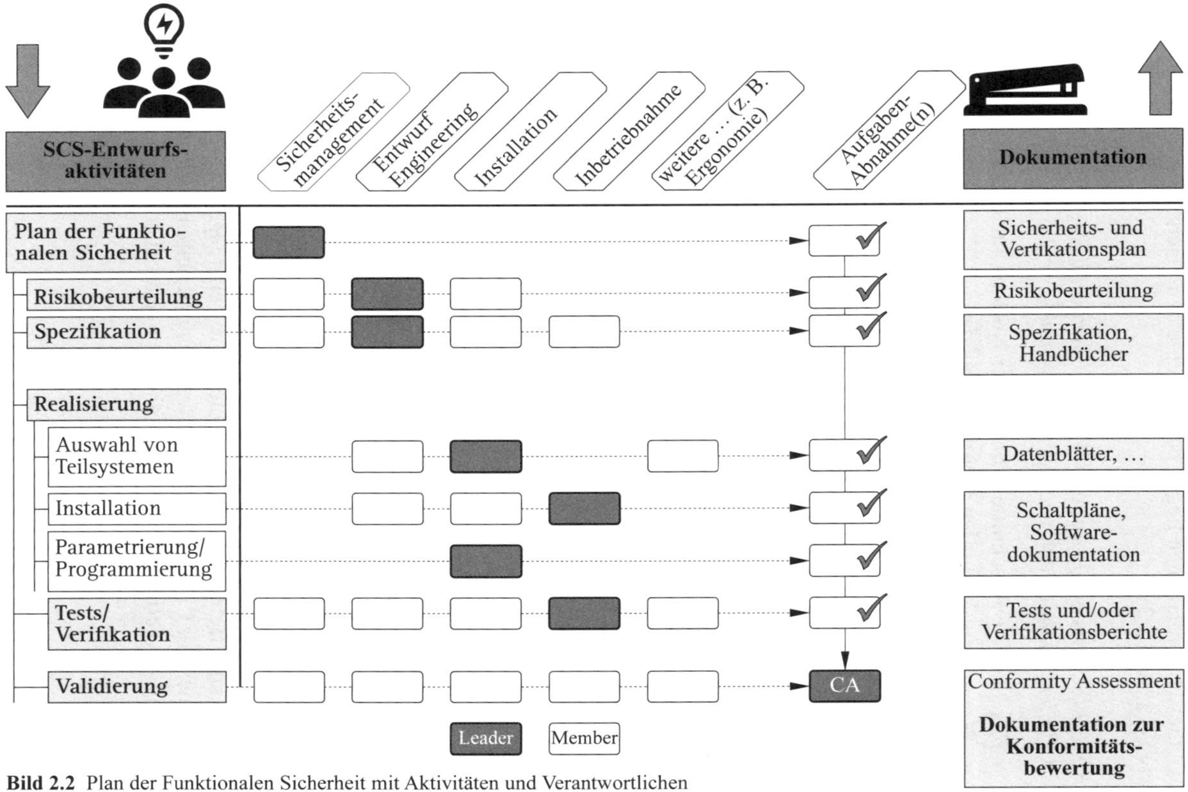

Bild 2.2 Plan der Funktionalen Sicherheit mit Aktivitäten und Verantwortlichen

All diese Informationen liegen bereits heute beim Hersteller von Maschinen vor (s. a. Bild 2.3).

Ein Bild sagt mehr als tausend Worte – Funktionale Sicherheit versteht sich als Projektmanagement, wie jedes andere auch.

Die Abschnitte 4 bis 10 der Normen finden sich im **Plan der Funktionalen Sicherheit** wieder.

Es gibt immer einen **Verantwortlichen** für eine Tätigkeit. Diese Person muss nicht zwangsläufig diese Tätigkeit bis ins letzte Detail ausführen. Sie muss aber dafür Sorge tragen, dass alle Unterlagen und Ergebnisse vorhanden und auch nachvollziehbar sind.

Das Ziel ist eine nachvollziehbare und verständliche Dokumentation.

Diese ist Teil der Maschinendokumentation und wird in der Praxis in den Standard-Konstruktionsprozess eingebaut werden.

Die **Betriebsanleitung** der Maschine zeigt dem Nutzer der Maschine, was zu beachten ist, damit die Maschine ordnungsgemäß und sicher (für den Bediener) betrieben werden kann (Stichworte: Arbeitssicherheit und Gewährleistung).

Sie ist die sichtbare Schnittstelle zwischen Betreiber und Hersteller der Maschine.

Hier werden die Sicherheitsfunktionen aus Sicht des Bedieners und der möglichen Wartung, als auch der Störungshandhabung genannt, ohne dass der Begriff Sicherheitsfunktion in der Regel verwendet wird:

Der Bediener muss z. B. die technische Umsetzung für eine Schutztürüberwachung und das Warum nicht kennen. Aber sehr wohl wann diese zu quittieren ist und wann die Maschine erst erneut gestartet werden darf.

Die technische Dokumentation (z. B. Risikobeurteilung, Sicherheitsfunktionen, …) sind Betriebsgeheimnisse die nicht weitergegeben werden müssen – sie dienen der CE-Konformitätsbewertung und helfen im Schadensfall den Nachweis zu erbringen, nicht grob fahrlässig gearbeitet zu haben.

Einfache und klare Ziele – Prüfen was vielleicht schlief

Aufgabenstellung (Was)	*Nachweis und Aktivitäten (Wie)*
Überprüfen der *SRS auf Konsistenz und Zielerreichung:* *Entspricht die SRS wirklich den Sicherheitsanforderungen?*	*Festgelegte Aktivitäten im Plan der Funktionalen Sicherheit müssen überprüft werden.* Nachweis, dass die Konstruktion vollständig im Einklang mit dem Plan der Funktionalen Sicherheit ist, mittels ✓ Inspektion (auch Analyse) und ✓ Prüfung der SRS hinsichtlich der Sicherheitsanforderungen. Wichtige Ergebnisse der Prüfung SRS sind durch die Überprüfung der ✓ Funktionalen Anforderungen und ✓ Anforderungen an den spezifizierten SIL zu erbringen.
	Wer? „Unabhängige" Personen (nicht am Entwurf und der Realisierung beteiligt).
	Womit? Der Validierungsprozess besteht aus ✓ der Analyse und ✓ erforderlichen Funktionstests.
	Bei komplexen Steuerungssystemen kann eine *getrennte Validierung der Teilsysteme* vor der Integration vorgenommen werden.

2.2 Risikobeurteilung und SRS

Aus der Risikobeurteilung ergeben sich risikomindernde Schutzmaßnahmen, dabei gehen die technische immer vor organisatorischen Maßnahmen.

Diese technischen Schutzmaßnahmen können mit Sicherheitsfunktionen beschrieben werden. Wenn eine Sicherheitsfunktion mittels einer „Steuerung" integriert oder realisiert wird, wird ein SCS oder SRP/CS entworfen.

Dabei ist entscheidend, welche Vorgaben aus der Risikobeurteilung an diesen SCS oder SRP/CS Entwurf gemacht werden.

Informationen aus der Risikobeurteilung (DIN EN ISO 12100):
siehe 1.1 Gefahr, Risiko und Schaden 1.3 Beziehung zwischen DIN EN ISO 12100 und DIN EN IEC 62061 (**VDE 0113-50**), DIN EN ISO 13849-1
Die Liste der Sicherheitsfunktionen wurde aufgrund der Risikobeurteilung, Warnhinweise oder sonstige Informationen, die in die Betriebsanleitung übernommen werden müssen, sind in den Kommentaren hervorgehoben. Herr *C*. Tester/QM ist verantwortlich für die Überprüfung der Informationen (Vollständigkeit), die in die Betriebsanleitung übernommen werden müssen.
Allgemeine Beschreibung der Sicherheitsfunktion (SF):
z. B. Die Maschinenbeschreibung ist im Dokument MACHINE NR. ABC, Datum: TT.MM.JJJJ hinterlegt. Die Betriebsanleitung ist das Dokument MANUAL NR. ABC, Datum: TT.MM.JJJJ Die Abstimmung erfolgte mit der Konstruktion (Mechanik), die federführend die Risikobeurteilung geleitet hat. Die Risikobeurteilung ist in dem Dokument RISK NR. ABC, Datum: TT.MM.JJJJ hinterlegt.

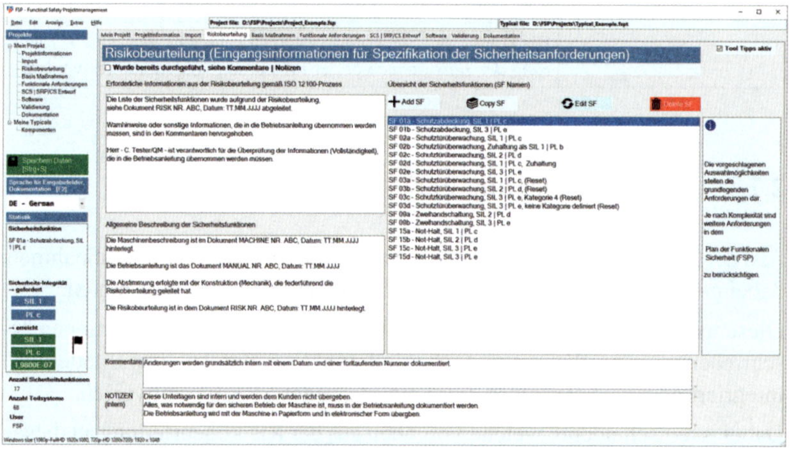

Bild 2.3 Risikobeurteilung und Spezifikation der Sicherheitsanforderungen (FSP)

Die geforderte Sicherheitsintegrität (Güte) der Sicherheitsfunktion kann mit DIN EN IEC 62061 (**VDE 0113-50**) oder aber auch DIN EN ISO 13849-1 ermittelt werden (siehe **Bild 2.4** und **Bild 2.5**).

SIL-Zuweisung (Anhang A der DIN EN IEC 62061 (VDE 0113-50))

Folgen	Schwere *Se*	Klasse *Kl* = *Fr* + *Pr* + *Av*												
		3	*4*	*5*	*6*	*7*	*8*	*9*	*10*	*11*	*12*	*13*	*14*	*15*
Tod, Verlust eines Auges oder Arms	*4*	**SIL 1**		**SIL 2**			**SIL 2**			**SIL 3**			**SIL 3**	
		PL_r b	PL_r c	PL_r d			PL_r d			PL_r e			PL_r e	
dauerhafte Verletzung, Finger verlieren	*3*			**AM**			**SIL 1**			**SIL 2**			**SIL 3**	
				PL_r a			PL_r b		PL_r c	PL_r d			PL_r e	
reversible Verletzung, medizinische Versorgung	*2*	kein SIL (oder PL) erforderlich					**AM**			**SIL 1**			**SIL 2**	
							PL_r a			PL_r b		PL_r c	PL_r d	
reversible Verletzung, Erste Hilfe	*1*									**AM**			**SIL 1**	
										PL_r a			PL_r b	

AM: andere Maßnahmen (z. B. grundlegende Sicherheitsprinzipien)

Folgen	Schadensausmaß *Se*
irreversible: Tod, Verlust eines Auges oder Arms	4
irreversible: gebrochene Extremität(en), Verlust eines Fingers (von Fingern)	3
reversibel: erfordert Versorgung durch einen Arzt	2
reversibel: benötigt Erste Hilfe	1

Häufigkeit und Dauer der Exposition (*Fr*)			Wahrscheinlichkeit des Eintritts	Wahrscheinlichkeit *Pr*	Möglichkeit zur Vermeidung oder Begrenzung eines Schadens *Av*	
Häufigkeit der Exposition	Häufigkeit, *Fr*: Dauer der Exposition ≥10 min	Häufigkeit, *Fr*: Dauer der Exposition <10 min				
≥1 pro Stunde	5	5	sehr hoch	5	unmöglich	5
<1 pro Stunde bis ≥1 pro Tag	5	4	wahrscheinlich	4		
<1 pro Tag bis ≥1 pro 2 Wochen	4	3	möglich	3	selten	3
<1 pro 2 Wochen bis ≥1 pro Jahr	3	2	selten	2		
<1 pro Jahr	2	1	vernachlässigbar	1	wahrscheinlich	1

Bild 2.4 SIL-Zuweisung

PL-Ermittlung (Anhang A der DIN EN ISO 13849-1)

Riskoelemente:

S Schwere der Verletzung
S1 leichte
(üblicherweise reversible Verletzung)
S2 ernste
(üblicherweise irreversible Verletzung einschließlich Tod)

F Häufigkeit und/oder Dauer der Gefährdungsexposition
F1 selten bis weniger häufig und/oder die Zeit der Gefährungsexposition ist kurz
F2 häufig bis dauernd und/oder die Zeit der Gefährungsexposition ist lang

P Möglichkeit zur Vermeidung der Gefährdung oder Begrenzung des Schadens
P1 möglich unter bestimmten Bedingungen
P2 kaum möglich

O Eintrittswahrscheinlichkeit
O1 gering
O2 hoch

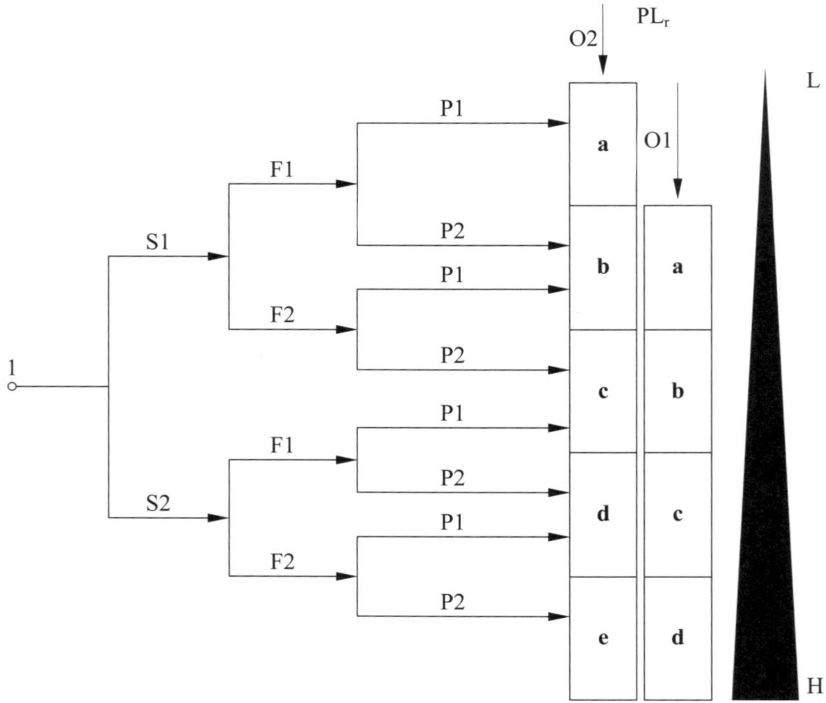

Bild 2.5 Risikograph

Angabe, die nicht selten unterschlagen wird

Neben einem geforderten SIL oder PL ist der *Typ der Sicherheitsfunktion* eine sehr prägnante Information.

Man kann grundsätzlich zwischen drei Arten oder Gruppen von Sicherheitsfunktionen unterscheiden:

- ✓ **Sicherheitsfunktionen zum Schutz von Personen**
- ✓ **Andere Sicherheitsfunktionen**
- ✓ **Sicherheitsfunktionen zum Schutz der Maschine**

Im Kapitel 3 wird auf diese Unterteilung genauer eingegangen.

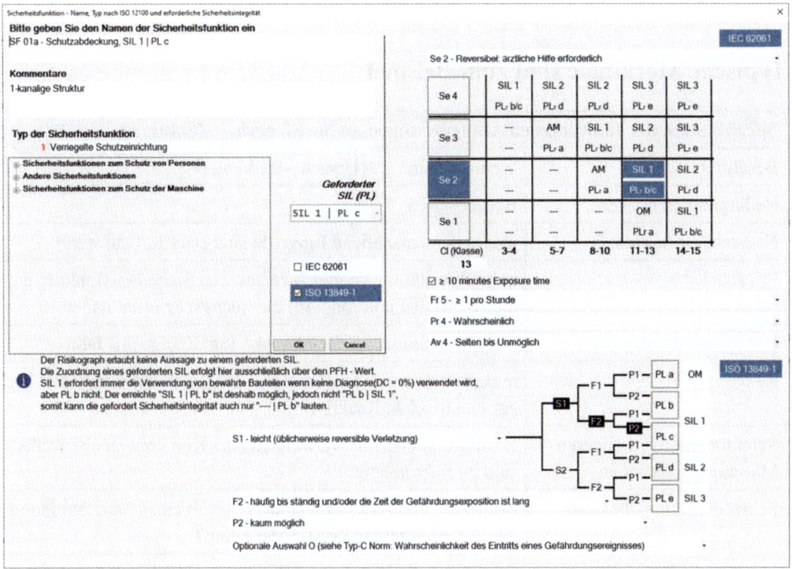

Bild 2.6 Risikoeinschätzung (FSP)

***SIL 1* | *PL b* (mit DIN EN IEC 62061 (VDE 0113-50)) und ---- | *PL b* (mit DIN EN ISO 13849-1) ergibt sich aufgrund der Definition von SIL und PL.**

Der Risikograph erlaubt keine Aussage zu einem geforderten SIL.

Die Zuordnung eines geforderten SIL erfolgt hier ausschließlich über den *PFH*-Wert.

SIL 1 erfordert immer die Verwendung von bewährten Bauteilen, wenn keine Diagnose ($DC = 0\ \%$) verwendet wird, aber PL b nicht. Der erreichte „*SIL 1 | PL b*“ ist deshalb möglich, jedoch nicht „*PL b | SIL 1*“, somit kann auch nur die gefordert Sicherheitsintegrität „---- | *PL b*“ lauten.

2.3 Sicherheitsfunktionen und funktionale Anforderungen

Die nachfolgenden Tabellen zeigen die typischen Merkmale, die beschrieben werden sollten, damit die Sicherheitsfunktion funktional (als Zielsetzung oder Schutzziel) verstanden wird, bevor die Suche nach einer technischen Lösung beginnt.

Typische Merkmale sind zum Beispiel

Spezifikation der funktionalen Anforderungen an die Sicherheitsfunktion	
Beschreibung	Wenn … dann … (Ursache-Wirkung)
Bedingung(en)	Betriebsarten
Neustart/Zurücksetzen	manuelle menschliche Eingriffe sind erforderlich, wenn …
Priorität	hohe Priorität im Vergleich zu anderen Sicherheitsfunktionen; die Not-Halt-Funktion wird die höchste Priorität haben
Häufigkeit des Betriebs	*X* mal pro Stunde; *Y* Stunden pro Tag; *Z* Tage pro Jahr
Reaktionszeit	max. 500 ms vom Auslöseereignis (Öffnen der Schutztür) bis zur elektrischen Reaktion …
Schnittstelle(n) zu anderen Maschinenfunktionen	… Informationen zur Verwendung des Komponentenherstellers sind zu referenzieren
Fehler-Reaktionsfunktion	sofortiger Stopp oder Erkennung beim erneuten Start zumindest durch Verhinderung des Wiederanlaufs.
Manipulation/Umgehung	Entwurf der Schutztür und Einbau von Verriegelungseinrichtungen nach DIN EN ISO 14119
Umgebung	Temperatur, Staub, Vibrationen, …
Spezifikation der Anforderungen an die Sicherheitsintegrität der Sicherheitsfunktion	
geforderter SIL oder PL_r	SIL 2 mit zugehörigem Zielwert *PFH*
Architektur Einschränkungen	Verwendung von … Schutzverriegelungen (Positionsschalter) wegen Vibrationen keine Typ-C-Normanforderungen (z. B. geforderte *HFT*)

Tabelle 2.1 Funktionale Beschreibung

Die funktionale Beschreibung ist neben der geforderten Sicherheitsintegrität Teil der Spezifikation der Anforderungen der Sicherheitsfunktion (SRS, en: safety requirements specification).

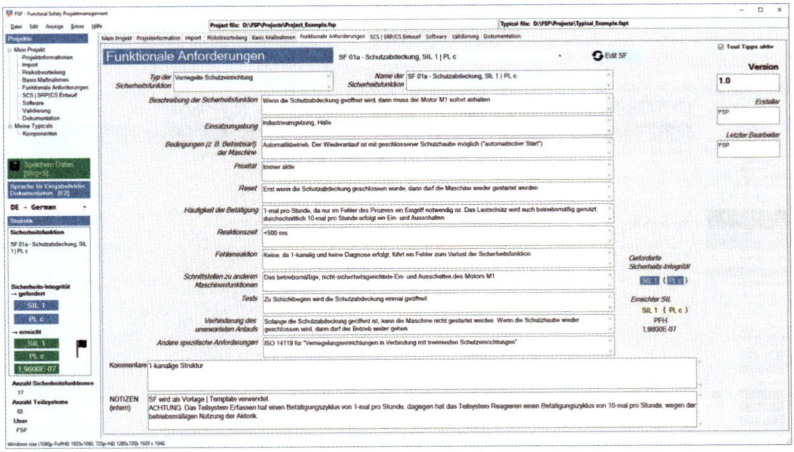

Bild 2.7 Funktionale Anforderungen (FSP)

Die funktionale Beschreibung erlaubt die Aufteilung der Sicherheitsfunktion in Teilfunktionen, die wiederum dann Teilsystemen zugeordnet werden können.

Sicherheitsfunktion = ∑ von Teilfunktionen
Teilfunktionen → Teilsysteme
SCS = ∑ der Teilsysteme

2.4 SCS- und SRP/CS-Methodik

Der Sicherheitsintegritätslevel SIL eines SCS gemäß DIN EN IEC 62061 (**VDE 0113-50**) oder der Performance Level PL eines SRP/CS gemäß DIN EN ISO 13849-1 muss spätestens bei der Validierung und Verifikation immer drei Anforderungen genügen bzw. entsprechen:

- die strukturellen Einschränkungen der Teilsysteme und des Systems
- die Sicherheitsintegrität der Hardware
- die systematische Sicherheitsintegrität der Teilsysteme und des Systems

Daraus ergibt sich:

$$PL_{System} \leq \left(PL_{Teilsystem}\right)_{niedrigste}$$

$$SIL_{System} \leq \left(SIL_{Teilsystem}\right)_{niedrigste}$$

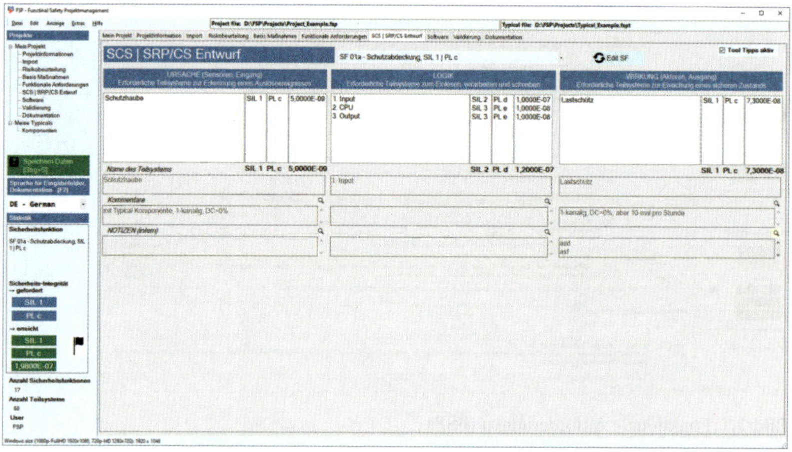

Bild 2.8 SCS oder SRP/CS Entwurf (FSP)

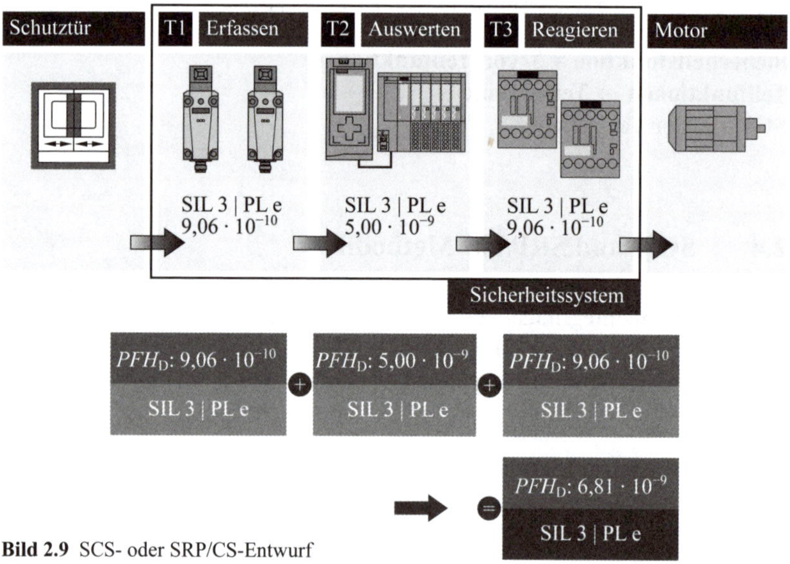

Bild 2.9 SCS- oder SRP/CS-Entwurf

(Sicherheits-)Teilfunktionen → Teilsysteme

Die Sicherheitsfunktion wurde in Teilfunktionen zerlegt.

Das führt dazu, dass jedes Teilsystem hinsichtlich Teilsystem-Elemente weiter betrachtet wird: Zum Beispiel eine Schutztürüberwachung für SIL 1 bedarf nur eines einzelnen Positionsschalters. Dagegen ist für SIL 2 oder SIL 3 eine Zweikanaligkeit gefordert.

Wenn ein Teilsystem mehreren Sicherheitsfunktionen dient

In der Praxis entsteht diese Situation z. B. durch die Notwendigkeit, dass jede Maschine mindestens eine Not-Halt-Funktion haben muss. Diese übergeordnete Funktion wird andere Sicherheitsfunktionen beeinflussen, in dem Sinne, dass die Ausgangskreise durch die Not-Halt-Funktion mit abgeschaltet werden.

2.5 Kategorien und Architekturen

2.5.1 Geräte-Typen

Bevor die Architekturen beschrieben und bestimmt werden, sollte kurz aus Sicht der verwendeten Komponenten ein Blick auf die Eigenschaften dieser Komponenten geworfen werden.

Geräte-Typ 1 oder „pre-designed" Teilsystem

„Bereits entwickeltes und geprüftes" Teilsystem –
kennt jeder unter falschem Namen.

Diese sperrige deutsche Formulierung (en: pre-designed subsystems) wurde bewusst so gewählt, da es zwei Möglichkeiten gibt, sog. Teilsysteme zu entwerfen oder zu nutzen:

1. Ein Komponentenhersteller stellt Teilsysteme bereit (also verkauft dies frei auf dem Markt, im Jargon der Maschinenrichtlinie „bringt diese in Verkehr"), die anschließend mit ihren mitgebrachten Eigenschaften verwendet werden können: Die Begrifflichkeit „zertifiziert" darf nicht verwendet werden, weil das bedeuten würde, dass die Norm eine Zertifizierung durch eine Drittstelle verlangen würde – was de facto nicht erlaubt ist, erst recht nicht im Kontext der Maschinenrichtlinie;
   Beispiele: Laserscanner von Fa. Sick oder Simatic S7 von Siemens, …

<table>
<tr><th rowspan="2">Charakteristische Werte</th><th>Teilsystem</th><th colspan="2">Teilsystemelement</th><th rowspan="2">Anmerkungen</th></tr>
<tr><th>vorgeprüftes Teilsystem</th><th>sicherheits-bezogen</th><th>nicht sicherheits-bezogen</th></tr>
<tr><td>SIL | PL</td><td>×</td><td></td><td></td><td>Safety Integrity Level oder Performance Level</td></tr>
<tr><td>PFH (PFH_D)</td><td>×</td><td></td><td></td><td>Ausfallwahrscheinlichkeit</td></tr>
<tr><td>Kategorie</td><td>×</td><td></td><td></td><td>falls erforderlich</td></tr>
<tr><td>$MTTF_D$</td><td></td><td>×</td><td></td><td rowspan="4">genau einer der charakteristischen Werte ist erforderlich, vorzugsweise $MTTF_D$</td></tr>
<tr><td>λ_D</td><td></td><td>×</td><td></td></tr>
<tr><td>$MTTF$</td><td></td><td></td><td>×</td></tr>
<tr><td>$MTBF$</td><td></td><td></td><td>×</td></tr>
<tr><td>RDF</td><td></td><td>(×)</td><td>×</td><td>Anteil gefahrbringender Ausfälle
RDF kann mit 50 % angenommen werden, wenn keine andere Informationen verfügbar sind</td></tr>
<tr><td>B_{10D}</td><td></td><td>×</td><td></td><td rowspan="2">genau einer der charakteristischen Werte ist erforderlich, vorzugsweise der B_{10D}-Wert.</td></tr>
<tr><td>B_{10}</td><td></td><td></td><td>×</td></tr>
<tr><td>TM | T1</td><td>×</td><td>×</td><td>×</td><td>Mission Time oder Gebrauchsdauer</td></tr>
</table>

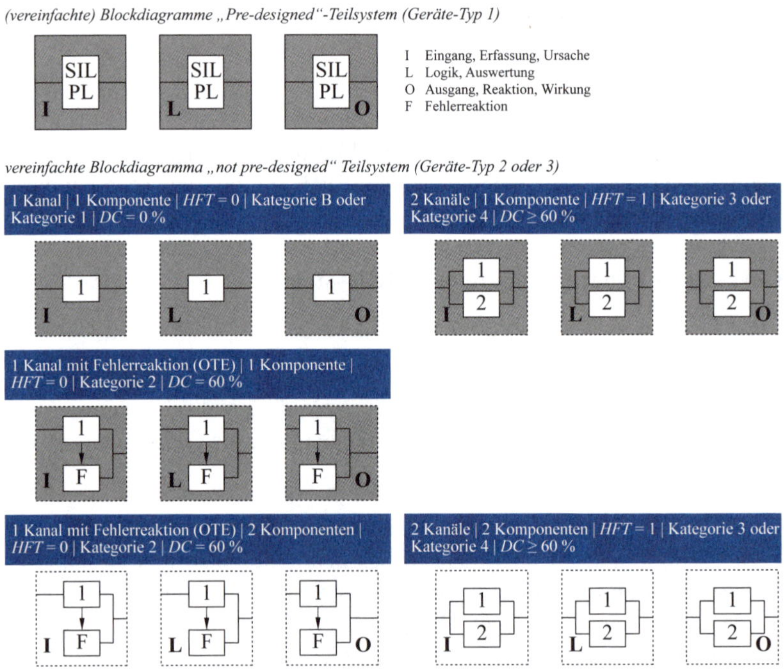

Bild 2.10 Geräte-Typen und (vereinfachte) Blockdiagramme (FSP)

2. Der Maschinenhersteller verwendet Teilsysteme immer wieder in seinen Maschinen, sodass diese „quasi standardisierten" und bereits erfolgreich eingesetzten Teilsysteme, immer wieder erneut verwendet werden und somit als „bereits entwickeltes Teilsystem" genutzt werden.

Solche Teilsysteme kennzeichnen sich dadurch aus, dass sie ein SIL- bzw. PL- und *PFH*-Wert haben.

Es gibt nun eine unglückliche Diskussion darüber, ob eine komplexe elektrotechnische Komponente (manche sagen auch „Bauteil" oder „Baugruppe") mit einer SIL-Angabe und einem *PFH*-Wert nun ein Teilsystem oder ein Teilsystem-Element darstellt.

Eine konkrete Frage lautet z. B., „Was stellt eine sicherheitsgerichtete Eingangsbaugruppe, die CPU oder gar die Ausgangsbaugruppe einer Sicherheitssteuerung dar?"
Kurze und direkte Antwort: Ein einfaches (aber komplexes) Teilsystem-Element. Wie kann das sein?

Weil im Kern ein Teilsystem aus mindestens einem Teilsystem-Element bestehen muss. Ob dieses Element nun einen SIL bzw. PL und *PFH*-Wert hat und zudem sehr komplex sein kann, spielt dabei zunächst keine Rolle. Verwendet man nun ein solches komplexes Teilsystem-Element, dann kann man ein solches Teilsystem-Element entweder alleine in einem Teilsystem verwenden, oder aber mehre solcher Teilsystem-Elemente zusammen in Reihe gedanklich verschalten, und daraus dann erst ein einzelnes Teilsystem bilden.

Warum dies so verwirrend ist, ist der Tatsache geschuldet, dass in Abschnitt 7 von ein- oder zweikanaligen Architekturen geredet wird. Dies führt dann dazu, dass ein komplexes Teilsystem-Element somit in einem einkanaligen Teilsystem auftaucht, obwohl es in sich äußerst komplex ist und bereits einen SIL bzw. PL und *PFH*-Wert im Gepäck hat.

Der schmerzhafte gedankliche Kurzschluss *liegt dann in „komplex", „einkanalig" und z. B. „SIL 3" – da dies nicht möglich sein kann, weil die Baugruppen doch bereits „innerlich" (also für sich alleine betrachtet) zweikanalig aufgebaut sind und sogar SIL 3 erreichen können, aber ein einzelnes Teilsystem-Element darstellen.*

Deshalb spricht man (salomonisch) in der Praxis von Teilsystemen, was auch wiederum nicht verkehrt ist und bei der Aufteilung der Sicherheitsfunktion in Teilsysteme sehr hilfreich und vereinfachen ist.

In diesem Beispiel von drei Teilsystemen, bestehend aus einer Eingangsbaugruppe, einer CPU und einer Ausgangs-Baugruppe. Das Ganze wird in der Praxis dann der „Logik“ zugeordnet, sodass z. B. eine Schutztürüberwachung aus fünf Teilsystemen besteht: Die eigentliche Überwachung der Schutztüre, z. B. mittels Positionsschalter, das Abschalten eines Antriebes, z. B. mittels Leistungsschützes, und die notwendigen drei „Logik“ Steuerungskomponenten (Eingang – CPU – Ausgang).

Komplexes Teilsystem-Element *trifft nicht komplexes Teilsystem-Element SIL 2 und SIL 1 = SIL 3*

Ein Gutes hat die Diskussion: Die Norm erlaubt, dass ein „bereits entwickeltes Teilsystem“ mit einem anderen Teilsystem-Element zu einem Teilsystem kombiniert werden kann. Zum Beispiel eine SIL-2-sicherheitsgerichtete Antriebssteuerung mit einem Leistungsschütz kombiniert ergibt ein SIL 3 Teilsystem.

In Abschnitt 7.4.1 und der Tabelle 6 der DIN EN IEC 62061 (**VDE 0113-50**) zu *SFF* und *HFT* wird dieser Lösungsweg publik gemacht – und zwar ziemlich prominent im Vergleich zur Ausgabe von 2015.

Übrigens: Dies ist in der DIN EN ISO 13849-1 so ohne Weiteres öffentlich und offenkundig nicht beschrieben. Ein SRP/CS ist alles und nichts, aber die Kategorien geben per Definition nicht die Möglichkeiten, die die *SFF*-Tabelle 6 bietet. Hier unterscheiden sich beide Normen grundlegend

Geräte-Typ 2/3 oder „not pre-designed“ Teilsystem

Hier werden Anwenderinformationen benötigt, damit eine Ausfallrate bestimmt werden kann (Thema B_{10}- und B_{10D}-Werte) wenn nicht bereits $MTTF_D$-Werte vorliegen, und eine Architektur bzw. Kategorie bewertet werden kann.

2.5.2 Vorgesehene Architekturen vs. Ein- und Zweikanaligkeit und *SFF*

Ob Kategorien oder Basis-Teilsystemarchitekturen – das Ziel ist das Gleiche

DIN EN IEC 62061 (VDE 0113-50) –
Architektureinschränkungen (*SFF* und *HFT*)
≈
DIN EN ISO 13849-1 – Anforderungen der Kategorien 1 bis 4

*Vereinfachte Darstellung der Tabelle 7 der DIN EN IEC 62061 (**VDE 0113-50**)*

Grundlegende Anforderungen	**Hardware-Fehlertoleranz (*HFT*)**			
	0		**1**	
	SFF		***SFF***	
	< 60 %	≥ 60 %	< 60 %	≥ 60 %
grundlegende Sicherheitsprinzipien	M	M	M	M
bewährte Sicherheitsprinzipien	M	M	M	M
bewährte Bauteile	M	–	M	–
CCF	nicht relevant	M	M	M
Basis-Teilsystemarchitektur	**A**	**C**	**B**	**D**
Kategorien gemäß DIN EN ISO 13849-1	***1***	***2***	***existiert nicht***	***3/4***
M = verpflichtend, – = keine Anforderungen Anmerkung: Tabelle 6 für strukturelle Einschränkungen ist weiterhin anzuwenden.				

Tabelle 2.2 Grundlegende Anforderungen

Von SIL nach PL geht immer. Von PL nach SIL leider nicht so einfach.

Das liegt an den Kategorien und in den Details – die Anforderungsziele mögen gleich sein, aber deren normative Formulierung führt doch dann zu teils unterschiedlichen Freiheitsgraden.

Aus Sicht der Ein- und Zweikanaligkeit ergibt sich die tabellarische Darstellung.

	Hardware-Fehlertoleranz (*HFT*) (siehe Anmerkung 1)				
	Einkanaliges Teilsystem *HFT* = 0 (siehe Anmerkung 3)		Zweikanaliges Teilsystem *HFT* = 1		
DC_{avg} (DIN EN ISO 13849-1) (siehe Anmerkung 2)	**max. PL**	**Kategorie (DIN EN ISO 13849-1)**	**max. PL**	**Kategorie (DIN EN ISO 13849-1)**	Basisanforderungen (siehe Anmerkung 4)
SFF **(DIN EN 62061 (VDE 0113-50))**	**max. SIL**	**Basis-Teilsystem-architektur (DIN EN 62061 (VDE 0113-50))**	**max. SIL**	**Basis-Teilsystem-architektur (DIN EN 62061 (VDE 0113-50))**	
„kein"	PL a	Kategorie B	–	–	grundlegende Sicherheitsprinzipien (siehe Anmerkung 5)
–	*kein SIL (AM)*	–	*kein SIL (AM)*	–	
„kein"	PL b	Kategorie B	–	–	
–	–	–	–	–	
„kein"	PL c	Kategorie 1	–	–	grundlegende Sicherheitsprinzipien und bewährte Sicherheitsprinzipien
< 60 %	SIL 1	Architektur A • bewährte Bauteile, • CCF nicht relevant	SIL 1	Architektur B bewährte Bauteile • CCF relevant	
„niedrig"	PL c	Kategorie 2	PL d	Kategorie 3	
60 % … < 90 %	SIL 1	Architektur C • CCF relevant	SIL 2	Architektur D • CCF relevant	
„mittel"	PL d	Kategorie 2	PL e	Kategorie 3	
90 % … < 99 %	SIL 2	Architektur C • CCF relevant	SIL 3	Architektur D • CCF relevant	
„hoch"	–	keine entsprechende Kategorie	PL e	Kategorie 4	
≥ 99 %	SIL 3	Architektur C • CCF relevant	SIL 3	Architektur D • CCF relevant	

AM Wenn kein SIL erforderlich ist, werden andere Maßnahmen angewendet.
CCF Fehler gemeinsamer Ursache werden berücksichtigt, wenn *HFT* = 0 und *DC* > 60 % oder wenn *HFT* = 1.

Tabelle 2.3 Kategorien, Architekturen und PL, SIL

Anmerkung 1: Eine Hardware-Fehlertoleranz von *N* bedeutet, dass *N*+1-Fehler zu einem Verlust der Sicherheitsfunktion führen können.

Anmerkung 2: „Niedrig“, „mittel“ und „hoch“ sind die Bezeichnungen, die in DIN EN ISO 13849-1 im Zusammenhang mit der Quantifizierung und Klassifizierung von DC_{avg}-Bereichen verwendet werden.

Anmerkung 3: Für $HFT = 0$ und $SFF \geq 99$ % können die folgenden Einschränkungen relevant sein:

Es wird dringend empfohlen, das Maximum von SIL 2 zu begrenzen, wenn Fehlerausschlüsse auf Fehler angewandt wurden, die zu einem gefährlichen Ausfall führen könnten; bei einigen Anwendungen ist nicht zu erwarten, dass alle Ausfälle mit ausreichender Sicherheit für SIL 3 ausgeschlossen werden können; SIL 3 kann nur beansprucht werden, wenn eine kontinuierliche Überwachung der korrekten Funktion des Elements stattfindet. Typischerweise ist hierfür eine elektronische Technologie erforderlich.

Anmerkung 4: Grundlegende Sicherheitsprinzipien und bewährte Sicherheitsprinzipien sind unabhängig von der gewählten Kategorie oder Architektur erforderlich, s. a. DIN EN ISO 13849-2:2013-02, Anhang A bis D.

Beispiele sind

- für grundlegende Sicherheitsprinzipien die Auswahl und Verwendung geeigneter Materialien;
- für bewährte Sicherheitsprinzipien die Anwendung des Abschaltprinzips;
- für bewährte Bauteile die Verwendung von Schützen oder Positionsschaltern.

Anmerkung 5: Wenn Produktnormen, z. B. DIN EN 61800-5-*x* (**VDE 0160-105-*x***), DIN EN 61131-2 (**VDE 0411-500**), … verwendet werden, kann davon ausgegangen werden, dass grundlegende Sicherheitsprinzipien erfüllt werden können.

Anmerkung 6: Nach DIN EN ISO 13849-1 kann PL d nur erreicht werden, wenn der Ausgang (OTE, als Fehlerreaktionsfunktion) einen sicheren Zustand einleitet: Es ist nicht ausreichend, dass der Ausgang der Prüfeinrichtung OTE nur eine Warnung ausgibt.

In den Anhängen A bis D der DIN EN ISO 13849-2 finden sich detaillierte Vorgehensweisen zu den verschiedenen Sicherheitsprinzipien und Beispiele für bewährte Bauteile.

Grundlegende Sicherheitsprinzipien

Auswahl und Verwendung geeigneter Materialien

Bewährte Sicherheitsprinzipien

Prinzipien, die sich in der Vergangenheit beim Entwurf oder bei der Integration sicherheitsbezogener Steuerungssysteme als wirksam erwiesen haben, um kritische Fehler oder Ausfälle, die die Ausführung einer Sicherheitsfunktion beeinflussen können, zu vermeiden oder zu beherrschen.

Bewährte Bauteile

Ausfallverhalten eindeutig bekannt (Positionsschalter, Schütze).

Gewählte Architektur eines Teilsystems						
Kategorien (DIN EN ISO 13849-1)	B	1	2	–	3	4
Basis-Teilsystemarchitektur (DIN EN IEC 62061 (**VDE 0113-50**))	A	A	C	B	D	D
Anzahl Kanäle	einkanalig (*HFT* = 0)			zweikanalig (*HFT* = 1)		
DC_{avg} (≈ *SFF*)	0 %	0 %	≥ 60 %	0 %	≥ 60 %	≥ 99 %
▼						
Grundlegende Anforderungen an den Teilsystementwurf						
grundlegende Sicherheitsprinzipien	M	M	M	M	M	M
bewährte Sicherheitsprinzipien	–	M	M	M	M	M
bewährte Bauteile	–	M	–	M	–	–
CCF-Relevanz	–	–	M	M	M	M
▼						
Maximale erreichbare Sicherheitsintegrität						
PL (DIN EN ISO 13849-1)	PL a/b	PL c	PL d	–	PL e	PL e
SIL (DIN EN IEC 62061 (**VDE 0113-50**))	OM	–	SIL 2	SIL 1	SIL 3	SIL 3
OM = weitere Maßnahmen mit grundlegenden Sicherheitsprinzipien, aber kein SIL erforderlich						

Empfehlung:
Grundlegende und bewährte Sicherheitsprinzipien immer anwenden

Mechanik
Grundlegende Sicherheitsprinzipien
Anwendung geeigneter Werkstoffe und Herstellungsverfahren
richtige Dimensionierung und Formgebung
geeignete Auswahl, Kombination, Anordnung, Zusammenbau und Einbau der Bauteile/des Systems
Anwendung des Prinzips der Energietrennung (s. a. DIN EN ISO 12100)
geeignete Befestigung
Begrenzung der Erzeugung und/oder Übertragung der Kraft und ähnlicher Parameter
Begrenzung des Bereichs der Umgebungsparameter
Begrenzung der Geschwindigkeit und ähnlicher Parameter
geeignete Reaktionszeit
Schutz gegen unerwarteten Anlauf
Vereinfachung (Vermeidung unnötiger Bauteile)
Trennung der sicherheitsbezogenen Funktionen von anderen Funktionen
geeignete Schmierung
geeigneter Schutz gegen Eindringen von Flüssigkeiten und Staub
Bewährte Sicherheitsprinzipien
Anwendung sorgfältig ausgewählter Werkstoffe und Herstellungsverfahren
Anwendung von Bauteilen mit festgelegtem Ausfallverhalten
Überdimensionierung/Sicherheitsfaktor
gesicherte Position
erhöhte AUS-Kraft
geeignete Auswahl, Kombination, Anordnung, Zusammenbau und Einbau der Bauteile/des Systems
sorgfältige Auswahl der Befestigungsart für die jeweilige Anwendung
positive mechanisch zwangsläufige Wirkung (verbundene Bauteile zwangsläufig mitbewegen)
Vervielfachung von Teilen (mehrerer gleicher Teile, die parallel zueinander wirken)

Pneumatik, Hydraulik
Grundlegende Sicherheitsprinzipien
Anwendung geeigneter Werkstoffe und Herstellungsverfahren
richtige Dimensionierung und Formgebung
geeignete Auswahl, Kombination, Anordnung, Zusammenbau und Einbau der Bauteile/des Systems
Anwendung des Prinzips der Energietrennung (s. a. DIN EN ISO 12100)
geeignete Befestigung
Druckbegrenzung
Begrenzung/Verringerung der Geschwindigkeit
ausreichende Maßnahmen zur Vermeidung von Verunreinigung des Fluids
geeigneter Schaltzeitbereich
Beständigkeit gegen Umgebungsbedingungen
Schutz gegen unerwarteten Anlauf (s. a. DIN EN ISO 14118)
Vereinfachung (Vermeidung unnötiger Bauteile)
geeigneter Temperaturbereich
Trennung der sicherheitsbezogenen Funktionen von anderen Funktionen
Bewährte Sicherheitsprinzipien
Überdimensionierung/Sicherheitsfaktor
gesicherte Position
erhöhte AUS-Kraft
durch den Lastdruck schließendes Ventil (Sitzventile)
mechanisch zwangsläufige Wirkung (verbundene Bauteile zwangsläufig mitbewegen)
Vervielfachung von Teilen (mehrerer gleicher Teile, die parallel zueinander wirken)
Verwendung bewährter Federn
Begrenzung/Verringerung der Geschwindigkeit durch einen Widerstand zum Erreichen eines festgelegten Volumenstroms
Begrenzung/Verringerung der Kraft (z. B. Druckbegrenzungsventil)
geeigneter Bereich für die Betriebsbedingungen
geeignetes Vermeiden einer Verunreinigung des pneumatischen Fluids
Überwachung des Zustands des hydraulischen Fluids
ausreichend große positive Überdeckung in Schieberventilen bzw. Kolbenschieberventilen
Hysterese-Begrenzung

Elektrik
Grundlegende Sicherheitsprinzipien
Anwendung geeigneter Werkstoffe und Herstellungsverfahren
richtige Dimensionierung und Formgebung
geeignete Auswahl, Kombination, Anordnung, Zusammenbau und Einbau der Bauteile/des Systems
Anwendung des Prinzips der Energietrennung (s. a. DIN EN ISO 12100, DIN EN 60204-1 (**VDE 0113-1**), Stopp-Kategorien)
richtige Schutzleiterverbindung (s. a. DIN EN 60204-1 (**VDE 0113-1**))
Isolationsüberwachung (s. a. DIN EN 60204-1 (**VDE 0113-1**))
Unterdrückung von Spannungsspitzen
Verringerung der Ansprechzeit (Minimierung der Ausschaltzeit)
Verträglichkeit (Spannung, Strom)
Beständigkeit gegen Umgebungsbeanspruchungen
sichere Befestigung der Eingabegeräte (z. B. Positionsschalter, s. a. DIN EN ISO 14119)
Schutz gegen unerwarteten Anlauf
Schutz des Steuerstromkreises (s. a. DIN EN 60204-1 (**VDE 0113-1**))
Aufeinander folgendes Schalten bei Stromkreisen mit Reihenanschlüssen redundanter Signale
Bewährte Sicherheitsprinzipien
mechanisch zwangsläufig verbundene Kontakte (s. a. DIN EN IEC 60947-4-1 (**VDE 0660-102**), DIN EN 60947-5-1 (**VDE 0660-200**))
Fehlervermeidung in Kabeln (Kurzschlüsse zwischen zwei benachbarten Leitungen)
Abstände zwischen elektrischen Leitern
Energiebegrenzung
Begrenzung elektrischer Parameter
Vermeidung undefinierter Zustände
zwangsläufiger Betätigungsmodus (keine Federn, s. a. DIN EN ISO 12100, DIN EN ISO 14119)
Zustandsausrichtung bei Ausfällen (in einen sicheren Zustand oder zu sicheren Bedingungen)
gerichteter Ausfall (im Voraus bekanntes Ausfallverhalten)
Überdimensionierung
Verringerung von Fehlermöglichkeiten (Trennung sicherheitsbezogener Funktionen von anderen Funktionen)
Gleichgewicht zwischen Komplexität/Vereinfachung

HFT = Anzahl Kanäle ohne Berücksichtigung einer Diagnosefunktion (Fehlerreaktion)

Wenn für einen Kanal eine Diagnose bereitgestellt wird, z. B. durch ein anderes Teilsystem, wird dieser Kanal nur dann nicht versagen, wenn die Diagnose rettend eingreift.

HFT = 0 bedeutet Einkanaligkeit
(Kategorie 1 und Kategorie 2 gemäß DIN EN ISO 13849-1

Ein zwangsöffnender Kontakt

Ohne eine Diagnose zum Erkennen des Ausfalls des einzelnen Teilsystem-Elements kommt es garantiert zum Ausfall des gesamten Teilsystems. Das bedeutet, dass die Fehlertoleranz nicht gut ist – nämlich gleich 0.

Ein Fehler führt zum Totalausfall des Teilsystems, und somit zum Verlust der entsprechenden Sicherheitsfunktion.

1. zwangsöffnender Kontakt

2. zwangsöffnender Kontakt

HFT = 1 bedeutet Zweikanaligkeit
(Kategorie 3 und Kategorie 4 gemäß DIN EN ISO 13849-1)

Sobald aber zwei Teilsystem-Elemente jeweils einen Kanal bilden – somit zusammen zwei unabhängige Kanäle, dann führt der Ausfall eines Kanals nicht zum Ausfall des Teilsystems – die Fehlertoleranz ist daher gleich 1.

Ein Fehler führt nicht zum Totalausfall des Teilsystems, und somit nicht zum Verlust der entsprechenden Sicherheitsfunktion.

Höchstens SIL 1 mit einem Anteil sicherer Ausfälle (*SFF*) von weniger als 60 % (λ_S gibt es quasi nicht und wird mit $\lambda_S \approx 0$ (1/h) angenommen)

Gemeint ist eine einkanalige Architektur – Kategorie 1 gemäß
DIN EN ISO 13849-1.

Ein einkanaliges Teilsystem hat ohne Diagnose einen $SFF \approx 0$. Nur bewährte Bauteile sind erlaubt wie in der Kategorie 1 gemäß DIN EN ISO 13849-1. Eine einkanalige elektronische Lösung ohne Diagnose ist somit verboten.

Ein solche ungetestete elektronische Lösung ist in der DIN EN ISO 13849-1 nur mit einem erreichbaren PL b erlaubt.

Da PL b aber „anderen Maßnahmen" in DIN EN IEC 62061 (**VDE 0113-50**) bedeutet, ist die Einschränkung pauschal auf die Verwendung von bewährten Bauteilen plausibel und sinnvoll.

Kategorie 1 und Basis-Teilsystemarchitektur A

Struktuelle Eigenschaften
• Anforderungen der Kategorie B, • bewährte Bauteile, • einkanaliger Aufbau, • keine Überwachung des Sensors, • keine Überwachung des Freigabekreises

Legende	
i_m	Verbindungsmittel
I	Eingabeeinheit, z. B. Sensor
L	Logik
O	Ausgabeeinheit, z. B. Hauptschütz

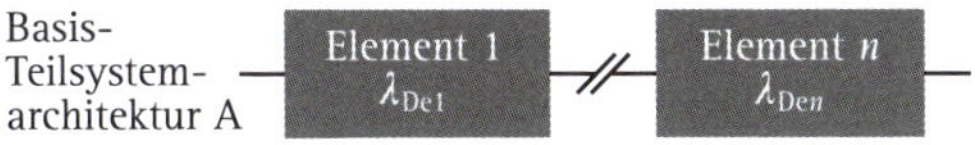

Legende	
λ_{De1}	1. Teilsystem-Element
λ_{Den}	*n*. Teilsystem-Element

Eigenschaften
• gefahrbringender Ausfall eine Teilsystem-Elements erzeut Ausfall der Sicherheitsfunktion, • keine Diagnose

Bild 2.11 Kategorie 1 und Basis-Teilsystemarchitektur A

Kategorie B: „… Die SRP/CS müssen mindestens in Übereinstimmung mit den zutreffenden Normen gestaltet, gebaut, ausgewählt, zusammengestellt und kombiniert sein und die grundlegenden Sicherheitsprinzipien für die bestimmte Anwendung nutzen, um Folgendem standzuhalten:

- den zu erwartenden Betriebsbeanspruchungen, z. B. der Zuverlässigkeit bezüglich des Schaltvermögens und Schalthäufigkeit,
- dem Einfluss des bearbeiteten Materials, z. B. dem Reinigungsmittel in einer Waschmaschine, und
- anderen relevanten äußeren Einflüssen, z. B. mechanische Schwingungen, elektromagnetischen Störungen, Unterbrechungen oder Störungen der Energieversorgung. …“

„… Für Kategorie 1 müssen die gleichen Anforderungen erfüllt sein wie diese nach 6.2.3 für Kategorie B. Zusätzlich gilt Folgendes.
SRP/CS der Kategorie 1 müssen unter Verwendung bewährter Bauteile und bewährter Sicherheitsprinzipien gestaltet und gebaut werden (siehe DIN EN ISO 13849-2). …“

Kategorie 2 und Basis-Teilsystemarchitektur C

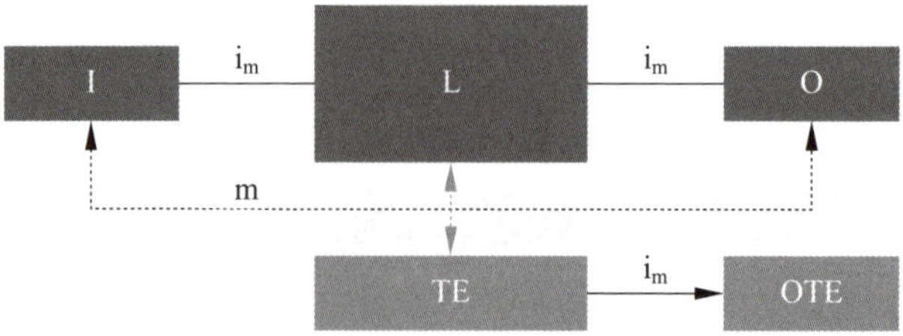

Struktuelle Eigenschaften

- Anforderungen der Kategorie B,
- Überwachung des gesamten (Sicherheits-)Kreises durch zusätzliche Testeinrichtung der Sicherheitsfunktion

Legende

i_m	Verbindungsmittel
I	Eingabeeinheit, z. B. Sensor
L	Logik
O	Ausgabeeinheit, z. B. Hauptschütz
TE	Testeinrichtung
OTE	Ausgang der Testeinrichtung
m	Überwachung

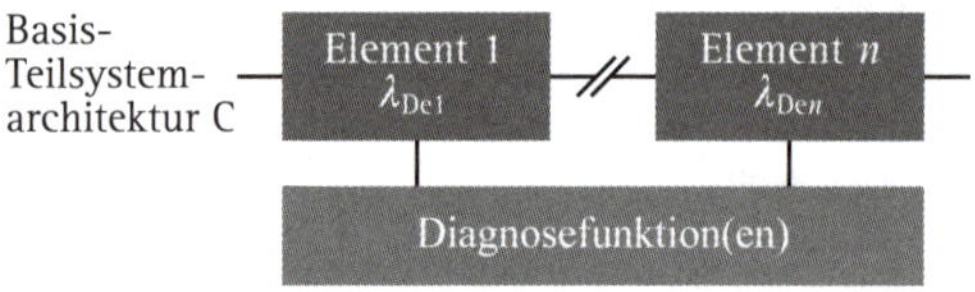

Legende

λ_{De1}	1. Teilsystem-Element
λ_{Den}	*n*. Teilsystem-Element
DC_1	Diagnosedeckungsgrad 1. Teilsystem-Element
DC_n	Diagnosedeckungsgrad *n*. Teilsystem-Element

Eigenschaften

- unerkannter gefahrbringende Ausfall eines Teilsystem-Elements erzeugt Ausfall der Sicherheitsfunktion (SRCF),
- Fehlerreaktionsfunktionen eingeleitet durch Diagnosefunktion(en)

Bild 2.12 Kategorie 2 und Basis-Teilsystemarchitektur C

„… Für Kategorie 2 müssen die gleichen Anforderungen erfüllt sein wie diese nach 6.2.3 für Kategorie B. „Bewährten Sicherheitsprinzipien“ nach 6.2.4 muss ebenfalls gefolgt werden. Zusätzlich gilt Folgendes:

SRP/CS der Kategorie 2 müssen so gestaltet werden, dass ihre Funktion(en) in angemessenen Zeitabständen durch die Maschinensteuerung getestet wird (werden). Der Test der Sicherheitsfunktion(en) muss durchgeführt werden:

- beim Anlauf der Maschine, und
- vor dem Einleiten einer Gefährdungssituation, z. B. Start eines neuen Zyklus, Start anderer Bewegungen, sobald die Sicherheitsfunktion benötigt wird und/oder periodisch während des Betriebs, wenn die Risikobeurteilung und die Betriebsart zeigen, dass dies notwendig ist.

Die Einleitung dieses Tests kann automatisch erfolgen. Jeder Test der Sicherheitsfunktion(en) muss entweder

- den Betrieb zulassen, wenn keine Fehler erkannt wurden, oder
- eine Ausgabe für die Einleitung geeigneter Steuerungsmaßnahmen erzeugen (OTE), wenn ein Fehler erkannt wurde. …“

Kategorie 3/4 und Basis-Teilsystemarchitektur D

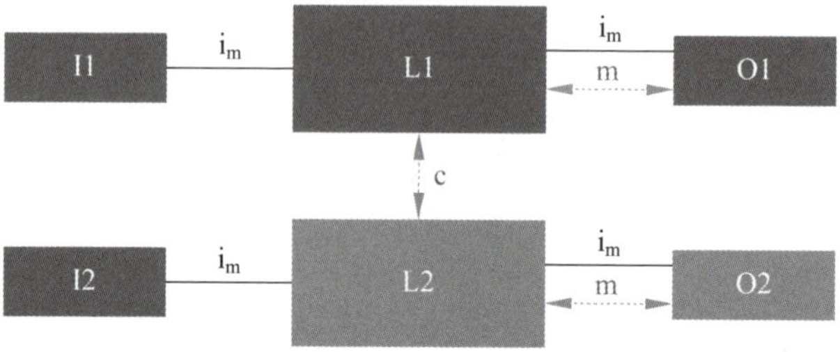

Struktuelle Eigenschaften

- Anforderungen der Kategorie B,
- Redundanter Aufbau,
- Überwachung der Sensoren,
- Überwachung der Freigabekreise

Legende

i_m	Verbindungsmittel
I	Eingabeeinheit, z. B. Sensor
L	Logik
O	Ausgabeeinheit, z. B. Hauptschütz
m, c	Überwachung

Überwachung (m, c) hat in Kat. 4 einen höheren DC als Kat. 3

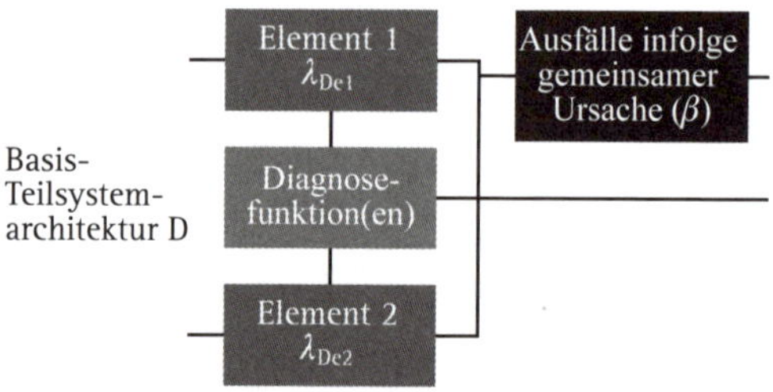

Legende

λ_{De1}	Ausfallrate 1. Teilsystem-Element
λ_{De2}	Ausfallrate 2. Teilsystem-Element
DC_1	Diagnosedeckungsgrad 1. Teilsystem-Element
DC_2	Diagnosedeckungsgrad 2. Teilsystem-Element
T_1	kleinerer Wert von Proof-Testintervall oder Gebrauchsdauer (vgl. DIN EN IEC 62061 **(VDE 0113-50)**, 6.7.8.2.4)
T_2	Diagnosetestintervall; in der Regel der Betätigungszyklus bei elektromechanischen Komponenten (vgl. DIN EN IEC 62061 **(VDE 0113-50)**, 6.7.8.2.4)

Eigenschaften

- gefahrbringende Ausfall eines Teilsystem-Elements erzeut **keinen** Ausfall der Sicherheitsfunktion (SRCF),
- Fehlerreaktionsfunktionen eingeleitet durch Diagnosefunktion(en)

Bild 2.13 Kategorie 3/4 und Basis-Teilsystemarchitektur D

„… Für Kategorie 3 müssen die gleichen Anforderungen erfüllt sein wie diese nach 6.2.3 für Kategorie B. „Bewährten Sicherheitsprinzipien“ nach 6.2.4 muss ebenfalls gefolgt werden. Zusätzlich gilt Folgendes:
SRP/CS der Kategorie 3 müssen so gestaltet werden, dass ein einzelner Fehler in einem dieser Teile nicht zum Verlust der Sicherheitsfunktion führt. Wenn immer in angemessener Weise durchführbar, muss ein einzelner Fehler bei oder vor der nächsten Anforderung der Sicherheitsfunktion erkannt werden. …“

„… Für Kategorie 4 müssen die gleichen Anforderungen erfüllt sein, wie diese nach 6.2.3 für Kategorie B. ‚Bewährten Sicherheitsprinzipien‘ nach 6.2.4 muss ebenfalls gefolgt werden. Zusätzlich gilt Folgendes.
SRP/CS der Kategorie 4 müssen so gestaltet werden, dass

- ein einzelner Fehler in jedem dieser sicherheitsbezogenen Teile nicht zum Verlust der Sicherheitsfunktion führt, und
- der einzelne Fehler bei oder vor der nächsten Anforderung der Sicherheitsfunktion erkannt wird, z. B. unmittelbar, beim Einschalten oder am Ende eines Maschinenzyklus, aber wenn diese Erkennung nicht möglich ist, dann darf die Anhäufung von unerkannten Fehlern nicht zum Verlust der Sicherheitsfunktion führen. …“

2.6 Diagnose und Diagnosedeckungsgrad

Die Zielsetzung ist und war sehr einfach zu verstehen: Wie kann ein DC bewertet werden, ohne dass eine mathematische Grundsatzdiskussion entsteht?

Denn es gilt:

$$DC = \frac{\sum \lambda_{\mathrm{DD}}}{\sum \lambda_{\mathrm{D\ total}}}$$

Und wie bitte ermitteln, wenn man nicht Hersteller einer Komponente ist?

Gar nicht bzw. mit DC = 60 %, 90 % oder 99 % arbeiten – pragmatisch eben.

Das wiederum bedeutet aber, dass Beispiele hermüssen, die helfen sollen ein Gefühl für diese 60 %, 90 % und 99 % zu entwickeln.

Und so finden sich diese Tabellen in der Norm wieder – leider mit einigen Schwächen, die zur Verwirrung einluden.

Eine Reduzierung der Tabellen auf wesentliche unstrittige Aussagen war die Intention der IEC-Normungsgruppe – mit dem Ergebnis, dass es noch immer Redebedarf gibt.

Die nachfolgenden Highlights bedrücken viele Anwender und sollen helfen, Licht ins Dunkle zu bringen. Mit ein paar klärenden Worten kann der Stress erträglich werden.

Diagnose 0 %, 60 %, 90 % und 99 % – 100 % gibt es noch nicht

Leistungsschütze mit deren Spiegelkontakten (Überwachung der Schließer-Hauptkontakte) weisen eine Diagnosefähigkeit von 100 % auf: Ein *DC* von 100 % wäre also legitim. In der Praxis gibt es aber nicht 100 % für *DC*.

Warum? Weil es egal ist ob 99 % oder 100 % – die mathematischen Ergebnisse sind quasi gleich. Und der Diagnoseaufwand ändert sich nicht – Spiegelkontakte bleiben Spiegelkontakte.

Mathematik schützt nicht vor Unwissenheit (zum Ersten, ...)

Was aber im Fall von 90 % und 99 % schon ganz anders aussieht und nicht ohne ist.

Wer also *DC* = 99 % anstelle von *DC* = 90 % wählt, wird SIL 3 erreichen. Gut gemacht.

Und: Hat sein Ziel und seine Aufgabe prompt verfehlt: *DC* ist ein Richtwert und die Auswirkungen sind entscheidend. Nicht die absolute Zahl spielt eine Rolle, sondern welche Diagnosemechanismen implementiert werden. Und wer *DC* = 99 % in Anspruch nehmen möchte, der muss das durch geeignete Maßnahmen nachweisen, weil der Aufwand ein anderer ist – nämlich bestimmt mehr, als der für *DC* = 90 %.

Und ohne Fehlerreaktion gibt's keine Ansprüche auf Diagnose

Wer *DC* > 0 % haben möchte, der sollte sich überlegen was passiert, wenn ein Fehler oder ein Ausfall erkannt wurde. Wenn nämlich nichts passiert, z. B. nur das Smartphone bimmelt und mitteilt, dass gerade ein Fehler aufgetreten ist, darf sich nicht wundern, dass dieses Gadget in der Norm nicht berücksichtigt wurde.

Wenn dagegen die Maschine sich nicht mehr starten lässt und eine rote Signalleuchte das dem Bediener mitteilt, dann hat die Diagnose etwas bewirkt und darf den Titel „Ersthelfer“ für die Erste Hilfe am Patienten SCS für sich beanspruchen – dies nennt die Norm Fehlerreaktion.

Diagnose zum Aufdecken von Fehlern in einem bestimmten Intervall, sog. „online“ oder „automatische“ Diagnose

Fehler aufdecken heißt in der Praxis Ausfälle von Teilsystem-Elementen erkennen.

Aufdecken bedeutet dann Diagnose, wenn damit auch eine Fehlerreaktion verbunden ist, mit dem Ziel, etwas zu bewirken: Die Diagnosefunktion versucht aktiv den sicheren Zustand einzuleiten oder aufrechtzuerhalten.

Beispiel: Wenn einer von zwei verwendeten Positionsschaltern seinen zwangsöffnenden Kontakt nicht mehr öffnen kann, dann wird mittels des zweiten Positionsschalters dieser Fehler bzw. Ausfall erkannt, und ein erneutes Starten der Maschine wird als Fehlerreaktion verboten. Dann darf man von $DC = 99$ % reden. Und die Sicherheitseinrichtung (Sicherheitsschaltgerät oder Sicherheits-SPS) machen das still und heimlich für uns: *Das bezeichnet die Norm mit „online“ oder „automatisch“* (ohne notwendigen manuellen Eingriff des Bedieners).

Ansonsten würde man von einer Überwachung reden, die z. B. mit einer rot oder gelb blinkenden Signalleuchte diesen Fehler dem Bediener der Maschine mitteilen würde. Sicherer wird die Maschine für den Bediener deshalb aber nicht: Er müsste dann selber eingreifen, wenn er dann Lust dazu hat. Darum wird das keine Diagnose im Sinne der Funktionalen Sicherheit sein, sondern eine einfache Überwachung im Sinne von (nicht sicherheitsbezogenen) Maschinenfunktionen.

Und was bedeutet „Monitoring“? Überwachen mit dem Ziel, Diagnose damit zu betreiben.
Kein weiterer Kommentar zu diesem Begriff.

Und zum Schluss muss auch noch erwähnt werden, dass Diagnose in (diskreten) Intervallen punktuell stattfindet: Für die Diagnose der Positionsschalter kann das nur mit dem Betätigen der Positionsschalter passieren.

Also ist der Betätigungszyklus der Positionsschalter gleich dem Diagnose-Testintervall (T_2 im Anhang I) zu setzen.

$DC = 99$ % mit zwei Schützen – Positionsschalter – Ventilen (wenn direkte Überwachung).

Immer dann, wenn ein Vergleich von zwei Signalen gemacht wird, ist grundsätzlich $DC = 99$ % möglich.

Es hängt jetzt nur noch davon ab, wie diese Signale an der eigentlich zu überwachenden Hardware/Mechanik gekoppelt sind.

Bei Ventilen besteht oft das Problem, dass Ventile benutzt werden, deren Einsatz sich in Sicherheitsanwendungen bewährt hat. Diese haben aber die nicht wie bei einem Leistungsschütz Spiegelkontakt. Somit kann nicht direkt eine Stellungsüberwachung erfolgen und eine indirekte Überwachung z. B. des Druckes wird genutzt.

_DC_ = 99 % bis SIL 3 nach DIN EN IEC 62061 (VDE 0113-50) bzw. PL e nach DIN EN ISO 13849-1

- Zwei Komponenten werden auf Diskrepanz und Querschluss überwacht werden.

  Beispiele: Zwei Positionsschalter oder zwei Schütze, die spätestens beim Wiedereinschalten überwacht werden.
- Eine Komponente elektrisch zweikanalig wird auf Diskrepanz und Querschluss überwacht.

  Beispiel: Ein Not-Halt-Befehlsgerät (dies gilt auch dann, wenn mehrere Not-Halt-Befehlsgeräte elektrisch in Reihe verschaltet sind, da das regelmäßige und gleichzeitige Betätigen mehrerer Not-Halt-Befehlsgeräte ausgeschlossen werden kann).

_DC_ = 90 % bis SIL 2 nach DIN EN IEC 62061 (VDE 0113-50) bzw. PL d nach DIN EN ISO 13849-1

- Eine Komponente elektrisch zweikanalig wird auf Diskrepanz und Querschluss überwacht.

  Beispiel: Ein Positionsschalter mit getrenntem Betätiger.
- Eine Komponente elektrisch einkanalig wird zeitlich überwacht.

  Beispiel: Die Zuhaltung eines Positionsschalters mit getrenntem Betätiger.

_DC_ = 60 % bis SIL 2 nach DIN EN IEC 62061 (VDE 0113-50) bzw. PL d nach DIN EN ISO 13849-1

- Mehrere Komponenten, die elektrisch in Reihe geschaltet sind, werde auf Diskrepanz und Querschluss überwacht.

  Beispiel: Insgesamt sechs Positionsschalter (also drei Schutztürüberwachungen), dabei sind zwei Positionsschalter je Schutztürüberwachung notwendig.

DC = 90 % und DC = 99 % auch ohne Querschlusserkennung

Die Betrachtungen sind nicht korrekt – selbst wenn heute so realisiert.

Die Überwachung der Verdrahtungsfehler, also ein möglicher Querschluss, ist in Wirklichkeit nicht als Teil der Diagnosefähigkeit zu bewerten, sondern ist grundsätzlich Teil der systematischen Betrachtungen:

Wenn anwendungsseitig ein Querschluss ausgeschlossen werden kann, dann ist das genauso hochwertig einzustufen wie die Lösung, die einen Querschluss durch die sicherheitsgerichtete Auswertung aufdeckt.

Es kann also ein Diagnosedeckungsgrad von 90 % oder 99 % auch ohne Querschlusserkennung erreicht werden, wenn die Verlegeart der elektrischen Verdrahtung diesen Fehler ausschließen kann, wie z. B. im Schaltschrank oder auch im Feld.

DC = 99 % mit zwangsgeführten Kontaktelementen von Hilfsschützen und Spiegelkontakten von Leistungsschützen.

Bis vor einigen Jahren gab es für alle Hilfs- und Leistungsschütze nur den Normenbegriff „zwangsgeführte Kontakte“.

Bis zum Jahr 2000 war dieser Begriff in der Norm IEC 60947-1 nicht eindeutig beschrieben. Mit der Normänderung A2:2000 (in der Norm IEC 60947-5-1:1997+A12:1999+A1:1999+A2:2000) wurde der Begriff „zwangsgeführtes Kontaktelement“ im Anhang L ausführlich erläutert.

Zum ersten Mal wurde ein Symbol dafür festgelegt und es wurden Prüfungen zur Überprüfung der „zwangsgeführten Hilfsschütz-Kontakten“ beschrieben. Der Nachteil dabei war, dass sich diese Eigenschaften der Zwangsführung nur auf die Kontakte im Hilfsschütz bezogen haben.

Für die Kontakteigenschaften der Leistungsschütze wurde zwei Jahre später der Anhang F in der IEC 60947-4-1:2001+A1:2002+A2:2005 hinzugefügt. In diesem Normenteil wird der Begriff „Spiegelkontakt“ oder auch „mirror contact“ für Leistungsschütze definiert (ein Hilfs-Öffner, der niemals gleichzeitig mit einem Schließer-Hauptkontakt geschlossen sein kann). Zusätzlich wurde, zum einen ein Symbol zur Bezeichnung eines „Spiegelkontakts“ (Öffner) festgelegt, und zum anderen die Prüfungen zur Überprüfung der Spiegelkontakteigenschaften.

Symbol für zwangsgeführte Kontaktelemente im Schaltgerät	*Symbol für Spiegelkontakte im Schaltgerät (Hilfs-Öffner)*
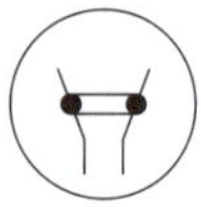	

DC **= 99 % mit Not-Halt-Befehlsgeräten und SIL 3 bzw. PL e**

Not-Halt-Einrichtungen nach DIN EN 60947-5-5 (**VDE 0660-210**) und DIN EN ISO 13850 sowie Zustimmungsschalter nach DIN EN IEC 60947-5-8 (**VDE 0660-215**) können als

- Teilsystem mit *HFT* = 0 bzw. mit der Kategorie 1

oder

- Teilsystem mit *HFT* = 1 bzw. mit der Kategorie 4 abgeschätzt werden,

je nach Anzahl der elektrischen Kontaktelemente.

Dabei kann jedes Kontaktelement (einschließlich der mechanischen Betätigung) als ein Kanal mit entsprechendem B_{10D}-Wert betrachtet werden.

Für dreistufige Zustimmungsschalter nach DIN EN IEC 60947-5-8 (**VDE 0660-215**) ist die Öffnungsfunktion durch Durchdrücken oder Loslassen gemeint.

Warum, wenn die Mechanik doch „nur" einkanalig ist?

Nur mit einem Fehlerausschluss für die Mechanik kann SIL 3 erreicht werden.

Obwohl die *SFF*-Tabelle dies verbietet, muss hier eine Ausnahme gemacht werden, mit folgenden Begründungen.

Die Mechanik fällt derart aus, dass der Ausfall sich vornehmlich mit dem Versagen der „Verrastung" oder „Einrastens" bemerkbar macht:

- die Mechanik ist einfach ausgeführt (lineare und direkte Betätigung der elektrischen Kontakte) und fällt deterministisch aus,
- das zwangsläufige Öffnen der elektrischen Kontakte ist nicht kompromittiert, wenn es zum Ausfall des Befehlsgeräts kommt – das Erfassen des gedrückten Betätigers mittels der zwangsöffnenden Kontakte ist trotzdem noch möglich.

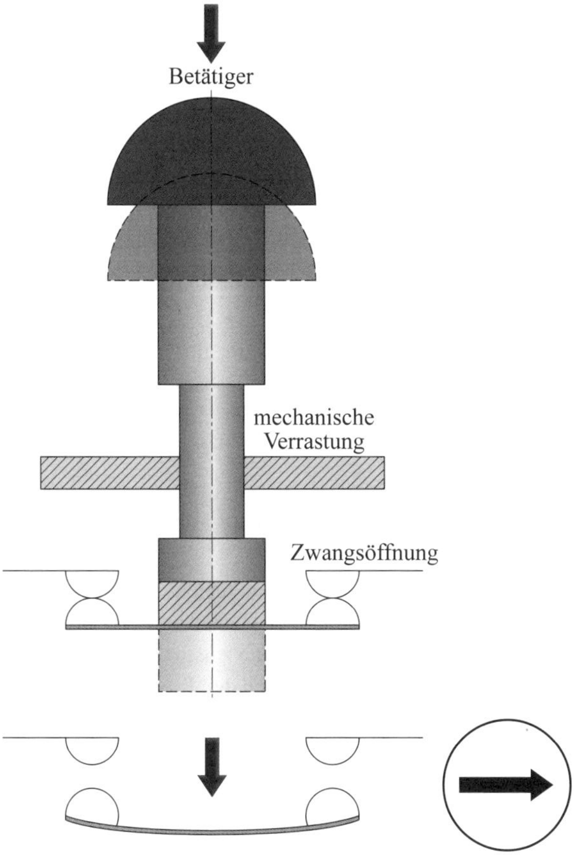

Diese Verrastung ist auch der Grund, warum die B_{10}-Werte nur bei 100 000 Schaltspielen liegen: Nicht die elektrischen Kontakte begrenzen den B_{10}-Wert, sondern die Mechanik selber. Es bleibt anzumerken, dass ein B_{10}-Wert nur für die Öffnung der elektrischen Kontakte im Millionen-Bereich liegen würde.

Somit ist ein Fehlerausschluss für die Betätigung und das Öffnen der zwangsöffnenden Kontakte nicht notwendig und die Einschränkung der *SFF*-Tabelle gilt hier nicht.

DC = 0 % – 90 % mit Prozessinformationen

Der Eintrag „Fehlererkennung durch den Prozess“ bedeutet, dass mit „0 % bis 99 %, abhängig von der Anwendung bei der Bestimmung des *DC* der Prozess zuhilfe genommen wird“.

Leider ist diese Umschreibung auf den ersten Blick nicht wirklich hilfreich für den Anwender der Norm, jedoch ist diese Formulierung zu Recht so vage gehalten: Die Nutzung der Prozessinformationen muss mit Vorsicht betrachtet werden – das ist die eigentliche Botschaft dieser Formulierung.

Die Maschinenfunktionen können sehr wohl in die Diagnosefunktionen einfließen: Denn würde der Prozess so unsicher sein, unabhängig von der integrierten Sicherheitstechnik, dann würde die Verfügbarkeit der Maschine erbärmlich darunter leiden. Genau das ist aber nicht der Fall. Also warum den Prozess mit seinen wertvollen Daten nicht auch für die Sicherheitstechnik nutzen?

Das Prinzip der „Erwartungshaltung“ kann sinnvoll zur Plausibilisierung einer Diagnose verwendet werden.

Es wird aber grundsätzlich immer eine sicherheitsgerichtete Auswertung vorausgesetzt. Beispiele sind: Die Erfassung der Zustände der Leistungsschütze mittels „Standard“-Eingabebaugruppen, eine Zustandsüberwachung einer Zuhaltung einer Verriegelungseinrichtung durch den Prozess, eine Überwachung der Regelung gefahrbringender Bewegungen, …

Erfolgt die Auswertung dieser Prozesszustände jedoch über eine nicht sicherheitsgerichtete Auswertung, dann wird die Geschichte sehr schnell recht komplex, abhängig von der geforderten Sicherheitsintegrität.

Diese Lösungen können weder exemplarisch bewertet noch als Kochbuch-Lösung vermittelt werden: Hier spielt die verwendete Hardware als auch die Anwender-Software eine sehr entscheidende Rolle. Deshalb werden oft benannte Stellen als neutrale Beobachter mit ins Boot genommen.

Einer Tatsache muss man sich aber immer bewusst sein: Auch, wenn der Prozess in sich sehr zuverlässig ist – Verfügbarkeit versus Sicherheit, so darf die Sicherheit der Maschine nicht darunter leiden, weil Komponenten aus angeblichen Kostengründen nicht verwendet werden.

DC = 90 % mit einkanaliger Architektur und zeitlicher Überwachung

Eine sog. „Erwartungshaltung“ als grundlegendes Prinzip einer Diagnose wird leider viel zu selten genutzt.

Beispiel: Anstatt eine Regelung sicherheitsgerichtet mit einer Software zu programmieren, kann das Überwachen der Grenzwerte sicherheitsgerichtet überwacht werden – es werden dedizierte Werte der nicht sicherheitsgerichteten Regelung erwartet.

Beispiel: Ein Signal muss in einem definierten Zeitfenster einen bestimmten Zustandswechsel haben. Damit lassen sich einkanalige Lösungen nicht nur statisch überwachen, sondern ein zweiter logischer Kanal mittels einer zeitlichen Erwartungshaltung an das Verhalten dieser einkanaligen Lösung hilft, eine höhere Diagnose zu erzielen – meistens kann *DC* = 90 % angenommen werden.

Und warum ist das so, trotz nicht zu unterschätzender Vorteile? Unwissenheit ...

Nicht die des Anwenders der Norm, sondern es ist nicht immer leicht vorherzusagen, ob ein Zeitfenster zur Überwachung verwendet werden kann und welche Toleranz dabei angesetzt werden darf.

Wer jedoch genauer hinschaut, wird feststellen, dass alles relativ ist und meistens der Prozess der Maschine für viele Funktionen eine zeitliche Abfolge vorsieht. Nichts ist unmöglich …

Diese Art der Diagnose ist sehr hilfreich und kann bis SIL 2 bzw. PL d verwendet werden

Mit einer einkanaligen Architektur, die mittels dieser zeitlichen Abhängigkeiten diagnostiziert wird, ist gerade für die Auswertung des Sensor-Kreises von Interesse, wenn eine Zweikanaligkeit nicht technologisch oder wirtschaftlich vertretbar ist.

Manche ordnen dieses Prinzip der Prozessüberwachung zu – was nicht ganz sortenrein ist, aber den Zusammenhang anschaulich verdeutlicht.

technologiebedingte Überwachung einer Klappe mittels Ultraschall-Sensor: Öffnen nach spätestens 2 min

SIL 1 bzw. PL c (Kategorie 2) mit nicht-sicherheitsgerichteten Komponenten und *DC* = 60 % erreichbar

Diagnose muss getestet werden

Fehlerinjektion oder Fehler Einstreuen sind die Methoden, mit denen die implementierte Diagnose real getestet werden kann.

Einige Beispiele sind nachfolgend in **Tabelle 2.4** aufgelistet.

Testen gibt Gewissheit und den geforderten Nachweis

Tests	Beispiele für Prüfkriterien
Prüfung durch Funktionstests des SCS	1. **Öffnen** der Schutztür und Überprüfung des Anhaltens des Motors 2. **Schließen** der Schutztür und Überprüfung, dass kein Wiederanlauf erfolgt
Tests mit Fehlerinjektion	
• Teilsystem „Schutztürüberwachung“:	Überprüfung der Erkennung von Diskrepanzen zwischen Eingangssignalen, z. B. durch Demontage eines der Positionsschalter und Kurzschlusstest
• Teilsystem „ Auswertelogik“:	Test der Wiedereinschaltung beim Öffnen der Schutztür und Test beim Vorliegen eines Fehlers (während des Tests durch Fehlerinjektion)
• Teilsystem „Motorsteuerung“:	Überprüfung der Überwachung der Spiegelkontakte der Schütze, z. B. durch elektrische Abschaltung des Rückmeldesignals der Schütze
…	…

Tabelle 2.4 Beispiele für Tests

2.7 Fehlerausschlüsse

Fehlerausschlüsse werden in der Praxis für Verdrahtung gemacht
Für manche Teilsystem-Elemente kann das auch Sinn machen

Das Konzept der DIN EN ISO 13849-1, Komponenten in „Mechanik“ und „Elektrik“ aufzuteilen ist theoretisch korrekt – praktisch aber sehr verwirrend.

Beispiele: Mit zwei Positionsschaltern oder zwei Leistungsschützen soll mindestens SIL 2 oder PL d erreicht werden – also jeweils eine zweikanalige Architektur mit zwei gleichartigen Kanälen. Gedanklich werden diese Komponenten nun „zerlegt“:

		„Mechanik“		„Elektrik“
Positions-schalter	=	mechanisch betätigtes Element (der Stößel und die interne Mechanik bis hin zu dem elektrischen Kontakt)	+	zwangsöffnender (elektrischer) Kontakt
		B_{10D} = 1 000 000		Fehlerausschluss

Anmerkung: Zwar ist ein zwangsöffnender Kontakt wie ein Fehlerausschluss zu betrachten, aber die Mechanik hat trotzdem einen B_{10D}-Wert.
Erkenntnis: Die Mechanik bestimmt den B_{10D}-Wert maßgeblich.

		„Mechanik“		„Elektrik“
Leistungs-schütz	=	Hauptstrombahnen und elektrische Spule	+	Spiegelkontakte (Hilfs-Öffner)
		B_{10D} = 1 300 000		Fehlerausschluss

Anmerkung: Die Spiegelkontakte (Hilfs-Öffner) werden für die Diagnose eingesetzt, und deren Versagen kann ausgeschlossen werden. Das würde einen DC = 100 % oder besser einer Diagnosefähigkeit von 100 % rechtfertigen – DC = 99 % wird aber max. angenommen. Dagegen wird der B_{10D}-Wert durch die Hauptkontakte und die damit verbundene Mechanik bestimmt.
Erkenntnis: Die Mechanik bestimmt den B_{10D}-Wert maßgeblich, Spiegelkontakte können zu Diagnosezwecken verwendet werden.

Wie hilfreich ist jetzt die gedankliche Zerlegung für den Anwender?
Gar nicht.

Es sei denn, man ist Hersteller einer Komponente und muss seinem Kunden einen B_{10D}-Wert liefern. Zudem wird hier ein Fehlerausschluss bei Leistungsschützen gemacht, der die Diagnosefunktion betrifft, und bei Positionsschaltern einen internen Aufbau, der nach „außen“ überhaupt nicht sichtbar ist, weil dieser Positionsschalter bei Hersteller *X* gekauft wurde und als Black-Box zu betrachten ist. Übrigens gilt das auch für jedes Leistungsschütz: Im Grunde kann es egal sein, was da „innerlich“ verbaut wurde, solange der Hersteller mir sagt, dass es sich um ein Leistungsschütz gemäß Produktnorm handelt und ich diese überwachen kann (Anmerkung: Die Produktnorm verlangt bereits nach diesen Spiegelkontakten (Hilfs-Öffnern), und unabhängig von Funktionaler Sicherheit – weil es keine „sicheren“ Leistungsschütze geben kann).

Fehleranhäufungen wegen oder trotz CCF

Der Begriff „Fehleranhäufung“ ist im ersten Augenblick schwer einzuordnen – DC < 100 % widerspricht dem. Wie also den Begriff verstehen?

Betrachtet man die Definition der Kategorien der DIN EN ISO 13849-1, dann wird der Unterschied zwischen Kategorie 3 und Kategorie 4 mit der Anhäufung unerkannter Fehler argumentiert. Bei Kategorie 3 dürfen diese Fehler sich anhäufen, bei Kategorie 4 nicht.

Kategorie 3 ($DC \geq 60$ %), Systemverhalten: Die Sicherheitsfunktion bleibt beim Auftreten einzelner Fehler immer erhalten. Einige, aber nicht alle Fehler werden erkannt. *Eine Anhäufung von unerkannten Fehlern kann zum Verlust der Sicherheitsfunktion führen.*

Normentext: „… SRP/CS der Kategorie 3 müssen so gestaltet werden, dass ein einzelner Fehler in einem dieser Teile nicht zum Verlust der Sicherheitsfunktion führt. Wenn immer in angemessener Weise durchführbar, muss ein einzelner Fehler bei oder vor der nächsten Anforderung der Sicherheitsfunktion erkannt werden. …“

Kategorie 4 ($DC \geq 99$ %), Systemverhalten: Wenn Fehler auftreten, bleibt die Sicherheitsfunktion immer erhalten; die Fehler werden <u>*rechtzeitig*</u> erkannt. *Die Erkennung von Fehleranhäufungen reduziert die Wahrscheinlichkeit des Verlustes der Sicherheitsfunktion (hoher DC).* Die Fehler werden rechtzeitig erkannt, um einen Verlust der Sicherheitsfunktion zu verhindern. ….“

Normentext: „… SRP/CS der Kategorie 4 müssen so gestaltet werden, dass

- ein einzelner Fehler in jedem dieser sicherheitsbezogenen Teile nicht zum Verlust der Sicherheitsfunktion führt, und
- der einzelne Fehler bei oder vor der nächsten Anforderung der Sicherheitsfunktion erkannt wird, z. B. unmittelbar, beim Einschalten oder am Ende eines Maschinenzyklus, aber wenn diese Erkennung nicht möglich ist, dann darf die Anhäufung von unerkannten Fehlern nicht zum Verlust der Sicherheitsfunktion führen. …“

Wenn ein $DC < 100$ % ist, dann heißt das, dass es immer mindestens x % unerkannte Fehler geben wird. Nur mit $DC = 100$ % kann es keine unerkannten Fehler geben und damit auch keine Fehleranhäufung. Und wie jetzt mit „Fehleranhäufung“ in der Praxis umgehen? Die Definition der Kategorie 4 ist offensichtlich nicht vereinbar mit $DC \geq 99$ %, da es ≤ 1 % unerkannte Fehler per Definition immer existieren werden.

Die Frage muss also lauten: Wenn dies bekannt ist, worauf bezieht sich dann die Fehleranhäufung?

Ein einfaches konkretes Beispiel: Zwei Positionsschalter sollen eine Kategorie 4 Architektur bilden, weil ein $DC = 99$ % möglich ist. Sobald beide Positionsschalter gleichzeitig ausfallen, redet man von Fehleranhäufung, genauer Anhäufung unerkannter Fehler.

Würde es mit *DC* = 100 % auch eine Fehleranhäufung geben können? Ja.

Weil die Diagnose selbst mit $DC = 100$ % erst dann stattfinden kann, wenn die Stößel der beiden Positionsschalter gezwungen werden die zwangsöffnenden Kontakte zu betätigen, heißt: Erst wenn die Schutztüre geöffnet wird, erst dann kann festgestellt werden, ob ein Fehler vorliegt – vorher geht das leider nicht.

Dass eine Fehleranhäufung unwahrscheinlicher wird, je größer ein *DC* ist – das leuchtet einem dann auch wiederum ein.

Dass es aber mit DC = 100 % zu einer Fehleranhäufung kommen kann, ist sehr verwirrend, aber damit erklärbar, dass die Diagnose einen Diagnose-Testintervall hat, der nicht beliebig klein ist. Und weil Diagnose selbst mit einem beliebig kleinen Diagnose-Testintervall nur zu gewissen Zeitpunkt auch Sinn macht: Die Sicherheits-SPS kann im *Millisekundentakt* die Eingänge der Positionsschalter überwachen, aber es kommt erst zu einem Signalwechsel, wenn die Schutztüre, z. B. stündlich durch den Bediener geöffnet wird.

Erkenntnis für die Praxis: Fehleranhäufung immer mit CCF bewerten und somit systematisch betrachten (siehe Anhang F).

Es gibt ein anschauliches Beispiel aus der Praxis, das diese Begrenzung in der Norm verdeutlicht: Ein Positionsschalter mit getrenntem Betätiger und zwei elektrischen zwangsöffnenden Kontakten.

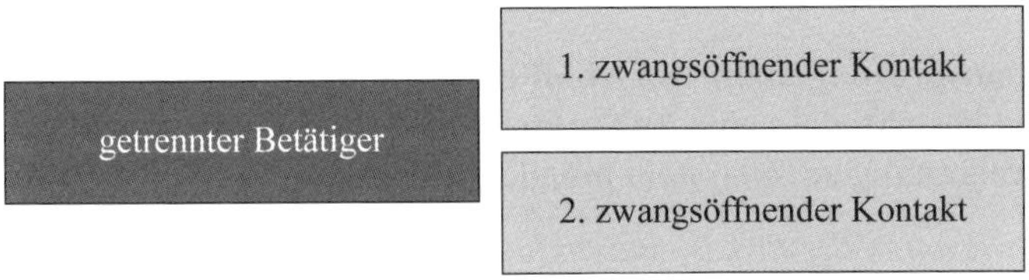

Die Mechanik ist einkanalig und die Elektrik zweikanalig. Dieses Teilsystem kann nicht SIL 3 erreichen, nur weil eine Zweikanaligkeit auf der elektrischen Seite vorhanden ist. Der einkanalige getrennte Betätiger begrenzt hier den erreichbaren SIL, nämlich SIL 2 aufgrund des Fehlerausschlusses für den getrennten Betätiger: Das Versagen des getrennten Betätigers ist fatal und dieses Risiko möchte man SIL 3 nicht zumuten.

Bei zwei Fehlern bzw. Ausfällen wird's gefährlich

Eine Dreikanaligkeit ist zwar besser als eine Zweikanaligkeit, aber es bleibt die Frage nach der Sinnhaftigkeit einer solchen Lösung: Wenn die Praxis seit Erscheinen der EN 954-1 gezeigt hat, dass mit zweikanaligen Architekturen das Unfallgeschehen drastisch reduziert wurde, und dass die Unfälle heutzutage nicht durch das zufällige Versagen einer redundanten Lösung begründet sind, sondern durch menschliches Verhalten wie z. B. Manipulation, dann ist eine Zweikanaligkeit für hohe Risiken wie SIL 2 und SIL 3 oder PL d bzw. PL e gemäß DIN EN ISO 13849-1 ausreichend sicher genug.

Das bedeutet also:

- selbst ein zweikanaliges Teilsystem kann grundsätzlich (theoretisch) versagen, wenn beide Kanäle ausfallen (Anhäufung von Fehlern/Ausfällen in beiden Kanälen);
- eine Anhäufung von Fehlern/Ausfällen für diese beiden Kanäle ist sehr unwahrscheinlich hinsichtlich des Zeitpunkts des Auftretens dieser Fehler/Ausfällen;
- wenn Diagnose verwendet wird, dann wird diese eine Fehlerreaktion für einen Kanal einleiten, bevor auch der zweite Kanal versagt;
- nur mit Ausfällen beider Kanäle aufgrund einer gemeinsamen Ursache (CCF-Betrachtung) kann nicht elektronisches Teilsystem immer systematisch ausfallen – Mathematik hin oder her, mit oder ohne Diagnose.

Eine Funktionsprüfung kann also Abhilfe schaffen, wenn die Befürchtung besteht, dass eine Anhäufung von Fehlern bzw. Ausfällen in einem zweikanaligen Teilsystem möglich ist.

Das erklärt warum in der Praxis eine Architektur HFT = 0 mit DC bzw. eine Kategorie 2 im Ausgangskreis (Aktor-Seite) möglich ist.

Für ein einkanaliges Teilsystem kann der Ausfall durch eine Diagnose verhindert werden, aber nur wenn diese Diagnose auch eine Fehlerreaktion zeitnah auslösen kann – spätestens also zum Zeitpunkt der Anforderung der Sicherheitsfunktion.

2.8 *PFH* oder PFH_D

Rechnen muss nicht immer sein – Tabellen helfen

Mit diesen beiden Tabellen lässt sich als Worst-Case ein PFH_D-Wert schnell ermitteln, ohne detaillierte Berechnungen machen zu müssen. Zudem bekommt man ein Gefühl für die Grenzen der Anwendungen.

Intervall oder Anforderungsrate			$MTTF_D$ je Kanal [in Jahren auf Basis der Anforderungsrate und B_{10D}]								
zyklischer Intervall	Betätigungszyklus (pro Stunde)	jährliche Betätigungen n_{op}	B_{10D}: 100 000	400 000	1 000 000	1 300 000	2 000 000	5 000 000	10 000 000	20 000 000	50 000 000
30 s	120	1 051 200	nicht zu empfehlen	nicht zu empfehlen	10	12	19	48	95	190	476
1 min	60	525 600	nicht zu empfehlen	nicht zu empfehlen	19	25	38	95	190	381	951
2 min	30	262 800	nicht zu empfehlen	15	38	49	76	190	381	761	1 903
5 min	12	105 120	10	38	95	124	190	476	761	1 903	
10 min	6	52 560	19	76	190	247	381	951	1 903		
15 min	4	35 040	29	114	285	371	571	1 427			
30 min	2	17 520	57	228	571	742	1 142				
1 h	1	8 760	114	457	1 142	1 484					
2 h	0,5	4 380	228	913	2 283						
≥4 h	0,25	2 190	457	1 829							

$MTTF_D$ je Kanal >2 000 Jahre

Intervall oder Anforderungen auf Basis von:

24 Stunden pro Tag
365 Tage pro Jahr
(1 Jahr = 8 760 h)

$T_{10D} = MTTF_D/10$

	Typische Komponenten oder Geräte oder Bauteile (mit einer Schutzfunktion)								
Sensoren	Not-Halt-Befehlsgeräte	Not-Halt-Befehlsgeräte	Positionsschalter (mit getrenntem Betätiger, Schutzzürverriegelung)		Positionsschalter (mit getrenntem Betätiger, Schutztürverriegelung)	Positionsschalter	Positionsschalter	Positionsschalter	Positionsschalter
Sensoren	Zustimmungstaster						Drucktaster	Drucktaster	Drucktaster
Sensoren		Näherungsschalter mit max. Last						Näherungsschalter mit geringer Last	
Aktoren	Leistungsschalter	Relais und Hilffschütze mit max. Last		Leistungsschütze mit max. Last				Relais und Hilfsschütze mit geringer Last	
Aktoren								Leistungsschütze mit geringer Last	
Aktoren								pneumatische Komponenten	

Bild 2.14 $MTTF_D$- und PFH_D-Tabellen der DIN EN IEC 62061 (**VDE 0113-50**)

$MTTF_D$ je Kanal [in Jahre] und DC [%]									
einkanalige Architektur				zweikanalige Architektur					
$MTTF_D$	DC	$MTTF_D$	DC	$MTTF_d$	DC	$MTTF_D$	DC	$MTTF_D$	DC
23 … <29		17 … <20		21 … <24		13 … <15			
29 … <38		20 … <25		24 … <27		15 … <17			
38 … <57	0 %	25 … <33	60 %	27 … <34	0 %	17 … <22	60 %		
57 … <114		33 … <58		34 … <48		22 … <31			
≥ 114		≥ 58		≥ 48		≥ 31			
		60 … <69				23 … <26		9 … <11	
		69 … <84				26 … <31		11 … <13	
		84 … <112	90 %			31 … <39	90 %	13 … <18	
		112 … <187				39 … <60		18 … <30	
		≥ 187				≥ 60		≥ 30	99 %
								54 … <65	
								65 … <85	
								85 … <123	
								123 … <238	
								≥ 238	
Kategorie B oder 1		Kategorie 2		existiert nicht		Kategorie 3		Kategorie 4	
A		C		B		D		D	
Kategorien und Basis-Teilsystemarchitekturen									

PFH_D			
			10^{-5}
50 %	$0,5 \cdot 10^{-5}$	SIL 1 PL b/c	
40 %	$0,4 \cdot 10^{-5}$		
30 %	$0,3 \cdot 10^{-5}$		
20 %	$0,2 \cdot 10^{-5}$		
10 %	$0,1 \cdot 10^{-5}$		
			10^{-6}
50 %	$0,5 \cdot 10^{-6}$	SIL 2 PL d	
40 %	$0,4 \cdot 10^{-6}$		
30 %	$0,3 \cdot 10^{-6}$		
20 %	$0,2 \cdot 10^{-6}$		
10 %	$0,1 \cdot 10^{-6}$		
			10^{-7}
50 %	$0,5 \cdot 10^{-7}$	SIL 3 PL e	
40 %	$0,4 \cdot 10^{-7}$		
30 %	$0,3 \cdot 10^{-7}$		
20 %	$0,2 \cdot 10^{-7}$		
10 %	$0,1 \cdot 10^{-7}$		
			10^{-8}

Bild 2.14 (*Fortsetzung*) $MTTF_D$- und PFH_D-Tabellen der DIN EN IEC 62061 (**VDE 0113-50**)

Die wichtigsten sicherheitsbezogenen Werte im Überblick

Die nachfolgenden Umrechnungen werden oft benutzt und veranschaulichen die Zusammenhänge der verschiedenen sicherheitstechnisch bekannten Werte.

Umrechnungsformeln mit Einheiten	Vereinfachte Schreibweise
$\lambda_D\left[\frac{1}{h}\right]=\frac{1}{MTTF_D\,[a]\,8\,760\left[\frac{h}{a}\right]}$	$\lambda_D=\frac{1}{MTTF_D\;8\,760}$
$n_{op}\left[\frac{\text{Betätigungen}}{a}\right]=\frac{d_{op}\left[\frac{d}{a}\right]\cdot h_{op}\left[\frac{h}{d}\right]\cdot 3\,600\left[\frac{s}{h}\right]}{t_{cycle}\left[\frac{s}{\text{Betätigungen}}\right]}$	$n_{op}=\frac{d_{op}\cdot h_{op}\cdot 3\,600}{t_{cycle}}$
$\lambda_D\left[\frac{1}{h}\right]\approx\frac{0{,}1\,C\left[\frac{\text{Betätigungen}}{h}\right]}{B_{10D}\,[\text{Betätigungen}]}=\frac{0{,}1\,n_{op}\left[\frac{\text{Betätigungen}}{a}\right]}{B_{10D}\,[\text{Betätigungen}]\,8\,760\left[\frac{h}{a}\right]}$	$\lambda_D\approx\frac{0{,}1\,C}{B_{10D}}$
$T_{10D}\,[a]\approx\frac{B_{10D}}{n_{op}}=0{,}1\,MTTF_D=0{,}1\,\frac{1}{\lambda_D\left[\frac{1}{h}\right]8\,760\left[\frac{h}{a}\right]}$	$T_{10D}\approx 0{,}1\,MTTF_D$ $\approx 0{,}1\,\frac{1}{\lambda_D\;8\,760}$

Die PFH-Formeln sind in 7.2 detailliert erläutert

Zusammenfassend und meist genutzt sind die folgenden Formeln:

einkanalig, Kategorie B/1, ohne Diagnose

$$PFH=\lambda_D$$

einkanalig, Kategorie 2, mit Diagnose

$$PFH=(1-\beta)(1-DC)\,\lambda_D+(1-\beta)^2\,DC\,\lambda_D^2\,\frac{(T_1+T_2)}{2}+\beta\,\lambda_D$$

zweikanalig, Kategorie 3/4, mit Diagnose

$$PFH=(1-\beta)^2\,\lambda_D^2\,(1-DC)\,T_1+(1-\beta)^2\,\lambda_D^2\,(DC)\,T_2+\beta\,\lambda_D$$

2.9 CCF und systematische Ausfälle

Systematische Ausfälle müssen berücksichtigt werden: Bei dem Entwurf eines SCS oder SRP/CS sind diese möglichen Ausfälle insbesondere zu betrachten.

Gefährlicher Ausfall und CCF führen zu einem Ausfall des Teilsystems

Die systematische Integrität wird mathematisch mit dem Faktor Beta β berücksichtigt.

Die Wahrscheinlichkeit eines Ausfalls aufgrund von einer gemeinsamen Ursache wird mit den Werten 10 %, 5 %, 2 % oder 1 % beziffert, besser gesagt angenommen. Welcher Wert der richtige ist bleibt das Geheimnis jedes Konstrukteurs.

Wenn ich zwei unterschiedliche Technologien verwende, z. B. Elektromechanik und Elektronik, dann kann 1 % angenommen werden. Bei gleicher Technologie hängt es von der Überdimensionierung ab. Zum Beispiel zwei Leistungsschütze mit max. 50 % Belastung können ein β = 2 % rechtfertigen.

Wer pfiffig ist, rechnet zunächst alles mit 10 %, um einer Diskussion aus dem Weg zu gehen. Sollten die *PFH*-Werte reichen, dann erst recht.

Aber nichtsdestotrotz wird auch mit Recht verlangt, dass CCF nicht einfach mal so schnell bewertet wird, sondern dass Mindestanforderungen zu betrachten sind.

„Tue Gutes und denke systemisch dabei“

Gefährlicher Ausfall aufgrund einer Wahrscheinlichkeit (zufälliger Hardwareausfall) und aufgrund eines systematischen Fehlers: Beide können zum Ausfall eines Teilsystems oder Teilsystem-Elements führen.

Auf Ebene des SCS (als Summe aller Teilsysteme)
Vermeiden, damit nicht im Nachhinein Beherrschen –
wehret den Anfängen.

Die wichtigsten Aspekte dabei sind:

- Verwendung des SCS innerhalb der Spezifikation des Herstellers (falls ein SCS vollständig erworben wird und eine Sicherheitsfunktion abbildet),
- die richtige Auswahl, Kombination, Anordnung, Montage und Installation von Teilsystemen,
- Anwendung der DIN EN 60204-1 (**VDE 0113-1**),

- Betriebsarten müssen dokumentiert sein,
- Betrachtungen des vorhersehbaren Missbrauchs, der Umweltveränderungen oder jeglicher Modifikation(en),
- Verdrahtung von Teilsystemen (ein- oder zweikanalig) – das kann spezielle Fehlerbetrachtungen und Fehlerausschlüsse zur Folge haben,

Herstelleranweisungen (einschließlich z. B. Anwendungsbeispiele) beider miteinander verbundenen Teilsysteme.

Zusätzlich kann gelten:

- SCS Hardware Design Review (z. B. durch Inspektion oder Begehung), zwecks Aufdeckung von Diskrepanzen zwischen der Spezifikation und der Implementierung
- ggf. Simulation oder Analyse: Durchführung einer systematischen und vollständigen Simulation eines SCS-Entwurfs (Dimensionierung und Interaktion der Teilsysteme).

Auf Ebene des SCS (als Summe aller Teilsysteme)
Beherrschen, wenn Vermeiden nicht möglich ist.

Die wichtigsten Aspekte dabei sind:

- Verwendung der Energieabschaltung des SCS, sodass sicherer Zustand der Maschine erreicht oder aufrechterhalten wird,
- Maßnahmen zur Beherrschung der Auswirkungen vorübergehender Ausfälle des Teilsystems, wie z. B. Energieversorgungsschwankungen oder Auswirkungen elektromagnetischer Interferenzen,
- Maßnahmen zur Beherrschung der Auswirkungen von Fehlern aufgrund von Datenübertragungsverfahren,

Betrachtungen von gefährlichen Fehlern an einer Schnittstelle eines Teilsystems (insbesondere bei einkanaligen Strukturen oder zweikanaligen, die aber einkanalig werden können)

EMV ist tückisch und kann zu einem systematischen Ausfall führen

Das SCS muss die geltenden Anforderungen der DIN EN 61000-1-2 (**VDE 0839-1-2**) erfüllen, dabei sind die entsprechenden Störfestigkeitspegel für industrielle Umgebungen in DIN EN 61326-3-1 (**VDE 0843-20-3-1**) oder DIN EN 61000-6-7 (**VDE 0839-6-7**) angegeben.

Bei Teilsystemen, die nach einer sicherheitsbezogenen Produktnorm entworfen wurden, z. B. nach DIN EN IEC 61496-1 (**VDE 0113-201**) usw., oder nach DIN EN 61326-3-1 (**VDE 0843-20-3-1**) oder DIN EN 61000-6-7 (**VDE 0839-6-7**), kann es möglich sein, dass mit dem Teilsystem Informationen geliefert werden, die die Verifizierung der Anforderungen auf Systemebene des SCS durch Analyse erleichtern können.

Somit ist die Anwendung von Produkten nach Herstellerangabe, als Teilsystem-Elemente oder Teilsysteme, ein wichtiger Faktor, der eine Gesamtbewertung durch Analyse erlaubt, und nicht zwangsläufig zu umfangreichen EMV-Tests führen muss, was für eine Maschine, je nach Ausdehnung, oder Aufstellungsort quasi unmöglich sein kann.

Maßnahmen zur Reduzierung von EMV-Einflüssen:

- ✓ Die Installation von Überspannungsschutzgeräten und/oder Filtern für Geräte.
- ✓ Leitende Ummantelungen (z. B. Armierungen, Abschirmungen) von Kabeln sollten mit dem Schutzleiter System verbunden sein.
- ✓ Induktionsschleifen vermeiden durch die Wahl gemeinsamer Wege für die Verdrahtung von Leistungs-, Signal- und Datenleitungen unter Beibehaltung der Trennung der Stromkreise.
- ✓ Energiekabel sollen von Signal- oder Datenleitungen getrennt verlegt werden.
- ✓ Wo es notwendig ist, dass sich Leistungs- und Signal- oder Datenleitungen kreuzen, sollten diese rechtwinklig gekreuzt werden Verwendung von Leitungen mit konzentrischen Leitern zur Verringerung der in den Schutzleiter induzierten Ströme.
- ✓ Verwendung von symmetrischen mehradrigen Leitungen (z. B. abgeschirmte Leitungen mit getrennten Schutzleitern) für die elektrischen Verbindungen zwischen Motoren und Umrichtern.
- ✓ Wenn geschirmte Signal- oder Datenkabel verwendet werden, sollte darauf geachtet werden, dass der Stromfluss durch die Schirme von Signal- oder Datenkabeln, die geerdet sind, reduziert wird. Es kann erforderlich sein, einen Bypass-Leiter zu installieren.

Beispiel für eine getrennte Verlegung in Kabelwannen:

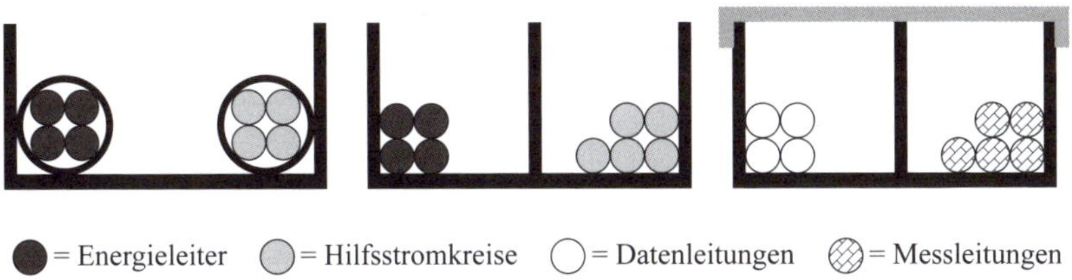

DIN EN IEC 62061 (**VDE 0113-50**) gibt im Anhang E eine Liste von Maßnahmen, die bei der Bewertung des CCF-Faktors helfen können, siehe **Tabelle 2.5**.

Beitrag	Referenz	Punktezahl
Trennung/Abtrennung		
Werden die Leitungen für die SCS-Signale der einzelnen Kanäle an allen Positionen getrennt von anderen Kanälen verlegt? Zum Beispiel: • Signalleitungen für die einzelnen Kanäle an allen Positionen von anderen Kanälen getrennt oder ausreichend abgeschirmt (mit Schutzerde verbunden), • Kurzschlusserkennung vorgesehen, • ausreichende Luft- und Kriechstrecken auf Leiterplatten	1a	5
Wo die Codierung/Decodierung von Daten verwendet wird, ist sie ausreichend für die Erkennung von Fehlern bei der Signalübertragung?	1b	10
Sind SCS-Signale und Stromkabel/-quellen an allen Positionen getrennt oder ausreichend abgeschirmt (keine Störung der SCS-Signale durch ein anderes elektrisches System, siehe DIN EN 60204-1 (**VDE 0113-1**), Anhang H)?	2	5
Wenn Teilsystem-Elemente zu einem CCF beitragen können, werden sie als physisch getrennte Geräte in ihren lokalen Gehäusen eingebaut?	3	5

Tabelle 2.5 CCF-Maßnahmen, DIN EN IEC 62061 (**VDE 0113-50**)

Beitrag	Referenz	Punktezahl
Diversität/Redundanz		
Setzt das Teilsytem unterschiedliche Technologien ein, z. B. eine elektronische oder programmierbare Elektronik und ein elektromechanisches Relais oder ein Hydraulikventil?	4	8
Verwenden die Teilsysteme Elemente, die unterschiedliche physikalische Prinzipien nutzen (z. B. Sensorelemente an einer Schutztür, die mechanische und magnetische Sensortechniken verwenden)?	5	10
Verwendet das Teilsystem Elemente mit zeitlichen Unterschieden in den funktionellen Betriebs- und/oder Ausfallmodi?	6	10
Haben die Teilsystem-Elemente ein Diagnosetestintervall von ≤ 1 min?	7	10
Komplexität/Entwurf/Anwendung		
Werden Querschlüsse zwischen Kanälen des Teilsystems verhindert, mit Ausnahme derer, die für Diagnose-Testzwecke verwendet werden?	8	2
Beurteilung/Analyse		
Wurde eine Analyse durchgeführt, um Fehlerursachen für Ausfälle gemeinsamer Ursache zu ermitteln, und wurden vorher festgelegte Fehlerursachen für Ausfälle gemeinsamer Ursache konstruktiv beseitig? Zum Beispiel Überspannung, Übertemperatur, Überdruck usw. (siehe DIN EN IEC 62061 (**VDE 0113-50**), Abschnitt 7.3.2.3).	9	9
Werden Feldausfälle mittels Rückmeldungen in den Entwurf berücksichtigt?	10	9
Kompetenz/Training		
Verstehen die Konstrukteure von Teilsystemen die Ursachen und Folgen von Ausfällen gemeinsamer Ursache?	11	4
Beherrschung der Umgebungsbedingungen		
Ist es wahrscheinlich, dass die Teilsystem-Elemente immer innerhalb des Bereichs von Temperatur, Feuchtigkeit, Korrosion, Staub, Vibrationen usw. arbeiten, für den sie getestet wurden, ohne dass eine externe Überwachung der Umgebung eingesetzt wird (siehe DIN EN 60068 (**VDE 0468**) (alle Teile))?	12	9
Ist das Teilsystem unempfindlich gegen negative Einflüsse durch elektromagnetische Störungen (siehe DIN EN 61326-3-1 (**VDE 0843-20-3-1**) oder DIN EN 61000-6-7 (**VDE 0839-6-7**))?	13	9
Anmerkung 1: Ein alternativer Punkt (z. B. Verweise 1a und 1b) ist in Tabelle F.1 der Norm angegeben, wo vorgesehen ist, dass ein Anspruch auf einen Beitrag zur Vermeidung von CCF nur aus dem relevantesten Punkt geltend gemacht werden kann. Anmerkung 2: Ähnliche Kriterien können für andere Technologien abgeleitet werden, die auf den gleichen Prinzipien basieren.		

Gesamtpunktzahl	Faktor für Ausfälle aufgrund gemeinsamer Ursache (β)
≤ 35	10 % (0,1)
36 … 65	5 % (0,05)
66 … 85	2 % (0,02)
86 … 100	1 % (0,01)

Tabelle 2.5 (*Fortsetzung*) CCF-Maßnahmen, DIN EN IEC 62061 (**VDE 0113-50**)

Zusammenfassend können die Vermeidung und Beherrschung von Fehlern bzw. Ausfällen wie in **Tabelle 2.6** dargestellt werden.

Vermeidung von systematischen Fehlern	
Maßnahme	**Anmerkung/Beispiele**
richtige Auswahl, Kombination, Anordnung, Montage	Die richtige Komponente für die Anwendung und in der richtigen Form verwendet (Benutzerinformation des Komponentenherstellers): Für diese Anwendung Positionsschalter verwendbar?
Verkabelung, Verbindungen	Siehe Benutzerinformation des Komponentenherstellers; Maßnahmen gegen Kurzschlussausfälle
korrekte Dimensionierung und Formgebung	Elektrische Überdimensionierung: Belastung der Schütze korrekt?
Überprüfung des HW-Entwurfs	Plausibilitätsanalyse und Berücksichtigung der Benutzerinformation des Komponentenherstellers
Beherrschung von systematischen Fehlern	
Maßnahme	**Anmerkung/Beispiele**
Spannungsschwankungen und Unterbrechungen	Hardwareentwurf gemäß DIN EN 60204-1 (**VDE 0113-1**)
Auswirkungen der physikalischen Umgebung und der EM-Störfestigkeit	Hardwareentwurf gemäß DIN EN 60204-1 (**VDE 0113-1**); siehe Benutzerinformation des Komponentenherstellers
Auswirkungen von Temperaturanstieg oder -abfall	Siehe Benutzerinformation des Komponentenherstellers; ggf. einschließlich relevanter Hinweise für die Verwendungsinformationen der Sicherheitsfunktion
Verwendung der Stromabschaltung	Abschalten des Motors durch Betätigen der Positionsschalter
bewährte Sicherheitsprinzipien	
• Fehlererkennung durch automatische Tests,	Überwachung von zwei Positionsschaltern und zwei Schützen; Kurzschlusserkennung
• Betrieb im Positiv-Modus,	Zwangsgeführte Kontakte der Positionsschalter
• mechanisch verbundene Kontakte	Schütze mit Spiegelkontakten

Tabelle 2.6 Systematische Fehler

2.10 Validieren mit Verifizieren

Die Validierung jeder Sicherheitsfunktion basiert auf mehreren Aktivitäten, die entsprechend dokumentiert werden. Zusammenfassend können die nachfolgenden Tabellen helfen.

Bezogen auf die Eingangsinformationen ergibt sich:

<table>
<tr><th></th><th>Validierungsprozess</th><th>Quelle der Anforderungen</th><th>Wo Informationen zu finden sind</th></tr>
<tr><td rowspan="6">Eingangsinformationen für den Validierungsprozess</td><td colspan="3">Validierungsplan mit Basisanforderungen</td></tr>
<tr><td>• Spezifikationsdokumente identifiziert?
• Betriebs- und Umgebungsbedingungen während der Prüfung festgelegt?
• anzuwendende Analysen und Tests
• Verweis auf anzuwendende Prüfnormen
• Personen oder Beteiligte, die für jeden Schritt im Validierungsprozess verantwortlich sind
• die erforderliche Einrichtung</td><td></td><td></td></tr>
<tr><td colspan="3">Fehlerlisten</td></tr>
<tr><td>• Fehler aus der (den) generischen Liste(n), die berücksichtigt werden sollen
• alle sonstigen relevanten Fehler, die berücksichtigt werden müssen
• aus der/den generischen Liste(n) entnommene Fehler, die ausgeschlossen werden können
• in Ausnahmefällen alle anderen Fehler</td><td></td><td></td></tr>
<tr><td colspan="3">Für die Validierung benötigte Informationen</td></tr>
<tr><td>• Spezifikation der erforderlichen Merkmale jeder Sicherheitsfunktion
• Blockdiagramm(e)
• Stromlaufplan(e)
• funktionale Beschreibung
• Zeitablaufdiagramm(e) für schaltende Komponenten
• relevante Merkmale von bereits validierten Komponenten
• relevante Merkmale von noch nicht validierten Komponenten
• Analyse aller relevanten Fehler
• Benutzerinformationen, z. B. Installations- und Betriebsanleitung/Betriebshandbuch
• sicherheitsbezogene Merkmale des (der) entworfenen Teilsystems (Teilsysteme)</td><td></td><td></td></tr>
</table>

Tabelle 2.7 Überblick über den Validierungsprozess mit den erforderlichen Informationen (I)

Bezogen auf die Aktivitäten für den Validierungsprozess ergibt sich:

Aktivitäten während des Validierungsprozesses	Validierungsprozess	Quelle der Anforderungen	Wo Informationen zu finden sind
	a) Analyse als Teil der Validierung		
	Eingangsinformationen: • Sicherheitsfunktion(en) und deren Merkmale • SCS- oder SRP/CS-Struktur und Teilsystem-architekturen • quantifizierbare Aspekte und qualitative Aspekte (Systematik, Software)		
	Überprüfung der Spezifikation der Sicherheitsanforderungen (SRS) auf Konsistenz, Vollständigkeit und Korrektheit: • Beabsichtigte Anwendungen und Sicherheitsaspekte berücksichtigt? • Alle Umstände und menschliches Verhalten berücksichtigt?		
	b) Prüfung als Teil der Validierung		
	Testverfahren durch: • Prüfplan (Prüfspezifikationen, gefordertes Prüfergebnis, zeitliche Reihenfolge) • Prüfprotokolle (Personen, Umgebungsbedingungen, Prüfeinrichtungen, ...) • Vergleich der Prüfprotokolle mit dem Prüfplan		
	c) Validierung der Sicherheitsfunktion		
	• Nachweis, dass das SCS oder SRP/CS die Sicherheitsfunktion(en) in Übereinstimmung mit den spezifizierten Eigenschaften erfüllt • Einsatz von Analyse und Tests (mit Fehlerinjektion)		
	d) Validierung der Sicherheitsintegrität des SCS oder SRP/CS		
	• Verifikation aller sicherheitsrelevanten Merkmale und Validierung von Teilsystemen und Kombinationen von Teilsystemen • Validierung aller Maßnahmen gegen systematische Ausfälle • Validierung der sicherheitsbezogenen Software		

Tabelle 2.8 Überblick über den Validierungsprozess mit den erforderlichen Informationen (II)

Die technische Dokumentation ist in der nachfolgenden **Tabelle 2.9** dargestellt (in Anlehnung an die Tabelle 9 der DIN EN IEC 62061 (**VDE 0113-50**)).

Themen	**Wichtigste Punkte**
Plan der Funktionalen Sicherheit	
Spezifikation der Sicherheitsanforderungen (SRS)	Spezifikation der funktionalen Anforderungen (für SCS oder SRP/CS) Spezifikation der Anforderungen an die Sicherheitsintegrität (für SCS oder SRP/CS)
SCS-Entwurf	strukturierter Entwurfsprozess Struktur der Teilfunktionen SCS- oder SRP/CS-Architektur Sicherheitsanforderungen an Teilfunktionen und Teilsysteme
Entwurf und Realisierung von Teilsystemen	Teilsystemarchitektur Bei der Abschätzung der Fehlertoleranz/*SFF* geforderte Fehlerausschlüsse Zusammensetzung des Teilsystems
Software	Software-Sicherheitsanforderungen softwarebasierte Parametrisierung Bestandteile des Konfigurationsmanagements von Software Eignung von Software-Entwicklungswerkzeugen Dokumentation des Anwenderprogramms Ergebnisse der Tests der Anwendungssoftwaremodule Ergebnisse der Integrationstests der Anwendungssoftware
Validierung	Validierungsplan auf Basis von Validierungsprinzipien Verifikation der SRS, der Entwurfsdokumentation, … (Verifikationsbericht)
Dokumentation	Dokumentation der SCS- oder SRP/CS-Integration (Tests) Dokumentation der bewährten Bauteile Dokumentation zur Installation, Nutzung und Wartung Dokumentation der Validierung des SCS oder SRP/CS Dokumentation für das Konfigurationsmanagement des SCS oder SRP/CS

Tabelle 2.9 Technische Dokumentation auf der Grundlage des Entwurfsprozesses

Daraus ergibt sich eine Liste an Dokumenten, die für eine Dokumentation notwendig sind.

In **Tabelle 2.10** und **Tabelle 2.11** ist die gesamte Dokumentation dargestellt.

Übersicht der Dokumentation
Spezifikation der Sicherheitsintegrität
• SIL 1, 2 oder 3, ggf. Architektur-Einschränkungen des Teilsystems/der Teilsysteme
Technische Dokumentation für alle sicherheitsbezogenen Teile
• von dem SCS oder SRP/CS bereitgestellte Sicherheitsfunktion(en) oder vom Teilsystem bereitgestellte Sicherheits-Teilfunktion • Teilsystem nach Entwurf (einschließlich Test oder Analyse des Fehlerverhaltens) • Merkmale der einzelnen Sicherheitsfunktionen • Umgebungsbedingungen • Maßnahmen gegen systematische Ausfälle • bewährte Bauteile, wenn verwendet
Benutzerinformationen, die vom Hersteller der Teilsysteme bereitgestellt werden (für die sichere Installation, Nutzung und Wartung des Teilsystems)
• Beschreibung des Teilsystems (Allgemeines, Funktion, Installation, Schnittstelle(n), Konfiguration/Einstellungen/Programmierung) • Informationen über Betriebsgrenzen (Umgebungsgrenzwerte, Schnittstellengrenzwerte, andere Grenzwerte wie Betriebsfrequenz, ...) • Fehlerausschlüsse • erforderliche Maßnahmen für das Teilsystem, um eine Beeinträchtigung der vorgesehenen SCS- oder SRP/CS-Funktion zu verhindern • Vorkehrungen für die Instandhaltbarkeit • Reaktionszeit des Teilsystems • Gebrauchsdauer des Teilsystems • Diagnosefunktionen • Inspektionsverfahren • sicherheitsbezogene Parameter

Tabelle 2.10 Übersicht der Dokumentation (I)

Für den Integrator gibt es eine umfangreichere Information, da die Integration eines SCS oder SRP/CS mehr Aktivitäten impliziert.

Übersicht der Dokumentation
Benutzerinformationen, die vom SCS- oder SRP/CS-Integrator bereitgestellt werden (für den Maschinenbetreiber, Verfahren zu entwickeln, die sicherstellen, dass die erforderliche Funktionale Sicherheit des SCS oder SRP/CS während der Nutzung und Wartung der Maschine aufrechterhalten wird)
• Betriebsgrenzen des SCS oder SRP/CS (einschließlich Umgebungsbedingungen) • Eindeutige Beschreibungen und entsprechende Anweisungen für die Benutzerschnittstellen des SCS oder SRP/CS (z. B. Bedienfeld, Anzeigen und Alarme) • Beschreibung (einschließlich Anschlusspläne) • Kennzeichnung, falls erforderlich, gemäß DIN EN ISO 12100, 6.4.4 • Gebrauchsdauer und Anforderungen an die SCS- oder SRP/CS-Komponenten • Alle für die Sicherheitsfunktion(en) relevanten Betriebsarten • Werkzeuge, die für die Wartung und Wiederinbetriebnahme erforderlich sind, sowie die Verfahren zur Wartung der Werkzeuge und Ausrüstungen • Vorkehrungen für die Instandhaltung und alle Informationen für die Instandhaltung (Verfahren zur Fehlerdiagnose und -behebung, Verfahren zur Bestätigung des ordnungsgemäßen Betriebs nach der Instandsetzung sowie vorbeugende und korrigierende Instandhaltung)

Tabelle 2.11 Übersicht der Dokumentation (II)

2.11 Security-Aspekte

Wenn Security-Gegenmaßnahmen ergriffen werden, dürfen sie die Sicherheitsintegrität nicht beeinträchtigen (z. B. Verlängerung der Reaktionszeit usw.). Dies kann eine iterative Analyse durch ein multidisziplinäres Team erfordern.

Die Security-Risiken werden mithilfe einer Security-Risikobewertung bewertet, um die Security-Ziele zu ermitteln.

Eine Security-Risikobewertung basiert auf einem Produkt/System in seiner Umgebung, auf das Bedrohungen und bekannte Schwachstellen angewendet werden. Ziel dieser Aktivität ist es, relevante Security-Gegenmaßnahmen für eine Maschine abzuleiten, um die allgemeinen Security-Ziele zu erfüllen.

Wenn innerhalb der SCS implementierte Security-Gegenmaßnahmen angegeben werden, müssen die entsprechenden Informationen bereitgestellt werden.

Im Zusammenhang mit der Sicherheit von Maschinen sollen die Security-Gegenmaßnahmen die Fähigkeit schützen, den sicheren Betrieb einer Maschine aufrechtzuerhalten, und ihre Umsetzung darf keine Sicherheitsfunktion beeinträchtigen.

DIN IEC/TR 63074 (VDE 0113-74)
Maschinensicherheit – Aspekte zur Cybersicherheit in Verbindung mit der Funktionalen Sicherheit von sicherheitsrelevanten Steuerungssystemen

Dieser Technische Bericht gibt eine Anleitung zur Verwendung von DIN EN IEC 62443 (**VDE 0802**) (alle Teile) in Bezug auf solche Aspekte von Sicherheitsbedrohungen und Anfälligkeiten, die die implementierte und durch sicherheitsrelevante Steuerungssysteme (SCS) umgesetzte Funktionale Sicherheit beeinflussen und zu einem Verlust der Fähigkeit, den sicheren Betrieb einer Maschine aufrechtzuerhalten, führen könnten.

Das nachfolgende **Bild 2.15** und **Bild 2.16** zeigen vereinfacht die Beziehung zwischen

- Bedrohung(en) (en: threat)
- Schwachstellen (en: vulnerability)
- Konsequenz(en) (en: consequence on) und
- Security-Risiko(en) (en: security risk)

für ein SCS das Sicherheitsfunktion(en) ausführt.

Sicherheitsziele (en: security objectives)

Im Allgemeinen konzentriert sich die Sicherheit (Security) hauptsächlich auf die Erreichung von drei Zielen:

✓ Vertraulichkeit
✓ Integrität und
✓ Verfügbarkeit.

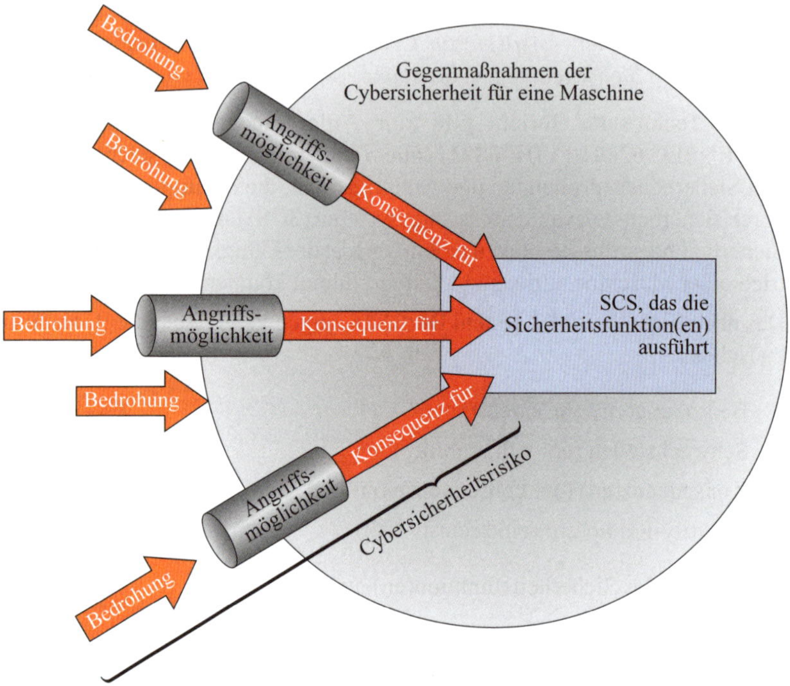

Bild 2.15 Beziehung zwischen Bedrohung(en), Schwachstellen, Konsequenz(en) und Security-Risiko(en) für SCS oder SRP/CS mit Sicherheitsfunktion(en) (DIN IEC/TR 63074 (**VDE 0113-74**):2021-05, Bild 1)

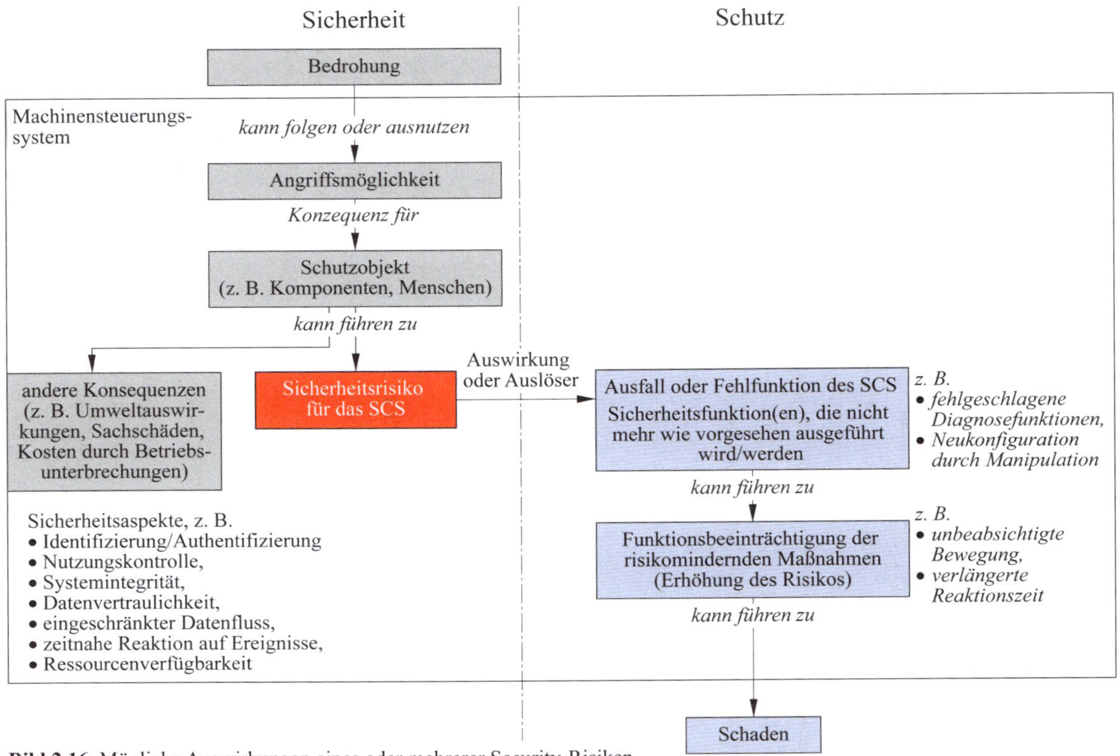

Bild 2.16 Mögliche Auswirkungen eines oder mehrerer Security-Risiken auf eine SCS oder SRP/CS (DIN IEC/TR 63074 (**VDE 0113-74**):2021-05, Bild 2)

In DIN EN IEC/TR 63074 (**VDE 0113-74**) werden die Abhängigkeiten und Aspekte detailliert aufgeschlüsselt, mit dem Ziel, eine Brücke zwischen der Welt der Funktionalen Sicherheit (DIN EN IEC 62061 (**VDE 0113-50**) oder DIN EN ISO 13849-1) und der Welt der Security (z. B. Normenreihe DIN EN IEC 62443-*x*-*y* (**VDE 0802-*x*-*y***) zu schlagen.

Hier lauern die größten Gefahren, dass die Spezialisten aus beiden Welten sich erst gar nicht verstehen können, weil die Begrifflichkeiten sehr unterschiedlich sind, und weil die Funktionale Sicherheit einen qualitativen und quantitativen Ansatz verfolgt, die Security aber gänzlich andere, nämlich nicht quantifizierbare, sondern eher organisatorische Ansätze aufweist.

SIL 3 hat somit nichts mit Security Levels (SL) zu tun und eine Vermischung führt nicht zu mehr Sicherheit für beide Fraktionen.

Gedanklich dürfen beide Seiten nicht miteinander verglichen werden oder gar Abhängigkeiten gesucht werden. Im besten und idealen Fall ergänzen sich beide Seiten.

DIN EN ISO/TR 22100-4
Sicherheit von Maschinen – Zusammenhang mit ISO 12100 –
Teil 4: Leitlinien für Maschinenhersteller zur Berücksichtigung der damit verbundenen IT-Sicherheits-(Cybersicherheits-)Aspekte

Der Hauptzweck dieses Dokuments besteht darin, Sicherheitsaspekte von Maschinen zu behandeln, die durch IT-Sicherheitsangriffe im Zusammenhang mit dem direkten Zugriff oder Fernzugriff und der Manipulation eines oder mehrerer sicherheitsbezogener Steuerungssysteme durch Personen mit der Absicht des vorsätzlichen Missbrauchs (unbeabsichtigte Anwendung) beeinträchtigt werden können.

Cybersecurity oder Cybersicherheit

Zur Bewältigung der Risiken (im Zusammenhang mit den neuen digitalen Technologien sind dies die von böswilligen Dritten verursachten Risiken), die von böswilligen Handlungen Dritter herrühren und sich auf die Sicherheit von Maschinen auswirken, müssen die Hersteller verhältnismäßige Security-Gegenmaßnahmen in Betracht ziehen, die sich auf den Schutz des SCS beschränken.

Die Verfälschung von Daten oder Informationen stellt eine wichtige Schwachstelle von Netz- und Informationssystemen dar, die berücksichtigt werden muss, z. B. Verbindungen zwischen Geräten. Die Bewertung des Security-Risikos in Bezug auf SCS muss die folgenden Aspekte im Zusammenhang mit der Verwendung der Maschine und der Netz- und Informationssysteme umfassen:

- Die Verbindung zwischen sicherheitsrelevanten Geräten (als Teilsysteme oder Teilsystemelemente der SCS) und einem anderen Gerät über eine Funktion des angeschlossenen Geräts selbst oder über ein entferntes Gerät, das mit diesen sicherheitsrelevanten Geräten kommuniziert, führt nicht zu einer Beeinträchtigung der Sicherheitsintegrität der SCS und führt nicht zu einer gefährlichen Situation;
- Hardware für den Anschluss, die für die Sicherheitsintegrität einer SCS kritisch ist, ist so zu analysieren, dass sie angemessen gegen versehentliche/unbeabsichtigte oder absichtliche Beschädigung geschützt ist;
- Software und Daten, die für die Erfüllung der Sicherheitsanforderungen eines SCS kritisch sind, sind als solche zu identifizieren und angemessen gegen absichtliche Beschädigung zu schützen;
- Die installierte Software muss so gekennzeichnet sein, dass sie sicher betrieben werden kann; gegebenenfalls sollte es möglich sein, Informationen in einer leicht zugänglichen Form bereitzustellen;
- Gegebenenfalls sind Beweise für einen rechtmäßigen oder unrechtmäßigen Eingriff in die Software oder eine Änderung der auf der Maschine installierten Software oder ihrer Konfiguration zu sammeln.

Multi-Faktor-Authentifizierung

Ist eine menschliche Interaktion mit dem SCS oder Teilen davon erforderlich, so ist eine Multi-Faktor-Authentifizierung in Betracht zu ziehen, wenn eine mögliche Korruption zu einer Beeinträchtigung der Sicherheitsintegrität des SCS führen könnte. Die Multi-Faktor-Authentifizierung sollte die bevorzugte Strategie zur Security-Risikominderung sein.

Grundlegendes Konzept

Anhand der vom Bediener einer Maschine zur Verfügung gestellten oder verwendeten Informationen muss ersichtlich sein, dass die Security-Faktoren so gespeichert und verwendet werden, dass ein einzelner Angriff auf die Benutzerumgebung nicht zu einer Beeinträchtigung mehrerer Faktoren führt. Anweisungen an den Bediener einer Maschine, die Faktoren in angemessener Weise sicher zu handhaben, sind ebenfalls zu berücksichtigen.

Die beiden Sicherheitsfaktoren sollten entweder unterschiedliche Übertragungswege oder unterschiedliche Übertragungsdaten verwenden. Diese Anforderungen können erfüllt werden, indem die beiden Faktoren zeitlich getrennt auf demselben Übertragungsweg gesendet werden, sofern sichergestellt ist, dass der erste Faktor gesendet und empfangen wurde, bevor der zweite gesendet wird.

3 Liste der Sicherheitsfunktionen nach DIN EN ISO 12100

Alle Sicherheits- oder ergänzenden Schutzmaßnahmen, die gemäß DIN EN ISO 12100 durchgeführt werden, können in drei Arten von Sicherheitsfunktionen unterteilt werden.

Sicherheitsfunktionen zum Schutz von Personen

Sicherheitsfunktionen zur Verringerung von Risiken, die durch **Mensch-Maschine-Interaktionen** entstehen. Sie werden zum Schutz des menschlichen Körpers oder von Körperteilen eingesetzt und sollen sofort bei einem bestimmten auslösenden Ereignis wirken.

Sie sollen sicherstellen, dass die Person nicht verletzt wird.

Andere Sicherheitsfunktionen

Sicherheitsfunktionen zur Verringerung von Risiken, die durch **unsachgemäßen Gebrauch der Maschine** entstehen. Sie sollen das Risiko mechanischer katastrophaler Ausfälle verringern, die durch hohe Beanspruchung oder übermäßige Arbeitsbelastung entstehen.

Sicherheitsfunktionen zum Schutz der Maschine

Sicherheitsfunktionen zur Verringerung von Risiken, die durch **Ausfälle des Maschinen-Steuerungssystem** entstehen. Sie werden als Mittel zur Vorbeugung eingesetzt und sollen wirken, bevor ein bestimmtes auslösendes Ereignis eintritt.

Ihre Aufgabe ist es, zu gewährleisten, dass der Unfall nicht eintritt oder zumindest seine Entwicklung zu verlangsamen oder die Abweichung des Prozesses auf ein akzeptables Niveau zu begrenzen.

Das Ergebnis der Risikobewertung bestimmt demnach, welche Sicherheitsfunktion oder welche Kombination von Sicherheitsfunktionen in welcher Reihenfolge implementiert werden muss.

Keine eigenständige Sicherheitsfunktion „unerwarteter Anlauf" – das Problem wird in der Praxis pragmatisch gelöst

Im Zusammenhang mit Sicherheitsfunktionen muss immer das Umfeld (z. B. Energieversorgung) mitberücksichtigt werden.

Wenn eine Sicherheitsfunktion angefordert wurde, dann muss der sichere Zustand solange aufrechterhalten werden bis eine bewusste Handlung durch den Bediener der Maschine erfolgt:

Das bedeutet, dass ein „unerwarteter Anlauf" der Maschine immer berücksichtigt werden muss.

In der Regel wird dies durch die auslösende Ursache (z. B. Positionsschalter) und durch einen Quittier- oder Start-Taster in Verbindung mit einer sicherheitsgerichteten Auswertung realisiert – es muss keine eigenständige Sicherheitsfunktion deshalb definiert werden. Denn solange die Schutztür z. B. geöffnet ist, so lange

- kann kein unerwarteter Wiederanlauf erfolgen und
- es muss eine bewusste Handlung mit Schließen der Schutztür zusätzlich erfolgen, wenn der Bediener sich in einem begehbaren Bereich aufhielt (es ist kein „automatischer Start" erlaubt, siehe DIN EN ISO 14119).

Somit wird der „unerwartete Wiederanlauf" durch systematische Integrität vermieden. Stilblüten, wie das Bewerten des Quittierens (mittels eines Tasters) mit einem SIL 3 oder einem PL e lassen tief in die Seele der Berater blicken – ins ängstliche Nichts.

Betriebsart und Betriebsartenanwahl oft berechnet und doch nicht sinnvoll implementiert – ein großes Missverständnis und viel Ideologie bis Utopie

Es mag zwingend erscheinen, dass eine Betriebsartenanwahl selber immer als eine besondere Sicherheitsfunktion erklärt wird:

Schließlich ist die Betriebsart entscheidend für weitere Sicherheitsfunktionen, die aufgrund genau dieser angewählten Betriebsart auf einmal maßgeblich und relevant sind.

Doch so einfach ist das nicht.

Wenn wir uns die Definition einer Sicherheitsfunktion in Erinnerung rufen, dann ist immer die „Ursache-Wirkung" zu betrachten und daraufhin zu entscheiden, wie eine Bewertung zu erfolgen hat.

Bei einer Betriebsartenanwahl liegt genau hier die Schwierigkeit: Wann ist eine mögliche Ursache gegeben und wann erfolgt eine gewünschte Wirkung?

Denn: Es passiert durch eine Betriebsartenanwahl erst einmal gar nichts.

Mit ihrer Anwahl wird keine direkte Wirkung erwartet, wie das Stillsetzen einer gefahrbringenden Bewegung. Sie ist einfach durch den Bediener einer Maschine angewählt worden, ohne eine unmittelbare Wirkung auszuüben.

Im Gegenteil, sie ist eingebettet im Maschinenprozess und wird nur bewusst zu einem definierten Zeitpunkt angewählt oder geändert.

Unbewusst oder gar ungewollt geschieht das nie: Dafür gibt es Betriebsartenwahlschalter, zu denen nur ausgebildete Personen Zugang haben, oder die nur von genau diesen versierten Bedienern der Maschine genutzt werden, mit dem Ziel, die Maschine in besonderer Form bedienen zu können.

Somit ist leicht erkennbar, dass der Prozess, der Umstand, warum eine Betriebsart angewählt wird, hier von großer Bedeutung ist. Dies ist dem Aspekt der systematischen Integrität zuzuordnen, aber nicht einer „Versagenswahrscheinlichkeit".

Wann wird eine Betriebsart „Automatik" gültig? Wenn deren Anwahl erfolgte und eine einfache oder komplexe Sequenz an Bedienungen oder Bedingungen erfüllt ist. Erst dann wird dieser Automatikbetrieb freigegeben und die Maschine kann in dieser Betriebsart auch betrieben werden.

Was wirklich wichtig ist bei der Betrachtung von Betriebsarten und deren Aktivierung – systematische Integrität und nicht *PFH* und SIL

Die Diskussion wird leider allzu schnell und gerne auf die Wahrscheinlichkeit des Versagens der Betriebsartenanwahl, also z. B. den elektrischen Kontakten, die eine Betriebsartenanwahl der Steuerung signalisieren, reduziert.

Das ist jedoch zu kurz gegriffen und vor allem in der gesamten Diskussion weder hilfreich noch dient es der Sicherheit der Maschine.

Tatsache bleibt: Der Prozess der Anwahl der Betriebsart muss betrachtet werden, und dann die daraus resultierenden Konsequenzen in Form von „angewählten" Sicherheitsfunktionen.

Wenn man sich die Typ-C-Normen genauer anschaut, wird man feststellen, dass genau die Anforderungen an diesen Prozess der Betriebsartenanwahl vornehmlich beschrieben werden. So ist verständlich, dass wegen der Sicherheitsfunktionen, die in Abhängigkeit der Betriebsart aktiv sind, die Betriebsartenanwahl die gleiche Sicherheitsintegrität wie diese Sicherheitsfunktionen haben sollte: einkanalig bei SIL 1 und zweikanalig bei SIL 2 oder SIL 3, das Ganze „sicher" ausgewertet.

Und genau das ist der Grund, warum sich in den Software-Tools der Hersteller von sicherheitsgerichteten Komponenten sog. „Betriebsartenanwahl"-Funktionsbausteine finden, die den Prozess der Betriebsartenanwahl auswerten und plausibilisieren: Wir reden von systematischen Betrachtungen gepaart mit logisch möglichen Zuständen, die auf Plausibilität geprüft, und nur dann wird die Betriebsart auch freigegeben.

Entscheidend ist somit im Kern nicht, welcher SIL für die Betriebsartenanwahl verwendet wird, sondern wie sicherheitsgerichtet die manuelle Umschaltung durch den Bediener plausibilisiert wird – das kann genauso für SIL 3 mit einer angenommenen elektrischen einkanaligen Architektur des Betriebsartenwahlschalters gemacht werden, solange die logische Auswertung in SIL 3 erfolgt.

Schutzmaßnahmen für Betriebsarten gemäß der VDI 2854 – erinnern wir uns

Bereits 1991 ist in der VDI 2854, Sicherheitstechnische Anforderungen an automatisierte Fertigungssysteme, die Kombination der Schutzmaßnahmen und einer gewählten Betriebsart („Manueller Betrieb") tabellarisch zum besseren Verständnis dargestellt worden. Für die vier Betriebsarten Einrichten, Programmieren, Testen mit reduzierter Geschwindigkeit und Testen mit Arbeitsgeschwindigkeit werden Betriebsbedingungen definiert:

- Einschalten der Betriebsart „Manueller Betrieb" mit einem abschließbaren Wahlschalter, oder Aufhebung mit einer separaten Schließeinrichtung bei bereits vorgewählter Betriebsart
- Einrichten nur unter bestimmten Bedingungen (z. B. Tippbetrieb)
- Sichern besonders gefahrbringender Zustände (z. B. durch ortsbindende oder überwachte trennende Schutzeinrichtungen)

Gemäß VDI 2854 — Betriebsart / Schutzeinrichtungen	Automatikbetrieb	Nicht-Automatikbetrieb (manueller Betrieb)			
	Gesamtsystem, Teilsystem	Einrichten	Programmieren	Testen mit reduzierter Geschwindigkeit	Testen mit Arbeitsgeschwindigkeit
1. Betriebsart festgelegt	1	1 2 3 4 5	1 2 3 4	1 2 3	1 2 3
2. Schutzeinrichtungen für den Automatikbetrieb wirksam	1				
3. Bei Teilsystemen keine Gefahren zu benachbarten Teilsystemen	1				
4. Keine Personen im Gefahrenbereich	1				
5. Reduzierte Geschwindigkeit		1 2 5	1 2	1 2	
6. Sichere reduzierte Geschwindigkeit		3	3	3	
7. Schlüsselschalter zum Aufheben der reduzierten Geschwindigkeit					1 2 3
8. Zustimmschalter dreistufig		1	1	1	1
9. Zustimmschalter zweistufig		2	2	2	2
10. Not-Halt-Einrichtung		2 3 4	2 3 4	2 3	2
11. Tippschaltung		3	3	3	
12. Tippschaltung ortsgebunden		4 5	4		
13. Schutzeinrichtungen ortsgebunden					3
14. Achsbegrenzungen			wenn möglich	wenn möglich	wenn möglich

Anmerkung: ① ② ③ ④ ⑤ Die in einem Kreis dargestellten Ziffern stellen jeweils eine Möglichkeit dar, mit denen eine Betriebsart realisiert werden kann. So gibt es für das Einrichten fünf verschiedene „Varianten“, mit den entsprechenden benötigen Schuztmaßnahmen.
Beispiel: Einrichten mit Variante (1) verlangt, dass eine Betriebsart festgelegt wurde und die reduzierte Geschwindigkeit mit einem dreistufigen Zustimmschalter überwacht wird. Dagegen muss bei (2), unter Verwendung eines zweistufigen Zustimmschalters, zusätzlich eine Not-Halt-Einrichtung vorgesehen werden.

Bild 3.1 Betriebsarten (gemäß VDI 2854)

3.1 Sicherheitsfunktionen zum Schutz von Personen

Zum Schutz von Personen sind trennende und nicht trennende Schutzeinrichtungen zu verwenden, wenn inhärent sichere Konstruktionsmaßnahmen die Gefahren nicht beseitigen oder die Risiken nicht ausreichend verringern. Gegebenenfalls sind ergänzende Schutzmaßnahmen mit zusätzlichen Einrichtungen (z. B. Not-Halt-Einrichtungen) vorzusehen (**Tabelle 3.1**).

3.2 Andere Sicherheitsfunktionen

Sicherheitsfunktionen zur Verringerung von Risiken, die durch Ausfälle der Maschinensteuerung entstehen.

Sie werden als Mittel zur Vorbeugung eingesetzt und sollen wirken, bevor ein bestimmtes auslösendes Ereignis eintritt. Ihre Rolle besteht darin, sicherzustellen, dass der Unfall nicht eintritt oder zumindest seine Entwicklung zu verlangsamen oder die Abweichung des Prozesses auf ein akzeptables Niveau zu begrenzen (**Tabelle 3.2**).

3.3 Sicherheitsfunktionen zum Schutz der Maschine

Sicherheitsfunktionen zur Verringerung von Risiken, die durch unsachgemäßen Gebrauch der Maschine entstehen. Sie sollen das Risiko mechanischer katastrophaler Ausfälle durch hohe Beanspruchung oder übermäßige Arbeitsbelastung verringern (**Tabelle 3.3**).

Diese Funktionen sind im ersten Moment nicht offensichtlich: Denn sie haben indirekt einen möglichen Einfluss auf den Menschen.

Diese Funktionen werden auch eher selten angefordert, weil damit die Verfügbarkeit meistens des Prozesses verbunden ist.

Sicherheitsfunktionen zum Schutz von Personen	**Die wichtigsten, zu beachtenden Punkte** Veranlassung durch	**Eingangsinformation** Quelle der Anforderung
Sicherheitsbezogenes Stoppen Schutzeinrichtungen (DIN EN ISO 12100, 6.3.2.3)	Notwendigkeit des Zugangs zum Gefährdungsbereich (für den Normalbetrieb): • verriegelte trennende Schutzeinrichtungen • verriegelte trennende Schutzeinrichtungen mit Zuhaltung • trennende Schutzeinrichtungen mit Startfunktion	 DIN EN ISO 14119
Sicherheitsbezogenes Stoppen Schutzvorrichtungen (DIN EN ISO 12100, 6.3.2.2)	Notwendigkeit des Zugangs zum Gefährdungsbereich (für den Normalbetrieb): • sensitive Schutzeinrichtungen (SPE) • sensitive Schutzeinrichtungen (SPE), Muting • ruckempfindliche Schutzeinrichtungen	 DIN EN IEC 61496-*x* (**VDE 0113-20*x***) DIN IEC/TS 62998-1 (**VDE 0113-998-1**) DIN EN IEC 62046 (**VDE 0113-211**) DIN EN ISO 13856
Manuell betätigte Bedienung Manuelle Handhabung (DIN EN ISO 12100, 6.3.2.3)	Notwendigkeit des Zugangs zum Gefährdungsbereich (für den Normalbetrieb): • Steuerungseinrichtung mit selbsttätiger Rückstellung • Vorrichtung mit Reset (Drucktaster) • Zweihandschaltungen	 DIN EN ISO 11161 DIN EN IEC 60947-5-8 (**VDE 0660-215**) DIN EN ISO 13851
Einrichten, Teachen, Umrüsten, die Fehlersuche sowie für Reinigungs- oder Instandhaltungsarbeiten Manuelle Handhabung (DIN EN ISO 12100, 6.3.2.4)	Notwendigkeit des Zugangs zum Gefährdungsbereich (während eines bestimmten Vorgangs, wie z. B. der Einstellung der Maschine, dem Einlernen usw.): • Zustimmtaster • Vorrichtung zur Steuerung begrenzter Bewegungen für reduzierte Geschwindigkeit oder Leistung/Kraft	 DIN EN IEC 60947-5-8 (**VDE 0660-215**) DIN EN 61800-5-2 (**VDE 0160-105-1**)

Tabelle 3.1 Sicherheitsfunktionen zum Schutz von Personen

Andere Sicherheitsfunktionen	**Die wichtigsten, zu beachtenden Punkte** Veranlassung durch	**Eingangsinformation** Quelle der Anforderung
Vor-Ort-Steuerung Auswahl der Vor-Ort-Steuerung (DIN EN ISO 13849-1, 5.2.3.4)	Notwendigkeit des Zugangs zum Gefährdungsbereich (während eines bestimmten Vorgangs, wie z. B. der Einstellung der Maschine, dem Einlernen usw.): • Manuelle Vor-Ort-Steuereinrichtung (und Verfahren)	
Sicherheitsbezogene Parameter Auswahl der Parameter (DIN EN ISO 12100, 6.3.2.7)	Notwendigkeit des Zugangs zum Gefährdungsbereich (während eines bestimmten Vorgangs, wie z. B. der Einstellung der Maschine, dem Einlernen usw.): • Einrichtung (und Verfahren) zur manuellen Parameterauswahl	
Requirements for operating mode selection Control and operating modes (DIN EN ISO 12100, 6.2.11.10)	Notwendigkeit des Zugangs zum Gefährdungsbereich (während eines bestimmten Vorgangs, wie z. B. der Einstellung der Maschine, dem Einlernen usw.): • Einrichtung zur manuellen Betriebsartenwahl (und Verfahren)	
Emergency stop functions Emergency situations (DIN EN ISO 12100, 6.3.5.2)	Zusätzliche ergänzende Schutzmaßnahme zur Abwendung von Notfallsituationen (wird als Sicherheitsfunktion betrachtet) • Einrichtung zum Stillsetzen im Notfall	DIN EN ISO 13850
Fluctuations, loss and restoration of power sources Control measures related to energy sources (DIN EN ISO 12100, 6.2.11.5, 6.3.2.4, 6.3.5.4)	Der Zugang zur Gefahrenzone ist während des normalen Betriebs oder bei bestimmten Tätigkeiten wie Maschineneinstellung, Einweisung usw. erforderlich; allgemeine Überlegungen zu Kontrollmaßnahmen in Bezug auf Energiequellen • Energiesteuerungseinrichtung (und Verfahren)	DIN EN ISO 14118

Tabelle 3.2 Andere Sicherheitsfunktionen

Sicherheitsfunktionen zum Schutz der Maschine	**Die wichtigsten, zu beachtenden Punkte** Veranlassung durch	**Eingangsinformation** Quelle der Anforderung
Begrenzter Betrieb Andere Schutzvorrichtungen (DIN EN ISO 12100, 6.3.2.7)	Gefährdungen können durch Arbeitsvorgänge entstehen und Schutzmaßnahmen werden automatisch (unabhängig vom Bediener) ausgelöst • Vorrichtungen zur Vermeidung von Kollisionen • sichere Stellung vor der Verfahrbewegung	
Der Betrieb muss innerhalb der vorgegebenen Grenzen bleiben Andere Schutzvorrichtungen (DIN EN ISO 12100, 6.3.2.7)	Durch Arbeitsvorgänge können Gefahren entstehen, die indirekt Personen schädigen können, und Schutzmaßnahmen werden automatisch ausgelöst (bedienerunabhängig) • Einrichtungen zur Begrenzung des Drehmoments • Vorrichtungen zur Begrenzung der Bewegungsgrößen • Überlast- und drehmomentbegrenzende Einrichtungen • Einrichtungen zur Temperaturüberwachung, zur Druckbegrenzung • Einrichtungen zur Überwachung von Emissionen	

Tabelle 3.3 Sicherheitsfunktionen zum Schutz der Maschine

4 Software erstellen und prüfen

In diesem Kapitel werden die wesentlichen Anforderungen an die Softwareerstellung und deren Dokumentation erläutert, sodass eine Nachvollziehbarkeit bestmöglich erreicht werden kann. Die beigefügte Software „FSP“ kann dabei unterstützen.

4.1 Grundsätzliches

Die in **Tabelle 4.1** angeführten Dokumente sind für die Softwareerstellung relevant.

Alle Dokumente sollten eindeutig gekennzeichnet werden, um die Zusammenhänge zwischen Hardware- und Softwareentwurf zu gewährleisten, z. B. mit:

- **Datum:** 2022-03-24
(derzeit gültige Version/Änderungen)
- **Name:** *Sonja, Rother*
(verantwortliche Person)
- **Software-Signatur:** (Nummer oder Zeichenfolge),
leicht zu verfolgen und nachzuvollziehen,
z. B. CRC-Wert
- **Hardware-Signatur:** (Nummer oder Zeichenfolge,
leicht zu verfolgen und nachzuvollziehen)

Wie in Tabelle 4.1 aufgelistet stehen vor allem in Vordergrund

- **die Programmierrichtlinien**
- **die Spezifikation des Hardwareentwurfs**
- **die Softwareentwurfsspezifikation**

Mit diesen Dokumenten sollen die Aktivitäten zur Softwareerstellung nachvollziehbar gesteuert und vereinheitlicht werden: Jeder Außenstehende soll die Software in Verbindung mit der Hardware prüfen können, oder aber als Basis für neue Programme oder auch nur Programmteile nutzen können.

Deshalb wird sehr viel mit Modulen gearbeitet, die immer wieder verwendet werden.

Und die Struktur der Software folgt einer allgemeinen Programmrichtlinie, sodass jedes Programm in sich wiederkehrende Strukturen und Merkmale hat.

Dokument	Kommentare
Programmierrichtlinien	Allgemein wiederverwendbar, siehe Tabelle …
Spezifikation der Sicherheitsfunktionen	Sollte bereits vorhanden sein, siehe Tabelle … und Bild …
Spezifikation des Hardwareentwurfs (siehe Anmerkung 1)	
• Skizze(n) der Anlage(n)	Sollte bereits vorhanden sein, siehe Bild …
• Entwurf eines Steuerungssystems	Sollte bereits existieren, siehe Bild … (in diesem Beispiel nicht gezeigt)
• Schaltplan(e)	Sollte bereits existieren (in diesem Beispiel nicht gezeigt)
• E/A-Liste	Sollte bereits existieren, siehe Tabelle …
Softwareentwurfsspezifikation (siehe Anmerkung 2)	
• sicherheitsbezogene Softwarespezifikation und Validierungsplan	Tabelle … oder relevante Dokumente, aus denen die Aktivitäten klar hervorgehen
• Architektur des sicherheitsbezogenen Programms	Unnötig im Falle einer einfachen Anwendung (in diesem Beispiel nicht gezeigt)
• Architektur eines nicht sicherheitsbezogenen Programms	Unnötig im Falle einer einfachen Anwendung (in diesem Beispiel nicht gezeigt)
• Modularchitektur eines sicherheitsbezogenen Programms	optional, siehe Bild …
• Programmübersicht (logische Darstellung)	optional, siehe Bild …
Berichte	
• Softwareverifikation.	siehe Tabelle …
• Programmüberprüfung	siehe Tabelle …
• Softwarevalidierung	siehe Tabelle …, siehe Tabelle …
Anmerkung 1: Von CAD-Programmen erzeugte Hardware-Ausdrucke können verwendet werden. Anmerkung 2: Ein Softwareausdruck, der von einer bereits entworfenen und geprüften Software-Plattform erzeugt wurde, kann verwendet werden.	

Tabelle 4.1 Dokumente zur Softwareerstellung

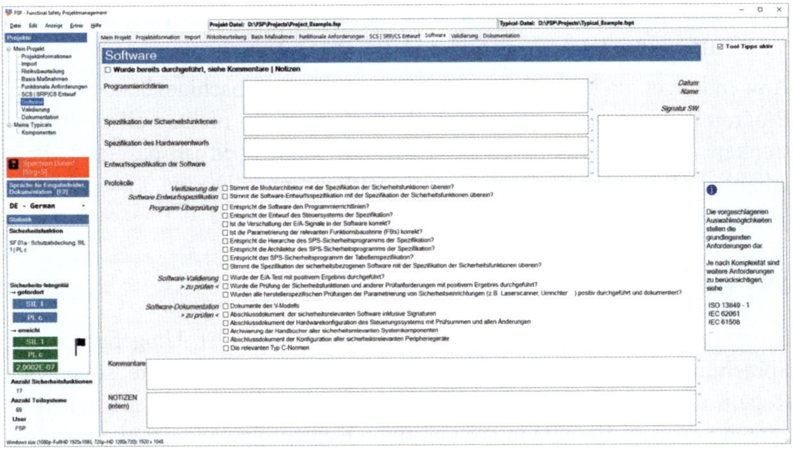

Bild 4.1 Software (FSP)

4.2 Anwendungssoftware

Es gibt nur Anwendungssoftware (SRASW ≠ SRESW gemäß DIN EN ISO 13849-1)

DIN EN IEC 62061 (**VDE 0113-50**) spricht grundsätzlich nur von Anwendersoftware, weil immer eine Hardware vorausgesetzt werden muss. Wie diese Hardware letztendlich ausschaut, ob SPS oder Mikrochip, spielt zunächst keine Rolle. Eine Form von „Betriebssystem“ (in der Sprache von Rechnern) ist immer vorhanden.

Einen entscheidenden Einfluss auf den Umfang der Programmierung aber ist, ob diese Hardware im Vorfeld schon einer Sicherheitsprüfung unterzogen wurde, z. B. nach DIN EN 61508 (**VDE 0803**) oder nicht.

DIN EN ISO 13849-1 benutzt hier zwei unterschiedliche Begriffe: Anwendersoftware als SRASW (Safety-Related Application SW) und Embedded Software SRESW (Safety-Related Embedded SW). Beide stellen zwar eine Anwendersoftware dar, jedoch ergibt sich aufgrund der unterschiedlichen Hardware (und somit auch Firmware) eine umfangreichere Programmierung.

Lediglich wenn die Hardware- und Software-Umgebung bereits vorgeprüft wurden, erst dann sind die Anforderungen beider Normen vergleichbar.

DIN EN ISO 13849-1 beschreibt Anforderungen im Kontext von nicht vorgeprüftem Hardware- und Software-Umgebung. Diese Anforderungen sind aber nicht ausreichend und so kommt es, dass die SRESW Programmierern auch Hilfe in der DIN EN 61508-3 (**VDE 0803-3**) suchen.

Anwendungen im Maschinensektor, bei denen der Maschinenbauer SRESW Programmierer benötigt, liegen im Promillebereich – nicht, weil zu viel getrunken wurde, sondern weil der Aufwand derart hoch ist, dass am Markt erhältliche Lösungen bei Weitem wirtschaftlich sinnvoller sind. Eine Garagentorsteuerung mag da eine der wenigen Ausnahmen sein.

LVL und FVL – warum die Unterscheidung?

Die Antwort findet sich in der Natur der Sache: In einer LVL-Umgebung ist der Sprachumfang eingeschränkt und auch der Aufbau der Software ist genauen Regeln unterworfen. Es wird auch sichergestellt, dass alle sicherheitsrelevanten Software-Befehle in der korrekten Reihenfolge abgearbeitet werden.

Dagegen ist mit einer FVL-Umgebung alles und nichts möglich: Es können Programmteile erst gar nicht abgearbeitet werden oder in unerwünschter Reihenfolge, Befehlssätze können irrtümlicherweise verwendet werden, Variablenbereiche können ungewollt überschrieben werden. Viele mögliche Ursachen, die eine Software nicht mehr sicher machen, sondern ermöglichen, schlafende oder sogar systematische Fehler einzubauen.

Diese Fehlerquellen zu beherrschen bedeutet ein weitaus umfangreicheres (auch hinsichtlich Dokumentation) Vorgehen als bei Verwendung einer LVL-Umgebung.

SW-Level spiegeln Aufwand und erreichbaren SIL wider

DIN EN ISO 13849-1 kennt keine SW-Level, sondern spricht von der Anwendersoftware (SRASW), die ähnlichen Einschränkungen bzw. Anforderungen unterliegt.

SRESW gemäß DIN EN ISO 13849-1 wird man aber vergeblich in der DIN EN IEC 62061 (**VDE 0113-50**) suchen. Der Grund dafür liegt in der Natur der Sache: Wer sich auf einer Firmware-Ebene bewegt hat mit der Hardware eine sehr enge Verbindung und muss Hardware und Software immer gemeinsam analysieren. Diese Komplexität führt zu einer FVL-Programmierung und einer HW- also auch SW-Bewertung gemäß den Grundsätzen der DIN EN 61508 (**VDE 0803**).

Daher bewegt sich der Ansatz der SRESW in Wirklichkeit in dem Hoheitsgebiet der DIN EN 61508 (**VDE 0803**) – der HW- und SW-Entwickler wird ohne die DIN EN 61508 (**VDE 0803**) nicht wirklich zurechtkommen.

<table>
<tr><th>SW-Level</th><th>Wesentliches Prinzip</th><th>Grundsatz</th><th>Beispiel</th></tr>
<tr><td>1
(typisch heutzutage)</td><td>vorgeprüfte HW- und SW-Umgebung gemäß DIN EN 61508 (VDE 0803)
Anwendungssoftware ist quasi LVL
(z. B. Funktionsplan FUP oder grafische Bedienoberfläche UND, ODER, …)</td><td>Anwendungssoftware kann gemäß DIN EN IEC 62061 (VDE 0113-50) programmiert werden
→ max. SIL 3 erreichbar</td><td>Sicherheits-SPS mit LVL
(z. B. Funktionsplan FUP oder grafische Bedienoberfläche UND, ODER, …)</td></tr>
<tr><td>2</td><td rowspan="2">vorgeprüfte HW- und SW-Umgebung gemäß DIN EN 61508 (VDE 0803)
Anwendungssoftware ist quasi LVL
(z. B. Funktionsplan FUP oder grafische Bedienoberfläche UND, ODER, …)</td><td>Anwendungssoftware kann gemäß DIN EN IEC 62061 (VDE 0113-50) programmiert werden
→ max. SIL 2 erreichbar</td><td>Sicherheits-SPS mit FVL
(z. B. Anweisungsliste, C-Sprache, …)</td></tr>
<tr><td>3</td><td>Anwendungssoftware, die gemäß DIN EN 61508-3 (VDE 0803-3) programmiert wird
→ max. SIL 3 erreichbar</td><td>Sicherheits-SPS mit LVL oder FVL
(FVL gemäß DIN EN 61508 (VDE 0803))</td></tr>
</table>

Tabelle 4.2 Software-Level

4.3 Softwareentwurf – SW-Level 1

Reduzierte Komplexität = vereinfachtes V-Modell

Mit dem SW-Level 1 wird eine wesentliche Voraussetzung zum Erstellen der Anwender-SW definiert: Durch eine bereits entwickelte und vorgeprüfte Hardware- als auch Software-Plattform (gemäß DIN EN 61508 (**VDE 0803**) typischerweise) wird automatisch eine vereinfachte Programmierumgebung bereitgestellt.

Zum Beispiel wird die korrekte zeitliche Abarbeitung der sicherheitsrelevanten Anwender-SW garantiert. Ebenso wird durch die Art der Programmierung, grafisch oder in einem FUP (Funktionsplan), eine Vorgehensweise für die Programmierung vorgegeben, die das Verwenden von Bausteinen aus einer Bausteinbibliothek unterstützt und den Programmierer letztendlich entlastet. Die Norm spricht von „reduzierter Komplexität" in diesem Zusammenhang.

Der Programmierer kann sich also aufs Wesentliche konzentrieren – die Programmierung der eigentlichen sicherheitsrelevanten Logik, oder anders ausgedrückt: Er kann das „vereinfachte V-Modell" nutzen.

Vereinfacht = Software-Module + einfache „Codierung" + SW-Tests

Das V-Modell = ein statisches Modell: Warum nicht dynamisch?

Die Strukturierung der Software während des Entwurfs ist „kleinteilig“ oder wird in kleine Teile zerlegt.

Damit ist es *keine dynamische Abfolge* hinsichtlich der Erstellung von Spezifikationen oder der Implementierung ein.

Die „linke Seite“ von **Bild 4.2** verkörpert grundlegende Anforderungen: Was muss erreicht werden mit der Software.

Die „rechte Seite“ von Bild 4.2 enthält Einzelheiten zur Prüfung der Software: Wie kann die Umsetzung der Anforderungen (Codierung, Programmierung) geprüft werden.

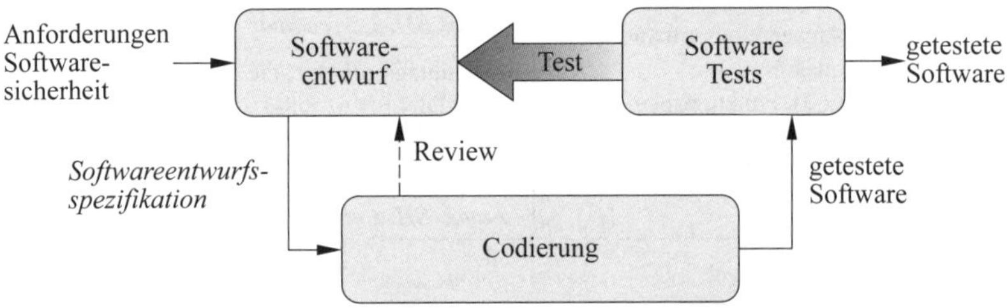

Bild 4.2 Softwareentwurf

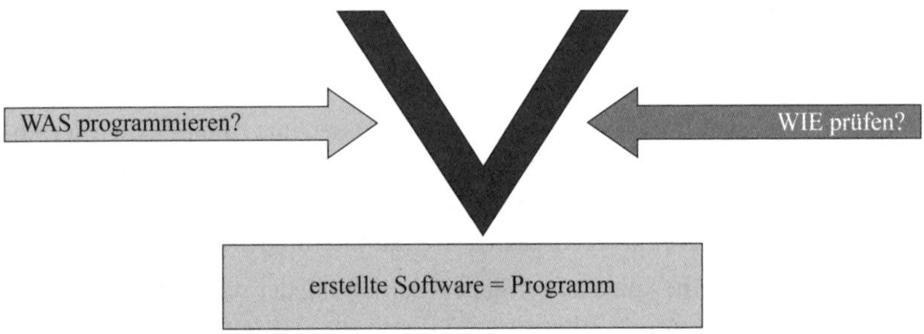

Input = Anforderungen aus der Spezifikation

Output = Ergebnis der Umsetzung der Anforderungen

Tests = Ergebnis zu prüfen mittels Testfälle (Teil der Verifikation)

Review = Verifikation der umgesetzten Spezifikation (Input, Output, Tests als Teil der Gesamt-Validierung)

Auf der linken Seite des V-Modells wird das Ergebnis jeder Phase überprüft.

Überprüfung bedeutet, den Output einer Phase im V-Modell mit den Anforderungen des Inputs der gleichen Phase zu vergleichen. Der Pfeil „Review“ stellt den ersten Schritt der Software-Verifizierung dar. Auf Modul-Ebene gilt dasselbe.

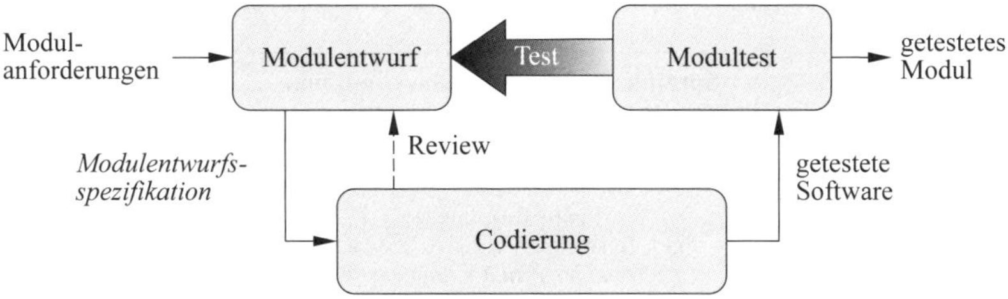

Bild 4.3 Modulentwurf

Anmerkung: Der englische Begriff „Design“ kann mit „Gestaltung“ oder „Entwurf“ übersetzt werden und „Review“ mit „Prüfung“. Jedoch wird in der Praxis von „Entwurf“ und „Review“ gesprochen.

Leider macht man sich mit Verwenden des Begriffs „V-Modell“ keine Freunde

Weil das nichts mit Sicherheitstechnik zu tun hat. Entscheidend ist nur, dass die Software lesbar und prüfbar ist, und vor allem das tut, was sie tun soll: Sicher Bewegungen beenden oder einen sicheren Zustand der Maschine einleiten. Nur das zählt am Ende des Tages – und mehr erwartet die Konstruktion vom Programmierer nicht.

Und: Mit Begriff „Validierung“ oder „Verifikation“ ergeht es einem nicht besser – Wissen ist zwar Macht, aber macht nicht wirklich glücklich in der Sicherheitstechnik.

Validieren findet überall im Projekt statt, aber wird nur so nicht bezeichnet: Prüfung, Test oder „Acceptance Test“ sind typische Begriffe zur Umschreibung einer Validierung im Projektgeschäft.

Was passiert also in der Realität? Sicherheitstechnik hin oder her: Der Programmierer macht einfach nur sein Job – so wie immer

Das Projektmanagement kennt kein V-Modell, sondern nur ein Lastenheft (kommt von der Konstruktion) und das ersehnte Ergebnis (liefert der Programmierer):

Spezifikation der Sicherheitsfunktion
Sensorik – Logik – Aktorik
die Konstruktion erlaubt nicht alles aber will alles sofort

Programmierung
inkl. Bestimmen von Testszenarien
alleine im stillen Kämmerlein

Review der Programmierung
ging nicht anders, der Kollege hatte wieder keine Zeit

Testen des Programms (am lebenden Objekt)
lästig, spätestens hier redet die Konstruktion schon wieder mit

Testbericht verfassen
damit der Projektleiter oder Chef zufrieden ist, sonst braucht's keiner

Programm „speichern unter …“ V1.0
sodass für jeden klar ist, dass der Job erfolgreich erledigt wurde

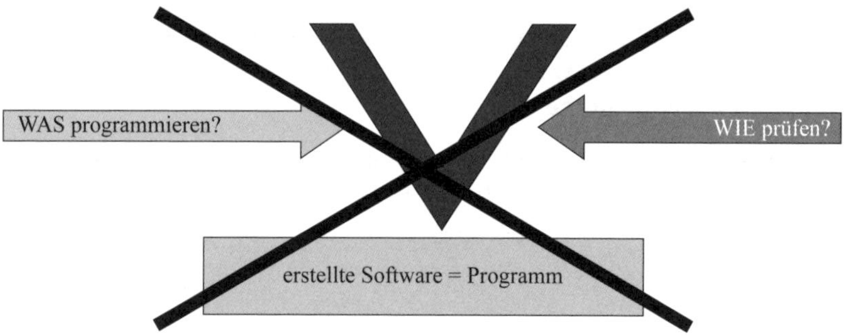

Schritt 1 SW-Sicherheitsanforderungen (SW-Level 1)

Aufgabe (Was)	***Anforderungen (Input)***	***Ergebnis (Output)***
Erstellen der *Software-Sicherheits-anforderungen*	Spezifikation der Sicherheitsfunktionen	Input für die *Softwareentwurfs-spezifikation*
	Architektur des SCS	
	Reaktionszeit	
	Bedienschnittstellen	
	Betriebsarten	
	Diagnose Anforderungen (z. B. Merkmale der Sensoren oder Aktoren)	
	Programmierrichtlinie(n)	
Sicherheitsanforderungen (SRS) → Entwurfsspezifikation		

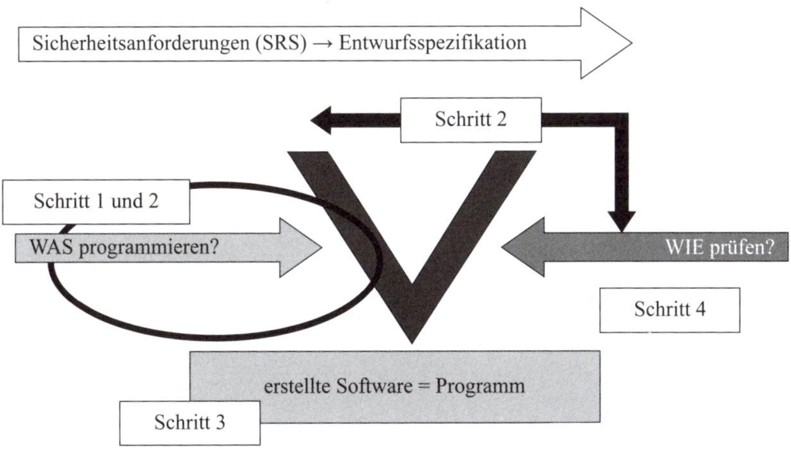

Schritt 2 SW-Entwurfsspezifikation („SW-Level 1)

<table>
<tr><th>Aufgabe
(Was)</th><th>Anforderungen
(Input)</th><th>Ergebnis
(Output)</th></tr>
<tr><td rowspan="3">Erstellen der
Softwareentwurfs-spezifikation</td><td>Lesbar, überprüfbar, testbar (für Nicht-SW-Spezialisten)</td><td rowspan="3">Input für die
Programmierung</td></tr>
<tr><td>Für jedes Teilsystem (abhängig von der Architektur)</td></tr>
<tr><td>SIL und Testfälle</td></tr>
<tr><td colspan="3">Entwurfsspezifikation → Programmierung</td></tr>
<tr><td colspan="2" rowspan="8">Identische Vorgehensweise bei einem Modulentwurf (8.3.3)</td><td>Logik</td></tr>
<tr><td>Testfälle mit Fehler-Einstreuungen (Injektion)</td></tr>
<tr><td>Diagnosefunktion(en) mit Fehlerreaktion(en), ggf. mit Warnungen/Meldungen</td></tr>
<tr><td>Beschreibung sicherer Zustand der Maschine</td></tr>
<tr><td>Funktionsprüfungen falls notwendig</td></tr>
<tr><td>Passwort-Schutz</td></tr>
<tr><td>Reaktionszeit</td></tr>
<tr><td><u>Beispiele zur Umsetzung:</u>
✓ Softwarearchitektur
✓ globale Daten
✓ Bibliotheken
✓ (bereits vorhandene) Softwaremodule
✓ Testfälle</td></tr>
</table>

Schritt 3 Programmierung (SW-Level 1)

Aufgabe (Was)	***Anforderungen (Input)***	***Ergebnis (Output)***
Erstellen des *Programms*	Softwareentwurfsspezifikation	Das zu testende *Programm*
	Programmierregeln	
	Programmierrichtlinie(n)	
Programmierung → zu testendes Programm		
Identische Vorgehensweise bei einem Modulentwurf (8.3.3)		Quellcode in einer einfachen und lesbaren Struktur
		Struktur = logischer Ablauf
		Code-Review-Bericht
		viele Kommentare
		Parameter mit gleichen Namen
		Namen = Funktionen
		vordefinierte Zustände
		Einschränken von Set/Reset
		einmalige Zuweisungen von Ausgängen

Schritt 4 SW-Tests (SW-Level 1)

Aufgabe (Was)	***Anforderungen (Input)***	***Ergebnis (Output)***
Erstellen des *Softwaretests*	Softwareentwurfsspezifikation	Das getestete *Programm* (Verifikation durch Tests)
	Funktionalität	
	Programmierrichtlinie(n)	
SW-Tests → getestetes Programm		
Identische Vorgehensweise bei einem Modulentwurf (8.3.3)		Testrichtlinien: ✓ Test-Arten ✓ Prüfausrüstung ✓ SW-Versionierung ✓ Korrekturmaßnahmen bei negativem Testergebnis
		Herstellerangaben berücksichtigen bei Tests
		Funktionstests
		Fehlersimulationen
		Dokumentation

Modifikation
Quelle vieler Fehler – nicht dokumentierte Änderungen

Nicht zu Unrecht wird bereits in Abschnitt 4.5 auf jegliche Modifikationen hingewiesen, die es zu dokumentieren gilt – ob nun Hardware oder Software.

Und wie?

Wie und Was		***Alt*** **Version Datum Verantwortlicher**	***Neu*** **Version Datum Verantwortlicher**
wie	Identifikation der SW-Module und der zugehörigen HW-Elemente → Versionierung		
	Implementierter Änderungsprozess (z. B. wer darf was wann machen)		
was	Hardware		
	Programm (Quellcode)		
	verwendete SW-Module		
	Archivierung (wo und wer)		

Zusammenfassung: V-Modell sein oder nicht sein?

Wer die Schritte 1 bis 4 genauer betrachtet wird darin eine praktische Hilfestellung erkennen: Strukturiert vorgehen und dabei sinnvoll nach vorher festgelegten Regeln Programmieren und Testen.

Ob man das nun V-Modell nennen möchte oder nicht sei jedem selber überlassen. Viel wichtiger ist die Aufgabe anzunehmen und im Rahmen des Maschinenprojekts sinnvoll einzubetten – wie das erfolgt ist zweitrangig. Aber, dass es getan werden muss steht außer Frage – mindestens zum Eigenschutz.

4.4 Softwareentwurf – SW-Level 2

Das V-Modell kann noch komplexer werden

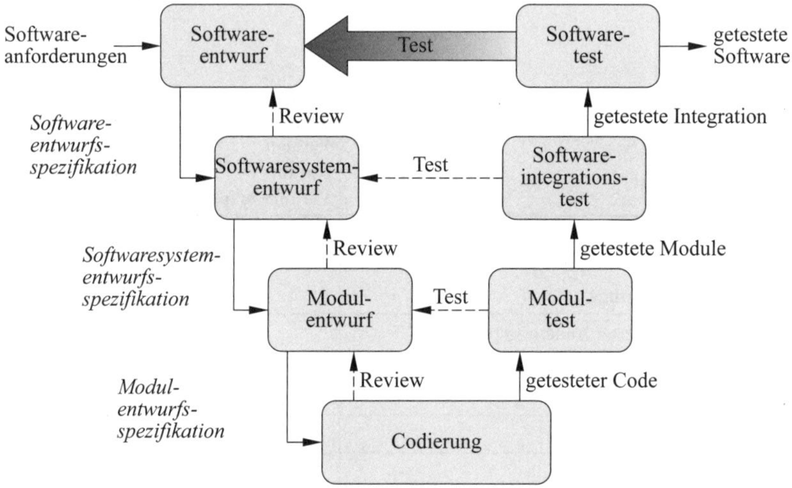

Bild 4.4 V-Modell

Aber nur an einer Stelle: „Software system design specification". Der Rest ist bereits bekannt.

Ziel dabei ist, eine Softwarearchitektur festzulegen, die die Softwareentwurfsspezifikation erfüllt.

Die Softwarearchitektur definiert

- die Hauptelemente und
- Teilsysteme der Software,

wie

- sie miteinander verbunden sind und
- die erforderlichen Attribute erreicht werden sollen.

Sie definiert auch das Gesamtverhalten der Software und wie die Softwareelemente miteinander verbunden sind und interagieren.

Beispiele für wichtige Softwareelemente sind Betriebssysteme, Datenbanken, Ein-/Ausgabeteilsysteme, Kommunikationsteilsysteme, Anwendungsprogramme, Programmier- und Diagnosewerkzeuge usw.

Module sind die Basis des Programms

Der Entwurf des Softwaresystems folgt einem modularen Ansatz mit

- einer begrenzten Software-Modulgröße,
- einer vollständig definierten Schnittstelle und
- einem Ein-/Ausgangspunkt in Unterprogrammen und Funktionen.

Jedes Modul muss eine einzige, klar verstandene Funktion oder einen einzigen Zweck haben.

Die max. Modulgröße muss auf eine vollständige Sicherheitsfunktion begrenzt sein.

Das Programm versagt wegen systematischer Fehler

Zur Vermeidung systematischer Fehler sind deshalb Programmiertechniken zu verwenden:

- **Bereichs- und Plausibilitätsprüfung** von Variablen und Konfigurationsparametern;
- **zeitliche oder logische Programmablaufüberwachung** zur Erkennung eines fehlerhaften Programmablaufs

  Ein fehlerhafter Programmablauf liegt z. B. vor, wenn die einzelnen Elemente eines Programms (z. B. Softwaremodule, Unterprogramme oder Befehle) in der falschen Reihenfolge oder im falschen Zeitraum bearbeitet werden oder wenn der Takt des Prozessors fehlerhaft ist.
- **Begrenzung** der Anzahl oder des Umfangs von **globalen Variablen**.

Fazit

Weil es mehr Möglichkeiten gibt Fehler zu machen, ist der entscheidende Ansatz mit Modulen zu arbeiten und dazu die Softwarearchitektur genauestens zu bestimmen: Mittels der Softwaresystementwurfsspezifikation.

Anmerkung: Der englische Begriff „Design“ kann mit „Gestaltung“ oder „Entwurf“ übersetzt werden und „Review“ mit „Prüfung“. Jedoch wird in der Praxis von „Entwurf“ und „Review“ gesprochen.

Schritt 1 SW-Sicherheitsanforderungen (SW-Level 2)

Aufgabe (Was)	***Anforderungen (Input)***	***Ergebnis (Output)***
Erstellen der *Software-Sicherheits-anforderungen*	Spezifikation der Sicherheitsfunktionen	Input für die *Softwareentwurfs-spezifikation*
	Architektur des SCS	
	Reaktionszeit	
	Bedienschnittstellen	
	Betriebsarten	
	Diagnose Anforderungen (z. B. Merkmale der Sensoren oder Aktoren)	
	Programmierrichtlinie(n)	

Sicherheitsanforderungen (SRS) → Entwurfsspezifikation

Unterschied zu SW-Level 1

- Tabellen der DIN EN 61508-3 (**VDE 0803-3**):2011-02, Anhang A und Anhang B sind zu berücksichtigen – DIN EN 61508-7 (**VDE 0803-7**) gibt zusätzliche Informationen;
- *Kontrollfluss* und *Datenfluss*-Selbstüberwachung

Schritt 2 SW-Entwurfsspezifikation (SW-Level 2)

<table>
<tr><th>Aufgabe
(Was)</th><th>Anforderungen
(Input)</th><th>Ergebnis
(Output)</th></tr>
<tr><td rowspan="3">Erstellen der
Softwareentwurfs-spezifikation</td><td>Lesbar, überprüfbar, testbar (für Nicht-SW-Spezialisten)</td><td rowspan="3">Input für den
Softwaresystementwurf</td></tr>
<tr><td>Für jedes Teilsystem (abhängig von der Architektur)</td></tr>
<tr><td>SIL und Testfälle</td></tr>
<tr><td colspan="3">Entwurfsspezifikation → Softwaresystementwurf</td></tr>
<tr><td colspan="2" rowspan="8">Identische Vorgehensweise bei einem Modulentwurf (8.3.2.3)

kein Unterschied zu SW-Level 1</td><td>Logik</td></tr>
<tr><td>Testfälle mit Fehler-Einstreuungen (Injektion)</td></tr>
<tr><td>Diagnosefunktion(en) mit Fehlerreaktion(en), ggf. mit Warnungen/Meldungen</td></tr>
<tr><td>Beschreibung sicherer Zustand der Maschine</td></tr>
<tr><td>Funktionsprüfungen falls notwendig</td></tr>
<tr><td>Passwort-Schutz</td></tr>
<tr><td>Reaktionszeit</td></tr>
<tr><td><u>Beispiele zur Umsetzung:</u>
✓ Softwarearchitektur
✓ globale Daten
✓ Bibliotheken
✓ (bereits vorhandene) Softwaremodule
✓ Testfälle</td></tr>
</table>

Schritt 3 Softwaresystementwurf (SW-Level 2)

Aufgabe (Was)	***Anforderungen (Input)***	***Ergebnis (Output)***
Erstellen des *Softwaresystementwurfs*	Software-Systementwurfs-spezifikation Programmierregeln Programmierrichtlinie(n)	Input für den *Modulentwurfsspezifikation*
Softwaresystementwurf → Modulentwurfsspezifikation		
Vorbereitung für den Modulentwurf (8.4.4) **Unterschied zu SW-Level 1**		globalen Daten
		verwendete Datenbibliotheken
		verwendeten bereits vorhandene Softwaremodule
		Diagnosefunktionen (intern, extern)
		Programmierwerkzeuge (mit eindeutiger Identifizierung)
		Integrationstestfälle und -verfahren
		Spezifikation der Testumgebung
		Konfigurationsbeschreibung
		Korrekturmaßnahmen bei Testfehlern

Schritt 4 Modulentwurf (SW-Level 2)

<table>
<tr><th>Aufgabe
(Was)</th><th>Anforderungen
(Input)</th><th>Ergebnis
(Output)</th></tr>
<tr><td rowspan="3">Erstellen des
Modulentwurfs</td><td>Software-Systemspezifikation</td><td rowspan="3">Input für den
Modulentwurf</td></tr>
<tr><td>Modulbeschreibung</td></tr>
<tr><td>Modulschnittstelle</td></tr>
<tr><td></td><td>verwendete Modulbibliotheken</td><td></td></tr>
<tr><td></td><td>spezielle Programmierregeln</td><td></td></tr>
<tr><td colspan="3">Modulentwurfsspezifikation → Modulentwurf</td></tr>
<tr><td colspan="2" rowspan="4">Erstellen des Moduls

Unterschied zu SW-Level 1</td><td>Beschreibung der Logik (d. h. der Funktionalität) jedes Moduls</td></tr>
<tr><td>Vollständig definierte
✓ Eingangs- und
✓ Ausgangsschnittstellen</td></tr>
<tr><td>Format und Wertebereiche
✓ der Ein- und Ausgabedaten
✓ und ihre Beziehung zu den Modulen</td></tr>
<tr><td>Testfälle für den
✓ Normalbetrieb und
✓ den Betrieb außerhalb des Normalbetriebs</td></tr>
</table>

Schritt 5 Programmierung (SW-Level 2)

<table>
<tr><th>Aufgabe
(Was)</th><th>Anforderungen
(Input)</th><th>Ergebnis
(Output)</th></tr>
<tr><td rowspan="3">Erstellen des
Programms</td><td>Softwareentwurfsspezifikation</td><td rowspan="3">Das zu testende
Programm</td></tr>
<tr><td>Programmierregeln</td></tr>
<tr><td>Programmierrichtlinie(n)</td></tr>
<tr><td colspan="3">Programmierung → zu testendes Programm</td></tr>
<tr><td colspan="2" rowspan="9">Identische Vorgehensweise bei Programmierung SW-Level 1 (8.3.4)</td><td>Quellcode in einer einfachen und lesbaren Struktur</td></tr>
<tr><td>Struktur = logischer Ablauf</td></tr>
<tr><td>Code-Review-Bericht</td></tr>
<tr><td>Viele Kommentare</td></tr>
<tr><td>Parameter mit gleichen Namen</td></tr>
<tr><td>Namen = Funktionen</td></tr>
<tr><td>Vordefinierte Zustände</td></tr>
<tr><td>Einschränken von Set/Reset</td></tr>
<tr><td>Einmalige Zuweisungen von Ausgängen</td></tr>
</table>

Schritt 6 Modultest und SW-Integrationstest (SW-Level 2)

<table>
<tr><th>Aufgabe
(Was)</th><th>Anforderungen
(Input)</th><th>Ergebnis
(Output)</th></tr>
<tr><td rowspan="3">Durchführen der
Modultests und Softwaretests</td><td>Testfälle aus Modulentwurf</td><td rowspan="3">Die getesteten
Module und deren Integration
(Verifikation durch Tests)</td></tr>
<tr><td>Funktionalität</td></tr>
<tr><td>Programmierrichtlinie(n)</td></tr>
<tr><td colspan="3">Modul- und SW-Integrationstests → getestete Teile der gesamten SW</td></tr>
<tr><td colspan="2" rowspan="3">Identische Vorgehensweise bei einem Modulentwurf (8.3.3)</td><td>Dokumentation der Testergebnisse:
✓ Funktionstests
✓ Black-Box-, Grey-Box- oder White-Box-Tests</td></tr>
<tr><td>Dokumentation der Korrekturmaßnahmen</td></tr>
<tr><td>Integrationstestfälle für die gesamte SW:
✓ Softwaremodule und Softwareelemente/ -teilsysteme müssen korrekt zusammenwirken
✓ Programm-Analyse</td></tr>
</table>

Schritt 7 SW-Tests (SW-Level 2)

<table>
<tr><th>Aufgabe
(Was)</th><th>Anforderungen
(Input)</th><th>Ergebnis
(Output)</th></tr>
<tr><td rowspan="3">Erstellen des
Softwaretests</td><td>Softwareentwurfsspezifikation</td><td rowspan="3">Das getestete
Programm
(Verifikation durch Tests)</td></tr>
<tr><td>Funktionalität</td></tr>
<tr><td>Programmierrichtlinie(n)</td></tr>
<tr><td colspan="3">SW-Tests → getestetes Programm</td></tr>
<tr><td colspan="2" rowspan="5">Identische Vorgehensweise bei SW-Level 1

Modifikationsmanagement ist umfangreicher als mit SW-Level 1</td><td><u>Testrichtlinien:</u>
✓ Test-Arten
✓ Prüfausrüstung
✓ SW-Versionierung
✓ Korrekturmaßnahmen bei negativem Testergebnis</td></tr>
<tr><td>Herstellerangaben berücksichtigen bei Tests</td></tr>
<tr><td>Funktionstests</td></tr>
<tr><td>Fehlersimulationen</td></tr>
<tr><td>Dokumentation</td></tr>
</table>

4.5 Programmierrichtlinien

Bevor ein Programm erstellt wird, sollten interne Richtlinien als sog. Programmierrichtlinien aufgestellt werden. Ziel ist zu jeder Zeit die Lesbarkeit und Nachvollziehbarkeit der Programmzeilen sicherzustellen.

Programmrichtlinie – Variablen
Präfixe boolescher Variablen: „b“
Präfixe von Binäreingängen: **„I_b“** (nicht sicherheitsbezogener Eingang) **„IS_b“** (sicherheitsbezogener Eingang)
Präfixe von Binärausgängen: **„Q_b“** (nicht sicherheitsbezogener Ausgang) **„QS_b“** (sicherheitsbezogener Ausgang)
Präfixe von Instanzen: **Timer:** „**T_**“, Erkennungen positiver Flanken: „**R_**“, Flip-Flops: „**FF_**“
Präfixe von Instanzen: SF_GUARD: GUARD_*<guard name>*, **SF**_ESTOP: ESTOP_*<number>*, **SF**_FDBACK: CONTACTORS_*<contactors>*
Präfixe von globalen Variablen: **„G_“** (nicht sicherheitsbezogen) **„GS_“** (sicherheitsbezogen).
Präfixe von temporären Variablen (Merker): „#“
Namen von Variablen: Der Variablenname nach dem Präfix sollte selbsterklärend sein, z. B. sollte den betreffenden Gerätenamen enthalten. Zum Beispiel: GD1… für Schutztüre 1.

Programmrichtlinie – Signalverarbeitung
Softwarearchitektur: Aufteilung des Software-Datenflusses in ✓ eine Vorverarbeitungsschicht (Eingänge), ✓ eine Abschaltlogik (Logik) und ✓ eine Nachverarbeitungsschicht (Ausgänge). Realisieren der Vorverarbeitungsebene in aufeinanderfolgenden Netzwerken. Der Ausgang jedes Netzwerks sollte zur Abschaltlogik beitragen. Für jeden binären Ausgang: Realisieren Sie die entsprechende Abschaltlogik und die Nachbearbeitungsebene in einem Netzwerk (wenn immer möglich).

Tabelle 4.3 Programmierrichtlinien (I)

Programmrichtlinie – Signalverarbeitung
Zuweisung: Verwenden Sie Ausgänge und Variablen in nur einer Programmanweisung.
Kommentare: Jedes Netzwerk hat einen Kommentar.
Zyklische Verarbeitung: Führen Sie jeden Teil der sicherheitsbezogenen Software als Teil jedes Zyklus ohne Bedingungen aus.
Störungen in Peripheriegeräten: Manuelles Wiedereinschalten ist erforderlich.
Auslösen von Sicherheitsfunktionen: Auslösung durch FALSE oder binär „0"
Konzept der Quittierung von erkannten Fehlern: Auswahl von „Reset/Quittierung" in Abhängigkeit vom Verfügbarkeitskonzept; Anforderungen an menschliches Eingreifen.

Programmrichtlinie – Bibliotheksbausteine/Funktionen (FBs/FCs)
Verwendung: Wo immer anwendbar, verwenden Sie bereits entworfene und geprüfte Bibliotheks-FBs/FCs.
Aktivierung: Abhängig von den Bibliotheksfunktionen (hier zu vermerken).
Selbstentwickelte FBs/FCs: Gegebenenfalls kapselbare logische Signalkombinationen, die innerhalb des Projekts in einem FB/FC mehrfach belegt sind. Der Lebenszyklus entspricht dem V-Modell. Diese FBs/FCs müssen passwortgeschützt sein. Eine Bibliotheksverwaltung ist erforderlich.

Tabelle 4.4 Programmierrichtlinien (II)

4.6 Spezifikation der Software

Überblick behalten mit SF-Nummerbändern:
z. B. SF0x Not-Halt, SF1x Schutztüren, SF2x Einrichten, ...

Sicherheitsfunktion		**Funktionale Beschreibung**			**Betriebs-art(en)**
Nr.	**Beschreibung**	**WENN (URSACHE)**	**DANN (WIRKUNG)**	**Reaktions-zeit**	
SF01	Not-Halt-Funktionen			< 1 s	alle
SF02				< 1 s	alle
SF10	Schutztürenüberwachungen			< 1 s	alle
SF11				< 1 s	alle
SF20	sichere reduzierte Geschwindigkeit			< 500 ms	Einricht-betrieb
SF21				< 500 ms	
Anmerkungen ...					

Damit verbunden ergibt sich eine **Spezifikation des Hardwareentwurfs**

Überblick behalten mit einfacher tabellarischer Darstellung

Liste der Eingangssignale				
Beschreibung (Funktion, Signal)	Variable (Bezeichnung)	Adresse (Bezeichnung)	HW Verdrahtung richtig (Ja/Nein)	SW Verschaltung richtig (Ja/Nein)
Liste der Ausgangssignale				
Datum:				
Name:				
Software-Signatur:				
Hardware-Signatur:				

4.7 Programmgestaltung

Die Softwaresystementwurfsspezifikation umfasst grundlegend

- Sicherheitsbezogene Softwarespezifikation und Validierungsplan
- Architektur des sicherheitsbezogenen Programms
- Architektur eines nicht sicherheitsbezogenen Programms
- Modularchitektur eines sicherheitsbezogenen Programms
- Programmübersicht (logische Darstellung)

Drei logische Ebenen:

- ➢ *Eingangsebene (en: pre-processing)*
- ➢ *Logikebene*
- ➢ *Ausgangsebene (en: post-processing)*

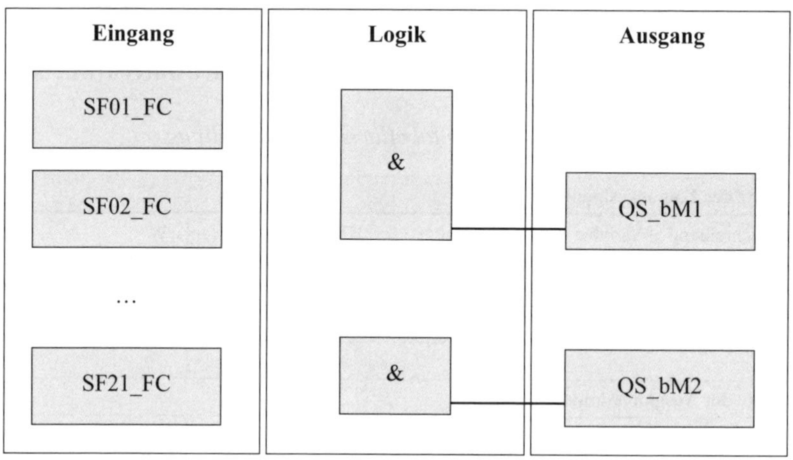

Bild 4.5 Software und logische Ebenen

SFxy_FC sind in der Praxis Bausteine, die die Auswertung von Eingangssignalen der Sensoren vorverarbeiten: z. B. Diskrepanzüberwachung und Fehlerbehandlung.

Dies ist streng mit der verwendeten Hardware verbunden.

Der Logik-Bereich umfasst die eigentliche Abschaltfunktion und ist mit logisch „0“ = Abschalten gleichzusetzen, und mit „1“ = alles ok, keine Anforderung der Sicherheitsfunktion.

Die Ausgänge werden am Ende zugeordnet, sodass keine Doppel-Zuordnung erfolgen kann.

Es wird meistens mit sog. „Netzwerken“ gearbeitet, mit denen durch die Netzwerk-Kommentare eine eindeutige Dokumentation erfolgen kann.

Bild 4.6 zeigt den Entwurf des Softwaresystems auf der Grundlage des grundsätzlichen Entwurfs der Modularchitektur.

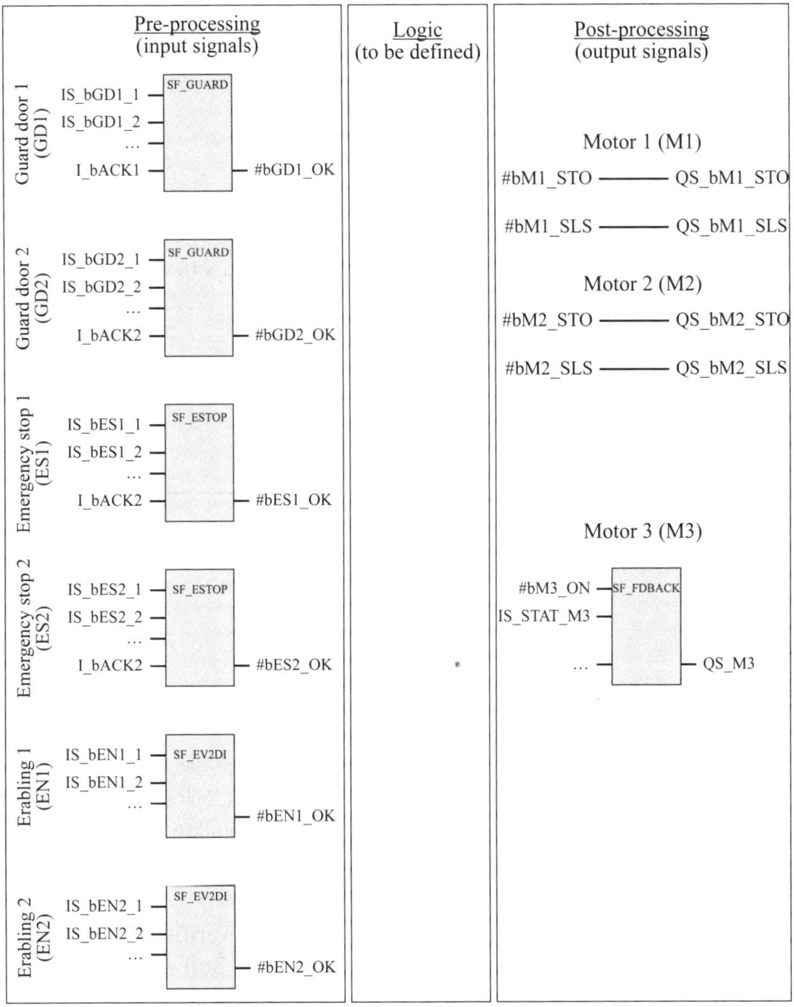

Bild 4.6 Software und Modularchitektur

Bild 4.7 zeigt den prinzipiellen Entwurfsansatz der Logikebene.

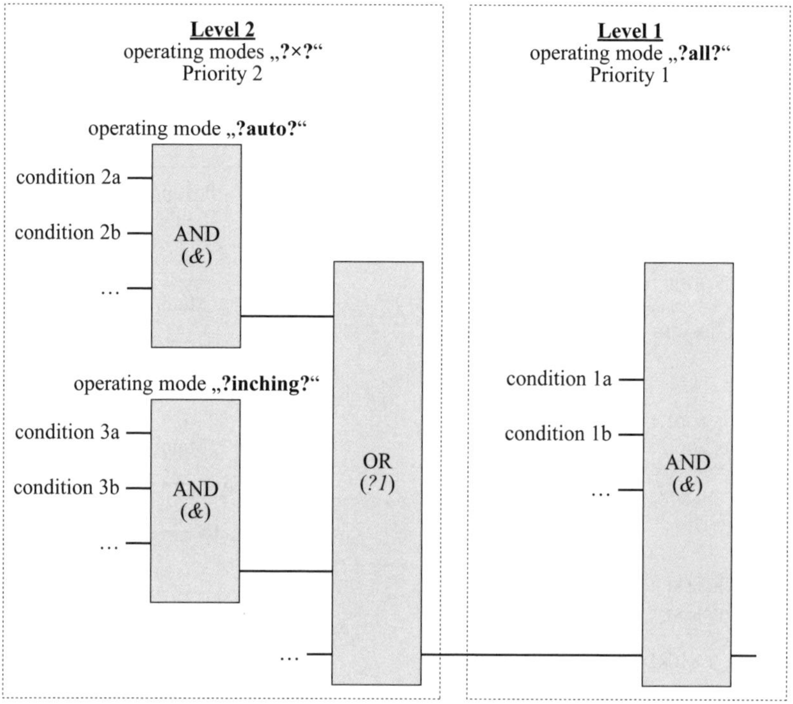

Bild 4.7 Software und Logikarchitektur

4.8 Verifizieren und Validieren

Das Verifizieren, als im Detail Prüfen, stellt die Aktivität dar, mit der Qualität der Software geprüft wird im Sinne von Vollständigkeit, Nachvollziehbarkeit und Plausibilitätsprüfung. Deshalb liegen die Schwerpunkte auf der Prüfung der *Software-Systementwurfsspezifikation* und des *Programms*, damit im Anschluss eine finale *Software-Validierung* erfolgen kann.

Die nachfolgenden Tabellen zeigen den Bericht der Verifikation der Softwaresystementwurfsspezifikation und den Bericht der Software-Programm-Überprüfung. Es stellt nur eine wichtige Zusammenfassung der bereits durchgeführten Verifikationen dar.

Verifikation der Softwaresystementwurfsspezifikation

Zu überprüfen	Bezug	Richtig (j/n)
1. Entspricht die Modularchitektur der Spezifikation der Sicherheitsfunktionen?		
2. Entspricht die Spezifikation des Softwareentwurfs der Spezifikation der Sicherheitsfunktionen?		
Datum:		
Name:		
Software Signatur:		
Hardware Signatur:		

Überprüfung des Programms

Zu überprüfen	Bezug	Richtig (j/n)
1. Entspricht die Software den Programmierrichtlinien?		
2. Entspricht der Entwurf des Steuerungssystems der Spezifikation?		
3. Ist die Verschaltung der E/A-Signale in der Software korrekt? Ist die Parametrierung der relevanten FBs korrekt?		
4. Entspricht die Reihenfolge des SPS-Sicherheitsprogramms der Spezifikation?		
5. Entspricht die Architektur des Sicherheits-SPS-Programms der Spezifikation?		
6. Entspricht das SPS-Sicherheitsprogramm der Tabellenspezifikation?		
7. Entspricht die Spezifikation der sicherheitsbezogenen Software der Spezifikation der Sicherheitsfunktionen?		
Datum:		
Name:		
Software Signatur:		
Hardware Signatur:		

Die Software-Validierung (siehe nachfolgende Tabelle) ist teilweise eine Zusammenfassung bereits durchgeführter Tests. Zusätzliche herstellerspezifische Tests z. B. zur korrekten Parametrierung externer Sicherheitseinrichtungen wie Laserscanner, Konverter, Lichtvorhänge etc. sind erforderlich. Diese Dokumentation ist z. B. für eine externe Begutachtung der Maschine wichtig.

Software-Validierung

Zu überprüfen	Bezug	Richtig (j/n)
1. Wurde der E/A-Test mit einem positiven Ergebnis durchgeführt?		
2. Wurde der Test der Sicherheitsfunktionen und andere Testanforderungen mit einem positiven Ergebnis durchgeführt?		
3. Wurden alle herstellerspezifischen Prüfungen der Parametrierung von externen Sicherheitseinrichtungen (z. B. Laserscanner, Konverter …) positiv durchgeführt und dokumentiert?		
4. Dokumente des V-Modells		
5. Abschließendes Dokument der sicherheitsrelevanten Software einschließlich Signaturen		
6. Abschließendes Dokument der Hardwarekonfiguration des Steuerungssystems mit Prüfsummen und allen Einstellungen		
7. Archivierung der Handbücher aller sicherheitsrelevanten Systemkomponenten		
8. Abschließendes Dokument über die Konfiguration aller sicherheitsrelevanten Peripheriegeräte		
9. Die geltenden C-Normen		
Datum:		
Name:		
Software-Signatur:		
Hardware-Signatur:		

5 Validierung

In diesem Kapitel werden die wesentlichen Anforderungen an die Validierung der Sicherheitsfunktionen und deren Dokumentation erläutert. Die beigefügte Software „FSP“ kann dabei unterstützen.

5.1 Grundsätzliches

Einfache und klare Ziele – Prüfen was vielleicht schlief

Aufgabenstellung (Was)	***Nachweis und Aktivitäten (Wie)***
Überprüfen der *SRS aus Abschnitt 5 auf Konsistenz und Zielerreichung:* *Entspricht die SRS wirklich den Sicherheits-anforderungen?*	*Festgelegte Aktivitäten im Plan der Funktionalen Sicherheit müssen überprüft werden.* Nachweis, dass die Konstruktion vollständig im Einklang mit dem Plan der Funktionalen Sicherheit ist, mittels ✓ Inspektion (auch Analyse) und ✓ Prüfung der SRS hinsichtlich der Sicherheitsanforderungen. Wichtige Ergebnisse der Prüfung SRS sind durch die Überprüfung der ✓ Funktionalen Anforderungen und ✓ Anforderungen an den spezifizierten SIL zu erbringen.
	Wer? „Unabhängige“ Personen (nicht am Entwurf und der Realisierung beteiligt).
	Womit? Der Validierungsprozess besteht aus ✓ der Analyse und ✓ erforderlichen Funktionstests.
	Bei komplexen Steuerungssystemen kann eine *getrennte Validierung der Teilsysteme* vor der Integration vorgenommen werden.

Tabelle 5.1 Validierungsaufgaben

5.2 Relevante Informationen

Was muss im Validierungsplan enthalten sein?

- ✓ Spezifikationsunterlagen identifizieren
- ✓ Nennung der Betriebs- und Umgebungsbedingungen während der Prüfung,
- ✓ die anzuwendenden Analysen und Tests,
- ✓ welche Prüfnormen anzuwenden sind,
- ✓ die Personen oder Parteien, die für jeden Schritt im Validierungsprozess verantwortlich sind, und

die erforderliche Ausrüstung.

Generische Fehlerlisten und Fehlerarten finden sich in DIN EN ISO 13849-2, Anhänge A bis D

- ✓ Welche Fehler werden angesetzt?
- ✓ Fehler aufgrund gemeinsamer Ursache müssen betrachtet werden
- ✓ Fehlerausschlüsse mit Begründung
- ✓ Wenn keine generischen Fehlerlisten verwendet werden, dann muss diese begründet werden.

Die meisten Fehlerarten werden mit Blick auf das Ruhestromprinzip bewertet

Den sicheren Zustand einer Maschine zu erreichen, bedeutet in der Regel eine Energieabschaltung für eine z. B. gefährliche oder gefahrbringende Bewegung.

Wenn eine Gefährdung dadurch entsteht, dass eine Energieabschaltung keine Risikominderung mit sich bringt, dann muss das Ruhestromprinzip verlassen werden und es folgt eine kontrollierte Beherrschung der Gefährdung.

Beispiel ist eine sichere reduzierte Geschwindigkeit oder eine bewusste Lageregelung einer Vertikalachse.

Ein kurzer und einfacher Satz sieht anders aus – Normenwirrwarr gekonnt

Alles, was auf Basis der Risikobeurteilung gemäß DIN EN ISO 12100 an Informationen bereitgestellt wird, gilt es zu berücksichtigen.

Jeder SCS-Entwurf, und die damit verbundene SCS-Konstruktionslösung muss validiert werden.

Im Detail ergeben sich daraus folgende zu bewertende Kern-Informationen, die je nach Sinnhaftigkeit vorhanden sein sollten:

1. Spezifikation der erforderlichen Merkmale (inkl. funktionale Betrachtung)
2. Stromlaufpläne, Diagramme, …
3. (Funktions-)Beschreibungen zu 2.
4. Zeitlicher Ablauf von Signalen, da wo es einen Mehrwert bringt
5. Beschreibung aller verwendeten Komponenten (auch Herstellerdokumentation kann einfach referenziert werden) und seiner relevanten Eigenschaften
   a) Sicherheitsrelevante Daten (z. B. B_{10}-Werte, Ausfallmodus, …)
   b) Nicht-sicherheitsrelevante Daten (z. B. Leistungsmerkmale der Leistungsschütze wie Strom und Spannung) – Daten liegen immer vor und müssen nur referenziert werden
6. Fehleranalyse, Fehlerarten und Fehlerausschlüsse, dort wo notwendig (auch hier gilt mittels Referenzen zu arbeiten).
7. Möglicher Einfluss von Werkstoffen und Materialien

Betriebshandbuch/Bedienungsanleitung (wird leider oft erst zu spät gemacht)

„Weniger ist oft mehr“ – die Informationen müssen schnell auffindbar sein und sollten immer zentral referenziert werden

Mehr Seiten für Dokumentation heißt nicht mehr Sicherheit.

Analysieren tut heute bereits jeder Konstrukteur – nur nennt keiner es so

Was wird analysiert?

- Sicherheitsfunktion(en)
- Systemstruktur – SCS- und Teilsystemarchitekturen
- quantifizierbare Aspekte ($MTTF_D$, λ_D, DC und CCF)
- qualitative (nicht quantitative) Aspekte (Software, systematische Integrität)
- deterministische Aussagen (z. B. Begründungen für FMEA, Fehlerausschlüsse)

Wie wird analysiert?

Top-down („deduktiv", herabführend) – auslösende Ereignis(se) bestimmen, z. B. FTA (Fehlzustandsbaumanalyse) oder ETA (Ereignisbaumanalyse)

Ziel: Logische Verknüpfungen von Ausfällen ermitteln, welche zu einem Gesamtausfall führen, mittels Zustandsblockdiagramme.

Beispiel: Die Teilsystemarchitekturen A bis D, mit ein- oder zweikanaliger Struktur (bzw. mit ein oder zwei Teilsystemelementen)

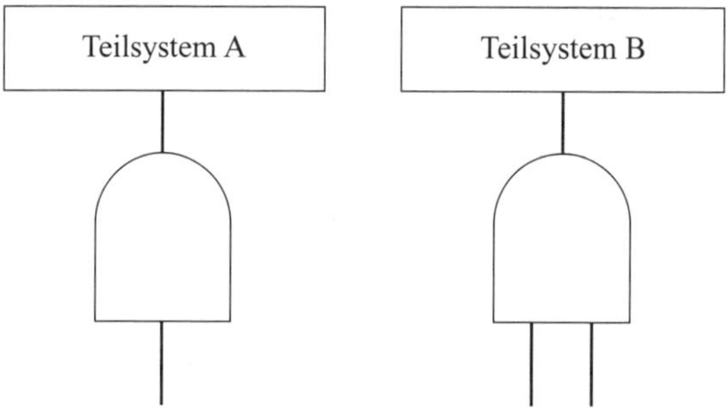

Bottom-up („induktiv", hereinführend) – Folgen von identifizierten Fehlern bestimmen, Ausfalleffektanalysen, z. B. FMEA (Fehlzustandsart- und Auswirkungsanalyse) oder FMECA (Ausfalleffekt- und Kritizitätsanalyse).

Ziel: Fehler von vornherein vermeiden, statt sie nachträglich zu entdecken und zu korrigieren. Oder Fehlerarten bestimmen und in sicher und gefährlich einordnen.

Beispiel: Die Fehlermodi eines Leistungsschützes oder eines Positionsschalters.

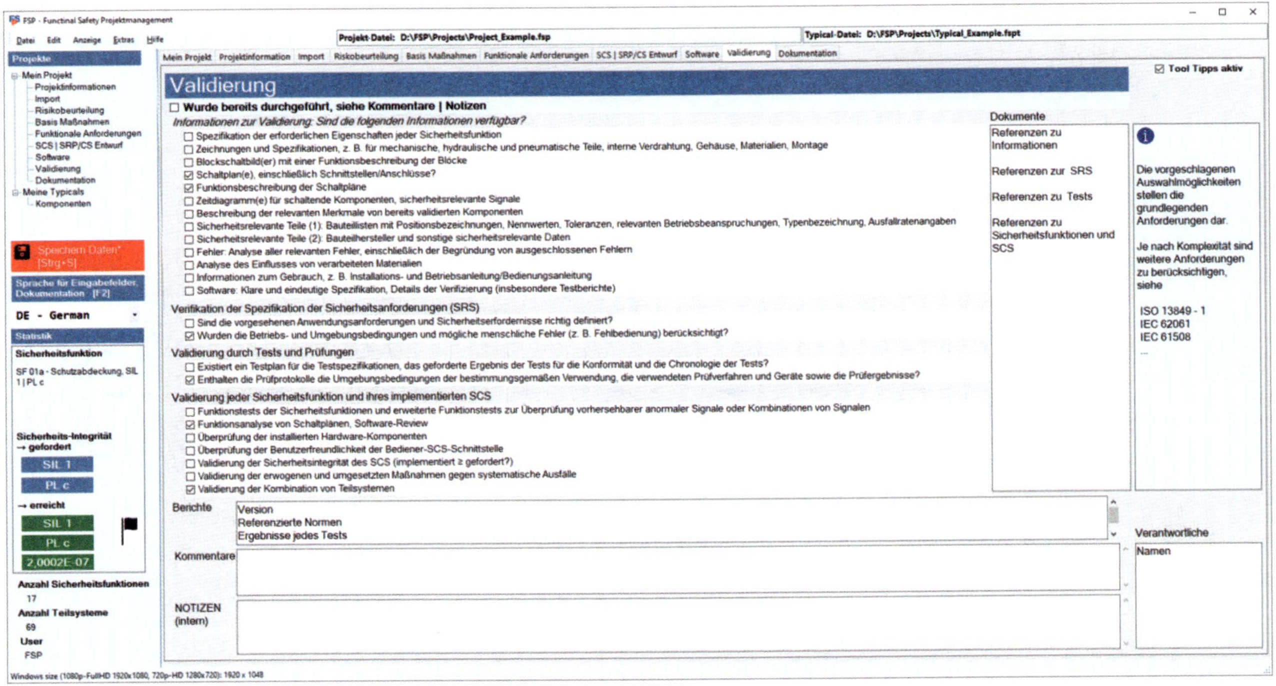

Bild 5.1 Validierung (FSP)

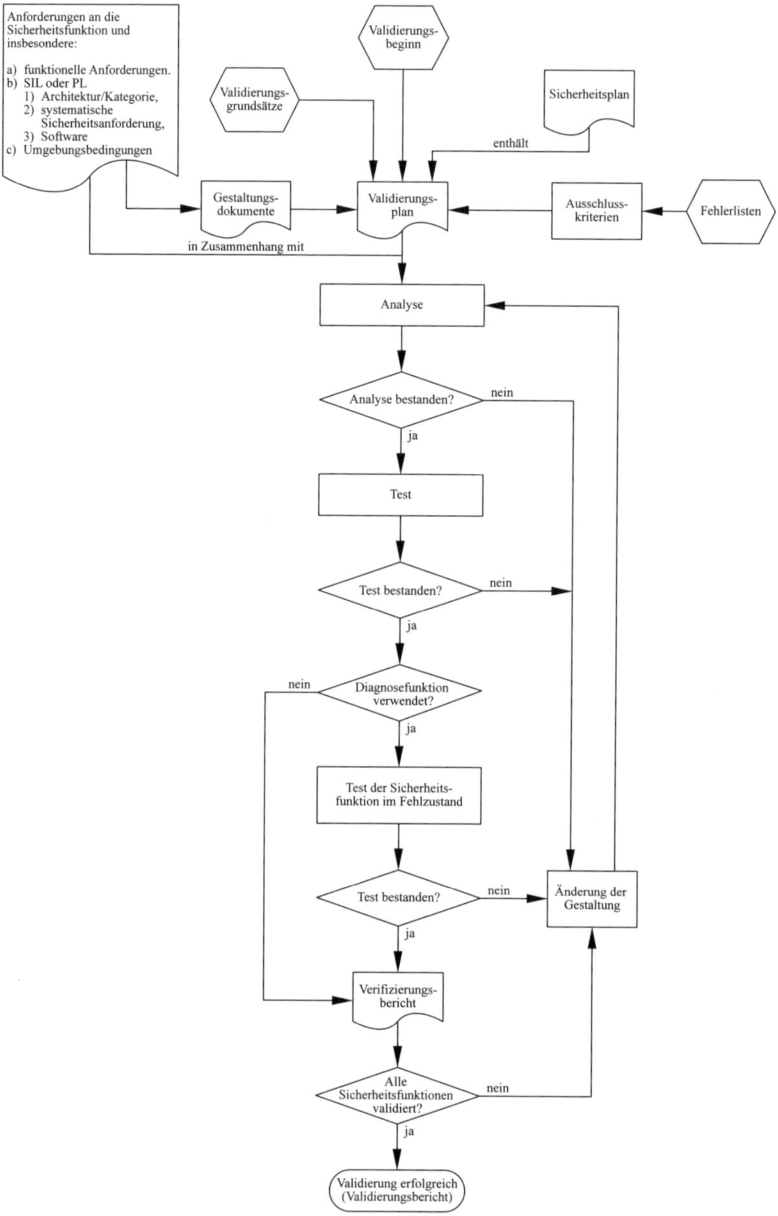

Bild 5.2 Überblick über den Validierungsprozess gemäß DIN EN IEC 62061 (**VDE 0113-50**)

Die DIN EN ISO 13849-2 hat ein vergleichbares Validierungsverfahren.

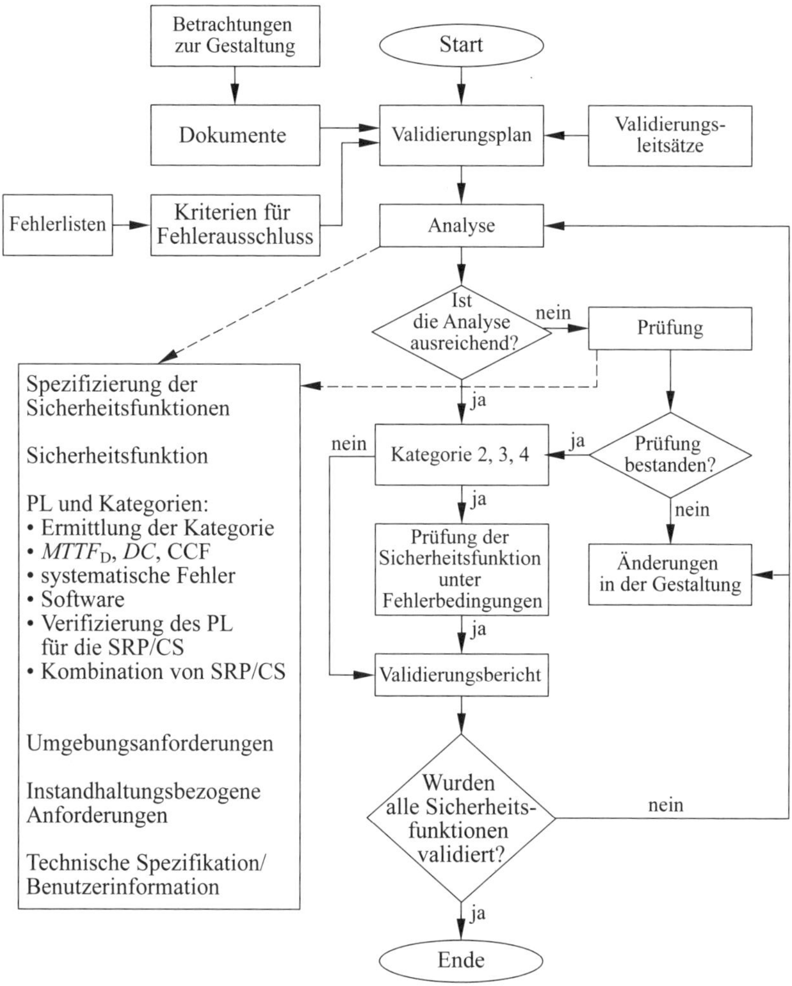

Bild 5.3 Übersicht über das Validierungsverfahren gemäß DIN EN ISO 13849-2 (DIN EN ISO 13849-2:2013-02, Bild 1)

5.3 Tests und Prüfungen

Das Testen stellt die Basis dar, damit die Prüfungen der entworfenen Lösungen auch möglich sind. Dabei ergeben sich grundlegende Fragestellungen und Aktivitäten.

Prüfen statt Glauben – Tests sind notwendig und wichtig, damit auch die Spezifikation der Sicherheitsfunktion geprüft werden kann.

Wie wird getestet?

1. Testplan (vor Testbeginn) erstellen
   - Testspezifikationen
   - erwartetes Ergebnis der Tests
   - Testreihenfolge

2. Tests durchführen

3. Testprotokolle erstellen
   - Datum der Prüfung
   - Namen der Person
   - Umgebungsbedingungen
   - Prüfverfahren
   - Ergebnisse

4. Testplan ⟷ Testprotokolle vergleichen

Der Prüfling ist in seiner endgültigen Betriebskonfiguration zu betreiben – so weit wie möglich.

Umweltbedingungen und Belastungsgrenzen vernachlässigen heißt CCF fördern. Böse Falle und teurer Spaß im Nachhinein – erst gar nicht versuchen zu verdrängen.

5.4 Validierung jeder Sicherheitsfunktion

Das Finale naht – die Validierung summa summarum

Was war da noch?

1. Funktionsanalyse der Schaltpläne, Reviews der Software (siehe DIN EN IEC 62061 (**VDE 0113-50**), Abschnitt 9.5.3)
2. Simulation (wo sinnvoll)
3. installierte Hardware-Komponenten und Einzelheiten der zugehörigen Software
4. Funktionsprüfung der Sicherheitsfunktionen
5. erweiterte Funktionsprüfungen zur Überprüfung vorhersehbarer abnormaler Signale oder Signalkombinationen
6. Benutzerfreundlichkeit der Bediener-SCS-Schnittstelle

Fluch der Karibik – diese lästigen Fehlerinjektionen rauben nur Zeit

Womit denn?

✓ Fehlerinjektionstests am lebenden Objekt

oder

✓ Simulation des Steuerungssystemverhaltens im Fehlerfall

Und wo?

- Fehlerinjektionstests an der Maschine
- Fehlerinjektionstests in oder an Hardware-Bauteilen
- Software-Simulation von Fehlern, und Ausfall von Teilsystemen

Systematische Fehler sind schon immer stiefmütterlich behandelt worden

Was hilft gegen Amnesie?

✓ Inspektionen von Konstruktionsunterlagen

✓ Fehleranalyse (z. B. FMEA)

✓ Fehlerinjektionstests/Fehlerinitiierung;

✓ Inspektion und Test der Datenkommunikation, z. B. Parametrierung, Installation

✓ Überprüfung, ob ein Qualitätsmanagementsystem die Ursachen systematischer Ausfälle im Fertigungsprozess vermeidet

Eine andere Form von systematischen Fehlern – die Software

Einfache Maßnahmen helfen schon:

- ✓ funktionales Verhalten prüfen
- ✓ Software-Maßnahmen ausreichend für den geforderten SIL?
- ✓ Software-Entwicklung beleuchten und Maßnahmen begutachten
- ✓ Tests und Testfälle kritisch hinterfragen

SCS = ∑ Teilsysteme

Erst gemeinsam sind die Teilsysteme stark genug, um ein SCS zu bilden.

Eine letzte Hürde ist zu nehmen:

Die Schnittstellen können alles vermasseln

Die Integration durch Kombination kann neue Probleme mit sich bringen

Fehlerinjektionen können relevant sein bei Kombination von Teilsystemen (siehe Schnittstellen Thematik)

SIL ist SIL – life is life?

War der SIL auch der richtige – nicht nur in der Nummerierung?

Und wurde der geforderte SIL auch tatsächlich erreicht?

Haben wir alles Mögliche und vor allem alles Sinnvolle getan?

6 Dokumentation

In diesem Kapitel werden die wesentlichen Anforderungen an die Dokumentation in Gänze erläutert. Die beigefügte Software „FSP“ kann dabei unterstützen.

6.1 Muss und Kann

Alles Wesentliche und Relevante muss nachvollziehbar dokumentiert werden.

Es geht nicht um einen Eintrag ins Guinnessbuch der Rekorde, sondern um eine sinnvolle Dokumentation, die eine Prüfung unterstützen und dabei Fehler aufdecken helfen soll.

Weniger ist oft mehr – less is more.

Das Ziel ist eine strukturierte Dokumentation, die sich aber nicht in einem einzelnen Dokument wiederfinden muss, sondern auf die Maschinendokumentation aufbauen kann oder Teil dieser ist.

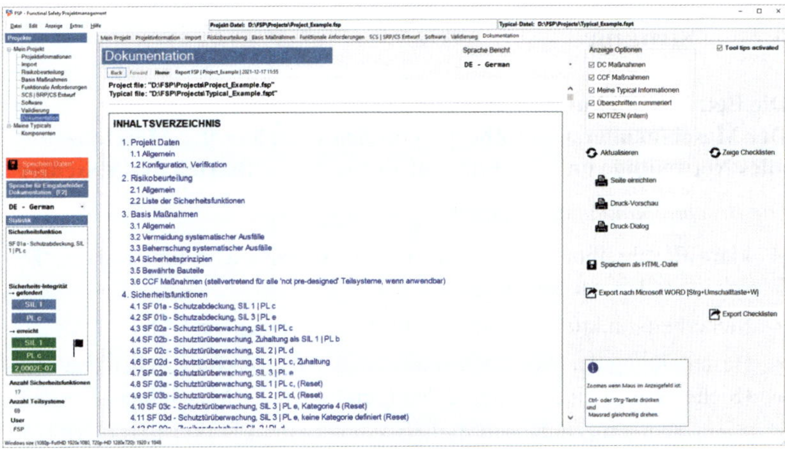

Bild 6.1 Validation Prozess gemäß DIN EN ISO 13849-1 – Dokumentation (FSP)

Der „Integrator“ kann der Maschinenhersteller selber sein oder aber jemand anders

Mit Integrator ist in der Norm jene Person gemeint, die integriert.

Das kann im Namen des Maschinenbauers selber sein – er ist dann der eigentliche Integrator. Oder aber es ist eine Person, die verschiedene Maschinen oder Teil-Maschinen zu einer Gesamtheit von Maschinen verbindet – was man umgangssprachlich „Anlage“ nennen würde: Ein Generalunternehmer (GU) ist ein typischer Integrator bei Großanlagen, wie z. B. ein Walzwerk.

All das ist aber hier nicht kriegsentscheidend.

Wichtig ist, dass es unterschiedliche Anforderungen an die Dokumentation und die Betriebsanleitung deshalb geben muss.

Ein Integrator benötigt mehr Informationen, z. B. über Schnittstellen oder das Verhalten des SCS im Fehlerfall, als ein Bediener einer Maschine, der lediglich wissen muss, dass es Sicherheitskonzepte für die Maschine gibt, die er noch nicht einmal unter dem Begriff Sicherheitsfunktion wiedererkennen würde.

Damit lässt sich Abschnitt 10 der Normen besser verstehen, bzw. das Warum für die bewusste Abgrenzung eines Integrators zu einem Verwender einer Maschine:

Nicht jeder muss demnach alles wissen, aber jeder muss genau das wissen, was für ihn notwendig ist, um einen sicheren Betrieb zu gewährleisten.

6.2 Struktur

Die Betriebsanleitung ist das A und O –
Der Maschinenhersteller übergibt an den Betreiber der Maschine alles Notwendige und Wichtige für den sicheren Betrieb der Maschine

Die Beschreibung umfasst daher

- ✓ klare Beschreibungen und zugehörige Anweisungen für die Benutzerschnittstellen mit dem SCS
- ✓ Sicherheitsfunktionen (umgesetzt mit entsprechenden SCS)
- ✓ Beschreibung der Wechselwirkung (falls zutreffend) zwischen den SCS-(Sicherheits-)Funktionen und den Funktionen der Maschinensteuerung
- ✓ Kennzeichnung, falls erforderlich, gemäß DIN EN ISO 12100:2011-03, Abschnitt 6.4.4
- ✓ Gebrauchsdauer (wann müssen Bauteile oder Komponenten getauscht werden?)

- ✓ jede für die Sicherheitsfunktion(en) relevante Betriebsart
- ✓ Vorgehensweise bei Störungsbehebung
- ✓ Inspektionsintervalle
- ✓ Prüfintervalle (periodische Tests), Fehlerbehebungsmaßnahmen
- ✓ Informationen für die Wartung, fehlerbehebend als auch vorbeugende Wartung
- ✓ Wartung und Wiederinbetriebnahme der erforderlichen Werkzeuge und die Verfahren für die Wartung der Werkzeuge und Ausrüstung
- ✓ Informationen zu möglichen Reparaturen (die erlaubt sind)

Erforderliche Informationen	**Dokument**
Plan zur Funktionalen Sicherheit	
Spezifikation der Sicherheitsanforderungen (SRS)	
Spezifikation der funktionalen Anforderungen (für SCS)	
Spezifikation der Sicherheitsintegritätsanforderungen (für SCS)	
SCS-Entwurf	
strukturierter Entwurfsprozess	
Struktur der Teilfunktionen	
SCS-Architektur	
Sicherheitsanforderungen an Teilfunktionen und Teilsysteme	
Realisierung des Teilsystems	
Architektur des Teilsystems	
Bei der Abschätzung der Fehler beanspruchte Fehlerausschlüsse	
Zusammenstellung des Teilsystems	
Software-Sicherheitsanforderungen	
Softwaregestützte Parametrierung	
Punkte des Software-Konfigurationsmanagements	
Eignung von Software-Entwicklungswerkzeugen	
Dokumentation des Anwendungsprogramms	
Ergebnisse der Tests von Anwendungssoftwaremodulen	
Ergebnisse der Integrationstests für Anwendungssoftware	
Dokumentation der SCS-Integration (Tests)	
Dokumentation bewährter Bauteile	
Dokumentation für Installation, Verwendung und Wartung	
Dokumentation der SCS-Validierung	
Dokumentation für das SCS-Konfigurationsmanagement	

Tabelle 6.1 Übersicht Dokumentation

Je nach Aufwand, abhängig von dem Entwurf von Teilsystemen oder Verwendung bereits entworfener und geprüfter Teilsysteme, kann die Dokumentation umfangreicher sein.

Es gilt wo immer möglich auf Dokumente zu verweisen, damit ein Prüfer den Überblick nicht verliert. Zudem hilft diese Vorgehensweise dabei, sich nicht in Details zu verrennen und den Blick fürs Wesentliche zu behalten.

Typische Merkmale sind

Spezifikation der funktionalen Anforderungen an die Sicherheitsfunktion	
Beschreibung	Wenn … dann … (Ursache-Wirkung)
Bedingung(en)	Betriebsarten
Neustart/Zurücksetzen	manuelle menschliche Eingriffe sind erforderlich, wenn …
Priorität	hohe Priorität im Vergleich zu anderen Sicherheitsfunktionen; die Not-Halt-Funktion wird die höchste Priorität haben
Häufigkeit des Betriebs	*X* mal pro Stunde; *Y* Stunden pro Tag; *Z* Tage pro Jahr
Reaktionszeit	max. 500 ms vom Auslöseereignis (Öffnen der Schutztür) bis zur elektrischen Reaktion …
Schnittstelle(n) zu anderen Maschinenfunktionen	… Informationen zur Verwendung des Komponentenherstellers sind zu referenzieren
Fehlerreaktionsfunktion	sofortiger Stopp oder Erkennung beim erneuten Start zumindest durch Verhinderung des Wiederanlaufs
Manipulation/Umgehung	Entwurf der Schutztür und Einbau von Verriegelungseinrichtungen nach DIN EN ISO 14119
Umgebung	Temperatur, Staub, Vibrationen, …
Spezifikation der Anforderungen an die Sicherheitsintegrität der Sicherheitsfunktion	
geforderter SIL oder PL_r	SIL 2 mit zugehörigem Zielwert *PFH*
Architektureinschränkungen	Verwendung von … Schutzverriegelungen (Positionsschalter) wegen Vibrationen keine Typ-C-Normanforderungen (z. B. geforderte *HFT*)

Tabelle 6.2 Spezifikationen (funktionale und Integritätsanforderungen)

6.3 Vorlagen zum kopieren

Bei dem Entwurf eines SCS oder SRP/CS werden immer wieder ähnliche Produkte oder Komponenten in der Praxis verwendet.

Dabei finden sich zwei grundlegende Geräte-Typen wieder:

Geräte-Typ 1 als „pre-designed“

„Bereits entwickeltes und geprüftes“ Teilsystem ist die deutsche Übersetzung.

Diese sperrige deutsche Formulierung (en: pre-designed subsystems) wurde bewusst so gewählt, da es zwei Möglichkeiten gibt, sog. Teilsysteme zu entwerfen oder zu nutzen:

1. Ein Komponenten-Hersteller stellt Teilsysteme bereit (also verkauft dies frei auf dem Markt, im Jargon der Maschinenrichtlinie „bringt diese in Verkehr“).
   Beispiele: Laserscanner von Fa. Sick oder Simatic S7 von Siemens, …
2. Der Maschinenhersteller verwendet Teilsysteme immer wieder in seinen Maschinen, sodass diese „quasi standardisierten“ und bereits erfolgreich eingesetzten Teilsysteme, immer wieder erneut verwendet werden und somit als „bereits entwickeltes Teilsystem“ genutzt werden.

Solche Teilsysteme kennzeichnen sich demnach dadurch aus, dass sie ein SIL bzw. PL und *PFH*-Wert haben.

Es gibt nun eine unglückliche Diskussion darüber, ob eine komplexe elektrotechnische Komponente (manche sagen auch „Bauteil“ oder „Baugruppe“) mit einer SIL bzw. PL Angabe und einem *PFH*-Wert nun ein Teilsystem oder ein Teilsystem-Element darstellt.

Im Grunde muss ein Teilsystem aus mindestens einem Teilsystem-Element bestehen. Ob dieses Element nun einen SIL bzw. PL und *PFH*-Wert hat und zudem sehr komplex sein kann, spielt dabei zunächst keine Rolle.

Auch wenn die Architekturen grafisch (Lambda) $\lambda_D \left[\frac{1}{h}\right]$ und damit die Ausfallrate eines Elements verwenden heißt das nicht, dass dies auch physikalisch nur ein Element ist – es ist eine vereinfachte logische Darstellung.

Geräte-Typ 2 und 3 als „not pre-designed“

„Nicht bereits entwickeltes und geprüftes“ Teilsystem wäre die deutsche Übersetzung.

Bei diesem Teilsystem wird der gesamte Entwurfsprozess durchlaufen.

Zum Beispiel soll eine Schutztürüberwachung mittels Positionsschalter realisiert werden.

Hier werden demnach noch Anwendungs- und Entwurfsinformationen benötigt:

- Zum einen, damit eine Ausfallrate bestimmt werden kann (Thema B_{10}- und B_{10D}-Werte) wenn nicht bereits $MTTF_D$-Werte vorliegen.
- Und zum anderen, damit eine ausgewählte Architektur bzw. Kategorie bewertet werden und ein erreichter SIL bzw. PL ermittelt werden kann.

Der Geräte-Typ 2 spiegelt die Komponenten wieder, die einen $MTTF_D$ oder λ_D-Wert haben.

Der Geräte-Typ 3 beschreibt Komponenten, deren $MTTF_D$ oder λ_D-Wert über die Anforderungsrate (Betätigungszyklus) und einen B_{10}- bzw. B_{10D}-Wert ermittelt wird.

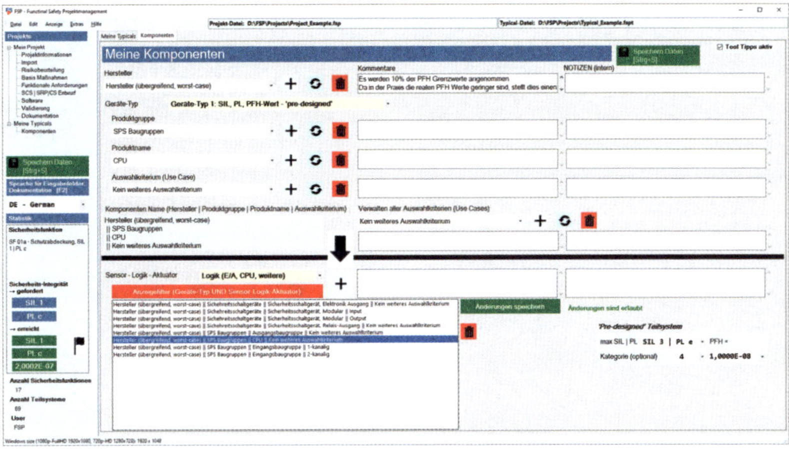

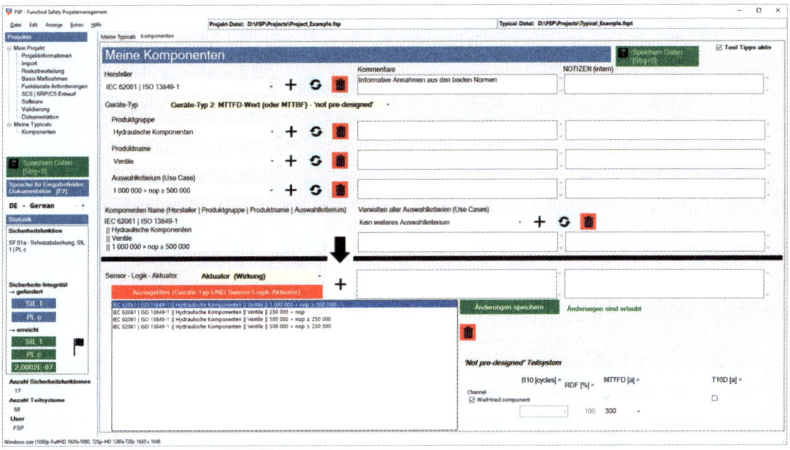

Bild 6.2 Vorlagen als Typicals (FSP)

7 Hintergrundwissen zu *PFH*

In diesem Kapitel wird der Themenkomplex „Versagenswahrscheinlichkeit" (*PFH* oder PFH_D) erläutert. Die beigefügte Software „FSP" kann dabei unterstützen.

7.1 Hilfreiche Tabellen

Die wichtigsten mathematischen Beziehungen, die für die *PFH*-Ermittlung benötigt werden, sind in den folgenden Formeln formuliert:

Umrechnungsformeln mit Einheiten	**Vereinfachte Schreibweise**
$\lambda_D\left[\frac{1}{h}\right]=\frac{1}{MTTF_D\,[a]\;8\,760\left[\frac{h}{a}\right]}$	$\lambda_D=\frac{1}{MTTF_D\;8\,760}$
$n_{op}\left[\frac{\text{Betätigungen}}{a}\right]=\frac{d_{op}\left[\frac{d}{a}\right]\cdot h_{op}\left[\frac{h}{d}\right]\cdot 3\,600\left[\frac{s}{h}\right]}{t_{cycle}\left[\frac{s}{\text{Betätigungen}}\right]}$	$n_{op}=\frac{d_{op}\cdot h_{op}\cdot 3\,600}{t_{cycle}}$
$\lambda_D\left[\frac{1}{h}\right]\approx\frac{0{,}1\,C\left[\frac{\text{Betätigungen}}{h}\right]}{B_{10D}\,[\text{Betätigungen}]}=\frac{0{,}1\,n_{op}\left[\frac{\text{Betätigungen}}{a}\right]}{B_{10D}\,[\text{Betätigungen}]\;8\,760\left[\frac{h}{a}\right]}$	$\lambda_D\approx\frac{0{,}1\,C}{B_{10D}}$
$T_{10D}\,[a]\approx\frac{B_{10D}}{n_{op}}=0{,}1\,MTTF_D=0{,}1\,\frac{1}{\lambda_D\left[\frac{1}{h}\right]8\,760\left[\frac{h}{a}\right]}$	$T_{10D}\approx 0{,}1\,MTTF_D$ $\approx 0{,}1\,\frac{1}{\lambda_D\;8\,760}$

Tabelle 7.1 Umrechnungen von Ausfallraten

$$\begin{aligned}
\lambda_{\text{gesamt}} &= \lambda_S + \lambda_D \\
&= \{\lambda_{SU} + \lambda_{SD}\} + \{\lambda_{DU} + \lambda_{DD}\} \\
&= \{(1-DC)\,\lambda_S + DC\,\lambda_S\} + \{(1-DC)\,\lambda_D + DC\,\lambda_D\}
\end{aligned}$$

mit

λ_S sicherheitsgerichtete Ausfallrate des Teilsystem-Elements (en: **S**afe)

λ_{SU} unerkannte sicherheitsgerichtete Ausfallrate des Teilsystem-Elements (en: **S**afe **U**ndetected)

λ_{SD} erkannte sicherheitsgerichtete Ausfallrate des Teilsystem-Elements (en: **S**afe **D**etected)

λ_D gefahrbringende Ausfallrate des Teilsystem-Elements (en: **D**angerous)

λ_{DU} unerkannte gefahrbringende Ausfallrate des Teilsystem-Elements (en: **D**angerous **U**ndetected)

λ_{DD} erkannte sicherheitsgerichtete Ausfallrate des Teilsystem-Elements (en: **D**angerous **D**etected)

DC Diagnosedeckungsrad des Teilsystem-Elements (en: **D**iagnostic **C**overage)

> *Merke: SFF* ist vereinfacht eine Funktion von *DC* jeder Ausfallrate λ (λ_S gibt es nicht und wird mit $\lambda_S \approx 0$ (1/h) angenommen)

$$SFF = \frac{\sum \lambda_S + \sum \lambda_{DD}}{\sum \lambda_S + \sum \lambda_D} \cong \frac{\sum \lambda_{DD}}{\sum \lambda_D}$$

Bei einer **einkanaligen** Architektur ergibt sich

$$SFF = \frac{\lambda_{DD1}}{\lambda_{D1}} = \frac{DC_1\,\lambda_{D1}}{\lambda_{D1}} = DC_1$$

Typischerweise sind die *DC*-Werte in beiden Kanälen gleich.

Bei einer **zweikanaligen** Architektur ergibt sich

$$SFF = \frac{\lambda_{DD1} + \lambda_{DD2}}{\lambda_{D1} + \lambda_{D2}} = \frac{DC_1\, \lambda_{D1} + DC_2\, \lambda_{D2}}{\lambda_{D1} + \lambda_{D2}} = DC_{avg} = \frac{\dfrac{DC_1}{MTTF_{D1}} + \dfrac{DC_2}{MTTF_{D2}}}{\dfrac{1}{MTTF_{D1}} + \dfrac{1}{MTTF_{D2}}}$$

Typischerweise sind die *DC*-Werte in beiden Kanälen gleich.

Architektur, *HFT* und *SFF* ergeben einen max. erreichbaren SIL

DIN EN ISO 13849-1	**DIN EN IEC 62061 (VDE 0113-50)**			**DIN EN ISO 13849-1**
Kategorie	**Fehlertoleranz der Hardware 0 = einkanalig, 1 = zweikanalig**	***SFF = DC***	**Maximal erreichbarer SIL**	**Maximal erreichbarer PL**
1	0	< 60 %	SIL 1	PL c
2	0	60 % … 90 %	SIL 1/2	PL c/d
3	1	< 60 %	SIL 1	PL c
	1	60 % … 90 %	SIL 2	PL d
4	1	> 90 %	SIL 3	PL e

Tabelle 7.2 Kategorien und *SFF*

Mit der Annahme, dass *SFF* = *DC* ist, lässt sich die Tabelle als vereinfachter und pragmatischer Ansatz nutzen.

PL a wird vom Ansatz her mit „**anderen Maßnahmen**“ umgesetzt.

PL b/c teilen sich SIL 1.

SIL 1	*PFH* =	< 1E–05 (oder < 10E–06)	
PL c	*PFH* =	< 1E–05 (oder < 10E–06),	aber auch < 3E–06 (oder < 0,3E–05)
PL b	*PFH* =	< 1E–05 (oder < 10E–06),	aber auch ≥ 3E–06 (oder ≥ 0,3E–05).

PL b sind Lösungen, die keine bewährten Bauteile verlangen und mit denen elektronische Komponenten ohne Diagnosemechanismen verwendet werden dürfen. Diesen Fall schließt DIN EN IEC 62061 (**VDE 0113-50**) aus, weil über den Anhang A bei der Ermittlung des geforderten SIL bereits nur noch „Andere Maßnahmen“, also PL_r a gefordert würde.

Beispiel: Se = 2, Fr = 3, Pr = 4 und Av = 1 ergibt Cl = 8 und geforderter SIL = „Andere Maßnahmen“. Bei DIN EN ISO 13849-1 wird mit S1, F1 und P2 ein PL_r b gefordert.

Diese Diskrepanz entsteht durch das schon fast zwanghafte Symmetrisieren des ursprünglichen Risikographen der EN 954-1:1996.

Kategorien und Architekturen haben dieselben grundlegenden Anforderungen

*Das ist neu in der DIN EN IEC 62061 (**VDE 0113-50**) – ein großer Schritt in Richtung DIN EN ISO 13849-1*

<table>
<tr><th rowspan="3">Grundlegende Anforderungen</th><th colspan="4">Hardware-Fehlertoleranz (HFT)</th></tr>
<tr><th colspan="2">0</th><th colspan="2">1</th></tr>
<tr><th colspan="2">SFF</th><th colspan="2">SFF</th></tr>
<tr><th></th><th>< 60 %</th><th>≥ 60 %</th><th>< 60 %</th><th>≥ 60 %</th></tr>
<tr><td>grundlegende Sicherheitsprinzipien</td><td>M</td><td>M</td><td>M</td><td>M</td></tr>
<tr><td>bewährte Sicherheitsprinzipien</td><td>M</td><td>M</td><td>M</td><td>M</td></tr>
<tr><td>bewährte Bauteile</td><td>M</td><td>–</td><td>M</td><td>–</td></tr>
<tr><td>CCF</td><td>nicht relevant</td><td>M</td><td>M</td><td>M</td></tr>
<tr><td>Basis-Teilsystemarchitektur</td><td>A</td><td>C</td><td>B</td><td>D</td></tr>
<tr><td>Kategorien gemäß DIN EN ISO 13849-1</td><td>1</td><td>2</td><td>existiert nicht</td><td>3/4</td></tr>
</table>

Tabelle 7.3 Grundlegende Anforderungen und *SFF*

Begrenzung eines Teilsystems auf SIL 2 | PL d

Der Fehlerausschluss ist ein Prinzip zur Begrenzung des Ausfalls einer Komponente/eines Teilsystems.

Bei einigen Anwendungen wird nicht erwartet, dass alle Ausfälle mit ausreichender Sicherheit für SIL 3 | PL e ausgeschlossen werden können.

Beispiel für ein „not pre-designed“ Teilsystem (mit Geräte-Typ 2 oder 3) wo ein Fehlerausschluss auf einen Fehler angewendet wurde, der zu einem gefährlichen Ausfall führen könnte, und bei dem eine Begrenzung auf SIL 2 | PL d angemessen ist:

Ein Positionsschalter mit einkanaligen (*HFT* = 0) mechanischen Aspekten und mit zweikanaliger (*HFT* = 1) elektrischer Verdrahtung.

Oder mit anderen Worten ausgedrückt:

Der erreichbare SIL | PL wird auf SIL 2 | PL d begrenzt aufgrund eines einzelnen Fehlers,

- der eine zweikanalige Architektur auf eine einkanalige reduzieren kann ($HFT = 0$) oder
- der die Durchführung einer Fehlerreaktion verhindert.

Ebenfalls kann eine Begrenzung auf SIL 2 | PL d bei zweikanaligen Teilsystemen notwendig sein, wenn durch die Umgebungseinflüsse, der EMV, ein Fehler in der Hardware oder Software, usw. beide Kanäle sicherheitskritisch beeinflusst werden können.

7.2 *PFH*-Formeln im Überblick

Ein Aspekt der Funktionalen Sicherheit ist das Thema „Wahrscheinlichkeit" – wie wahrscheinlich ist es, dass die Funktion versagt? Stellvertretend für diesen Aspekt steht das Akronym *PFH* (DIN EN IEC 62061 (**VDE 0113-50**)) oder PFH_D (DIN EN ISO 13849-1)

DIN EN ISO 13849-1 hat ein Markov-Modell im Anhang K hinterlegt und DIN EN IEC 62061 (**VDE 0113-50**) nutzt die Methodik der Zustandsdiagramme, mit denen mittels einfacher Formeln die *PFH*-Wertermittlung möglich ist. Die nachfolgenden Tabellen listen zusammenfassend diese Formeln für ein- und zweikanalige Architekturen auf.

Die Herleitung der *PFH*-Formeln findet sich im Detail in Kapitel 7.3.

PFH-Formeln	Kommentare
λ_D	generische Formel
$(1-DC)\,\lambda_D^{cc} + DC\,\lambda_D^{cc}\,\lambda_{react}^{cc}\,\frac{(T_1+T_2)}{2} + \lambda_{cc}$	generische Formel
$(1-\beta)(1-DC)\,\lambda_D + (1-\beta)^2\,DC\,\lambda_D^2\,\frac{(T_1+T_2)}{2} + \beta\,\lambda_D$	Worst-Case-Betrachtung im Kontext der Maschinensicherheit wobei $\lambda_{react} \le \lambda_D$ und $\beta\,\mathrm{Min}(\lambda_D, \lambda_{react}) = \beta\,\lambda_D$
Anmerkung: Für nicht elektronische Komponenten kann im Worst-Case $\lambda_D = \lambda_{DU\,avg}$ = 1 000 FIT mit 1 FIT = 1E–09/h kann angenommen werden, wenn die erwartete Anforderungsrate weniger als 1 Mal pro Jahr ist.	
Beschreibung der Abkürzungen: • β, CCF-Faktor (0,01; 0,02; 0,05 oder 0,1) zwischen dem (1.) Kanal und der Fehlerreaktion (2. Kanal) [%] • λ_D, Ausfallrate des (1.) Kanals [1/h] • λ_{react}, gefährliche Ausfallrate der Fehlerreaktion (2. Kanal) [1/h] • $\lambda_{cc} = \beta\,\mathrm{Min}(\lambda_D, \lambda_{react})$, Ausfallrate infolge von CCF [1/h] • $\lambda_D^{cc} = \lambda_D - \lambda_{cc}$ [1/h] • $\lambda_{react}^{cc} = \lambda_{react} - \lambda_{cc}$ [1/h] • *DC*, Diagnose Deckungsgrad (0; 0,6; 0,9 oder 0,99) des Kanals [%] • T_1, Gebrauchsdauer oder Mission Time (TM) [h] • T_2, Diagnose-Testintervall [h]	

Tabelle 7.4 Formeln für Teilsystemarchitektur A (1oo1) und C (1oo1D)

PFH-Formeln	Kommentare
$\lambda_{D1}^{cc}\,\lambda_{D2}^{cc}\,T_1 + \lambda_{cc}$	generische Formel
$(1-\beta)^2\,\lambda_D^2\,T_1 + (1-\beta)\,\lambda_D$	generische Formel, wobei $\lambda_D = \lambda_{D1} = \lambda_{D2}$
$\lambda_{D1}^{cc}\,\lambda_{D2}^{cc}\left((1-DC_1)\frac{T_{1o1}}{2} + (1-DC_2)\frac{T_{1o2}}{2}\right)$ $+\lambda_{D1}^{cc}\,\lambda_{D2}^{cc}\,(DC_1 + DC_2)\frac{T_2}{2} + \lambda_{cc}$	generische Formel
$\lambda_{D1}^{cc}\,\lambda_{D2}^{cc}\,(2 - DC_1 - DC_2)\frac{T_1}{2} + \lambda_{D1}^{cc}\,\lambda_{D2}^{cc}\,(DC_1 + DC_2)\frac{T_2}{2} + \lambda_{cc}$	generische Formel, wobei $T_1 = T_{1o1} = T_{1o2}$
$(1-\beta)^2\,\lambda_D^2\,(1-DC)\,T_1 + (1-\beta)^2\,\lambda_D^2\,(DC)\,T_2 + \beta\,\lambda_D$	generische Formel, wobei $\lambda_D = \lambda_{D1} = \lambda_{D2}$ $DC = DC_1 = DC_2$

Anmerkung: Für nicht elektronische Komponenten kann im Worst-Case $\lambda_D = {}_{DU\,avg} =$ 1 000 FIT mit 1 FIT = 1E–09/h kann angenommen werden, wenn die erwartete Anforderungsrate weniger als 1 Mal pro Jahr ist.

Beschreibung der Abkürzungen:

- β, CCF-Faktor (0,01; 0,02; 0,05 oder 0,1) zwischen Kanal 1 und Kanal 2 [%]
- λ_{D1}, gefährliche Ausfallrate des Kanals 1 [1/h]
- λ_{D2}, gefährliche Ausfallrate des Kanals 2 [1/h]
- $\lambda_{cc} = \beta\,\mathrm{Min}(\lambda_{D1}, \lambda_{D2})$, Ausfallrate infolge von CCF [1/h]
- $\lambda_{D1}^{cc} = \lambda_{D1} - \lambda_{cc}$
- $\lambda_{D2}^{cc} = \lambda_{D2} - \lambda_{cc}$
- DC_1, Diagnose Deckungsgrad (0; 0,6; 0,9 oder 0,99) des Kanals 1 [%]
- DC_2, Diagnose Deckungsgrad (0; 0,6; 0,9 oder 0,99) des Kanals 2 [%]
- T_1, Gebrauchsdauer oder Mission Time (TM) [h]
- T_{1o1}, Gebrauchsdauer oder Mission Time (TM) [h] des Kanals 1
- T_{1o2}, Gebrauchsdauer oder Mission Time (TM) [h] des Kanals 2
- T_2, Diagnose-Testintervall [h]

Tabelle 7.5 Formeln für Teilsystemarchitektur B (1oo2) und D (1oo2D)

Hilfreiche Werte zur Bestimmung der Ausfallrate einer Komponente

Bauteile oder Komponenten	Typische $MTTF_D$ [a] oder B_{10D}-Werte [Zyklen]
mechanische Bauteile	$MTTF_D = 150$
hydraulische Bauteile mit $n_{op} \geq 1\,000\,000$ (Schaltzyklen pro Jahr)	$MTTF_D = 150$
hydraulische Bauteile $1\,000\,000 > n_{op} \geq 500\,000$ (Schaltzyklen pro Jahr)	$MTTF_D = 300$
hydraulische Bauteile $500\,000 > n_{op} \geq 250\,000$ (Schaltzyklen pro Jahr)	$MTTF_D = 600$
hydraulische Bauteile $250\,000 > n_{op}$ (Schaltzyklen pro Jahr)	$MTTF_D = 1\,200$
pneumatische Bauteile	$B_{10D} = 20\,000\,000$
Relais und Hilfsschütze mit geringer Last (mechanisch begrenzte Gebrauchsdauer)	$B_{10D} = 20\,000\,000$
Relais und Hilfsschütze mit max. Last (elektrisch begrenzte Gebrauchsdauer)	$B_{10D} = 400\,000$
Näherungsschalter mit geringer Last (mechanisch begrenzte Gebrauchsdauer)	$B_{10D} = 20\,000\,000$
Näherungsschalter mit max. Last (elektrisch begrenzte Gebrauchsdauer)	$B_{10D} = 400\,000$
Leistungsschütze mit geringer Last (mechanisch begrenzte Gebrauchsdauer)	$B_{10D} = 20\,000\,000$
Leistungsschütze mit max. Last (mechanisch begrenzte Gebrauchsdauer)	$B_{10D} = 1\,300\,000$
Positionsschalter mit zwangsöffnenden Kontakten	$B_{10D} = 20\,000\,000$
Positionsschalter mit zwangsöffnenden Kontakten (mit getrenntem Betätiger, Zuhaltung)	$B_{10D} = 2\,000\,000$
Not-Halt-Befehlsgeräte	$B_{10D} = 100\,000$
Drucktaster (z. B. Zustimmungsschalter)	$B_{10D} = 100\,000$

Tabelle 7.6 Ausfallraten

„Geringe Last“ bedeutet z. B. ca. 20 %, sodass die mechanische Belastung die Gebrauchsdauer oder den B_{10D}-Wert bestimmt.

„Maximale Last“ bedeutet ca. 50 % bis 66 %. „Maximale Last“ heißt also nicht 100 %, sondern meint trotzdem eine Überdimensionierung, z. B. des Strom-Nennwerts oder der Betätigungszyklen.

7.3 Grundannahmen für die *PFH*-Ermittlung

7.3.1 Allgemein

Die Nichtverfügbarkeit eines Elements mit einer konstanten Ausfallrate von λ kann als kumulative Verteilungsfunktion (CDF) auf der Grundlage der Exponentialverteilung durch die folgende Gleichung ausgedrückt werden

$$P(t) = 1 - \mathrm{e}^{-\lambda t} \tag{1}$$

wobei t die Zeit darstellt.

Wenn $(\lambda t) \ll 1$ ist, kann ein vereinfachter Ansatz zur Bewertung von $P(t)$ angenommen werden durch

$$P(t) \approx \lambda t \tag{2}$$

Die Annahme $\mathrm{e}^{-\lambda t} \approx 1 - \lambda t$ beruht auf der reellen Exponentialfunktion, die allgemein durch die folgende Potenzreihe definiert ist

$$\mathrm{e}^x = \sum_{n=0}^{\infty} \frac{x^n}{n!} = 1 + x + \frac{x^2}{2} + \frac{x^3}{6} + \frac{x^4}{24} + \ldots$$

$P(t)$ kann geschrieben werden als $P(t) \approx -x - \frac{x^2}{2} - \frac{x^3}{6} - \frac{x^4}{24} - \ldots$ mit $x = -\lambda t$.

In der guten Ingenieurpraxis ist eine Genauigkeit von 5 % akzeptabel und $(\lambda t) \ll 1$ kann als $(\lambda t) \leq 1/10$ geschrieben werden.

7.3.2 Definitionen

Die grundlegende Definition der *PFH* (mittlere Frequenz eines Ausfalls) über den Zeitraum [0, *T*] lautet

$$PFH = \frac{1}{T} \int_0^T \left(\frac{\mathrm{d}}{\mathrm{d}t} P(t) \right) \mathrm{d}t = \frac{1}{T} \int_0^T P'(t)\, \mathrm{d}t \tag{3}$$

wobei

t die Zeit darstellt,

$P'(t)$ die Wahrscheinlichkeitsdichtefunktion (PDF) darstellt.

Auf der Grundlage von (2) kann die Wahrscheinlichkeitsdichtefunktion $P'(t)$ wie folgt geschrieben werden

$$P'(t) = \frac{\mathrm{d}}{\mathrm{d}t} P(t) = p(t) = \lambda \, \mathrm{e}^{-\lambda t}$$

wobei

t die Zeit darstellt

λ die konstante Ausfallrate ist.

Nichtelektronische Komponenten werden typischerweise durch die Weibull-Verteilung charakterisiert.

Gemäß DIN EN 61649 ist die kumulative Weibull-Verteilungsfunktion $F(t)$ (als Nichtverfügbarkeit eines Elements) definiert als

$$F(t) = 1 - \mathrm{e}^{-\left(\frac{t}{\eta}\right)^{\beta}} \tag{3}$$

wobei

t die Zeit darstellt,

η steht für die charakteristische Lebensdauer oder den Skalierungsparameter,

β steht für den Formparameter.

Drei Wertebereiche für den Formparameter β sind hervorzuheben:

- Für $\beta = 1$ ist die Weibull-Verteilung identisch mit der Exponentialverteilung;
- $\beta > 1$ ist der Fall einer steigenden augenblicklichen Ausfallrate; und
- $\beta < 1$ ist der Fall einer abnehmenden augenblicklichen Ausfallrate.

$F(t) = P(t)$, wenn $\eta = 1/\lambda$ und $\beta = 1$.

Wenn $\left(\frac{t}{\eta}\right)^{\beta} \ll 1$, dann kann ein vereinfachter Ansatz zur Bewertung von $F(t)$ angenommen werden mit

$$F(t) \approx \left(\frac{t}{\eta}\right)^{\beta} \tag{4}$$

Unter der Annahme von $\eta = \frac{1}{\lambda}$ kann (4) geschrieben werden als

$$F(t) \approx (\lambda\, t)^{\beta} \tag{5}$$

Gemäß DIN EN 61649 ist die Weibull-Wahrscheinlichkeitsdichtefunktion definiert als

$$f(t) = \frac{\mathrm{d}}{\mathrm{d}t} F(t) \approx \beta \frac{t^{\beta-1}}{\eta^{\beta}} \mathrm{e}^{-\left(\frac{t}{\eta}\right)^{\beta}} \tag{6}$$

wobei

t die Zeit darstellt,

η steht für die charakteristische Lebensdauer oder den Skalierungsparameter,

β steht für den Formparameter.

Die augenblickliche Ausfallrate $\lambda(t)$ ist definiert durch

$$\lambda(t) = \beta \frac{t^{\beta-1}}{\eta^{\beta}} \tag{7}$$

T_{10} und B_{10}

In der Praxis können Überlegungen zur kumulativen Verteilungsfunktion herangezogen werden, indem die Auswertung der Ausfallraten und *PFH*-Werte auf den Zeitpunkt T_{10} beschränkt wird, bei dem 10 % der Komponenten ausfallen, was B_{10}-Zyklen einer Komponente entspricht.

Zu diesem Zeitpunkt wird der Anteil gefährlicher Ausfälle (*RDF*) einer Komponente bestimmt und $B_{10\mathrm{D}}$ kann mit $B_{10\mathrm{D}} = \frac{B_{10}}{RDF}$ bewertet werden (vergleichbar mit $MTTF_{\mathrm{D}} = \frac{MTTF}{\text{Anteil gefährlicher Ausfälle}}$).

Bei Erreichen von T_{10} steigt die kumulative Weibull-Verteilungsfunktion dramatisch an und das Verhältnis der gefährlichen Ausfälle (*RDF*) des Bauteils ändert sich. T_{10} stellt daher den max. Proof-Test oder die Gebrauchsdauer dar, bei dem nicht elektronische Komponenten ausgetauscht werden sollten.

Die Nichtverfügbarkeit zum Zeitpunkt T_{10} der Exponentialverteilung wird geschrieben als

$$P(T_{10}) = 1 - \mathrm{e}^{-\lambda T_{10}} = 0{,}1 \tag{8}$$

und führt zu

$$T_{10} = \frac{-\ln(0,9)}{\lambda} \approx 0,105\ \frac{1}{\lambda} \approx 0,1\ MTTF \tag{9}$$

Mit B_{10}, $B_{10\mathrm{D}}$ und n_{op}, der mittleren Anzahl der jährlichen Betätigungen, kann die folgende Gleichung aufgestellt werden

$$T_{10} = \frac{B_{10}}{n_{\mathrm{op}}} \approx 0,1\ MTTF \quad \text{oder} \quad T_{10\mathrm{D}} = \frac{B_{10\mathrm{D}}}{n_{\mathrm{op}}} = \frac{B_{10}}{RDF\ n_{\mathrm{op}}} \approx 0,1\ MTTF_{\mathrm{D}} \tag{10}$$

Wenn die $RDF \leq 50\ \%$ ist, wird $T_{10\mathrm{D}}$ begrenzt auf

$$T_{10\mathrm{D}} = \frac{B_{10}}{RDF\ n_{\mathrm{op}}} = \frac{B_{10}}{0,5\, n_{\mathrm{op}}} \approx 0,1\ MTTF_{\mathrm{D}} \tag{11}$$

Bild 7.1 zeigt die Verteilungsfunktionen und einen Faktor von fast 6 des Unterschieds zwischen der Verfügbarkeit der Verteilungsfunktionen.

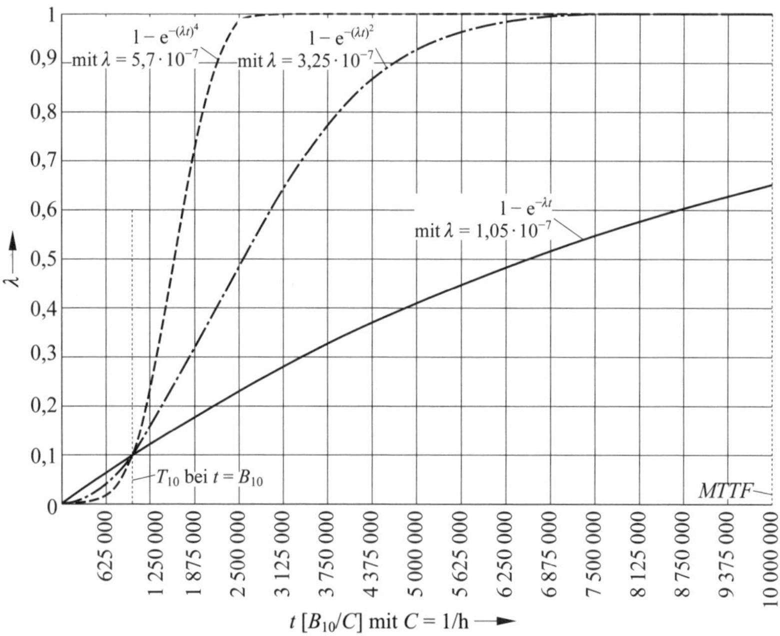

Bild 7.1 Kumulative Verteilungsfunktionen (CDF)

Die Exponentialverteilung hat im Vergleich zur Weibull-Verteilung einen ungünstigeren Wert für die Nichtverfügbarkeit.

Wenn $T_{10} > 20$ Jahre oder $T_{10} < T_1$ ist, weisen die Weibull-Verteilung und die Exponentialverteilung erhebliche Unterschiede auf. T_{10} ist daher eine wichtige Einschränkung für die Bewertung der *PFH*-Werte.

λ kann als konstant angesehen werden, wenn man davon ausgeht, dass der Wert für den betrachteten Zeitraum t beträgt

- gleich der Gebrauchsdauer für elektronische Bauteile und
- gleich dem kleinsten Wert der Gebrauchsdauer oder T_{10D} für nicht elektronische Bauteile ist.

Unter der Annahme eines konstanten λ ist die mittlere Frequenz eines gefährlichen Ausfalls (oder die mittlere Wahrscheinlichkeit eines gefährlichen Ausfalls) während eines betrachteten Zeitraums t.

- Der *PFH*-Wert (mittlere Frequenz eines Ausfalls) kann mathematisch abnehmen, je länger der betrachtete Zeitraum t wird, aber
- für eine beliebige (elektronische oder nicht elektronische) Hardwarekomponente kann sich der verwendete *PFH*-Wert nicht ändern, d. h. verringern, nur weil sich der betrachtete Zeitraum ändert, sprich vergrößert.

Jede Art von Formel für die Bewertung von *PFH*-Werten muss auf λ basieren und darf nicht auf der Exponentialverteilung beruhen, da die erhaltenen Ergebnisse in diesem Zusammenhang nicht sinnvoll sind und außerdem für Komponenten mit einer *MTTF* (bzw. λ) von weniger als 50 Jahren zu optimistisch sind.

Außerdem bringt es keinen zusätzlichen Nutzen, eine kompliziertere Formel auf der Grundlage der Exponentialverteilung zu verwenden als eine vereinfachte Formel auf der Grundlage von λ.

Die Randbedingungen basieren auf der DIN EN 61508 (VDE 0803)

Zuverlässigkeitstechniken werden nach den beiden folgenden Gesichtspunkten unterschieden:

- statische (boolesche) versus dynamische (Zustände/Übergänge) Modelle;
- analytische versus Monte-Carlo-Simulationsberechnungen.

Boole'sche Modelle umfassen alle Modelle, die die statischen logischen Verbindungen zwischen den Elementarfehlern und dem Ausfall des gesamten

Systems beschreiben. Zuverlässigkeits-Blockdiagramme (RBD) und Fehlerbäume (FT) gehören zu den booleschen Modellen.

Zustands-/Übergangsmodelle umfassen alle Modelle, die beschreiben, wie sich das System bei auftretenden Ereignissen (Ausfälle, Reparaturen, Tests usw.) verhält (Sprünge von Zustand zu Zustand). Zu den Zustands-/Übergangsmodellen gehören Markov'sche Modelle, Petri-Netze und Modelle der formalen Sprache.

Der vereinfachte Ansatz basiert zunächst auf grafischen RBD-Darstellungen.

Wenn ein sicherheitsbezogenes E/E/PE-System im Dauer- oder Hochlastbetrieb eingesetzt wird, verlangt die Norm die Berechnung seiner *PFH*. Dies ist der Durchschnitt der sog. unbedingten Ausfallintensität (auch Ausfallhäufigkeit genannt) $w(t)$ über den interessierenden Zeitraum:

$$PFH(T) = \frac{1}{T} \int_0^T w(t)\,\mathrm{d}t$$

Bei der Verwendung eines Zuverlässigkeits-Blockdiagramms (RBD) wird von einer konstanten Ausfallrate ausgegangen. Die Berechnungen basieren auf folgenden entscheidenden Annahmen:

- die sich ergebende durchschnittliche Ausfallwahrscheinlichkeit des Systems bei Bedarf ist kleiner als 10^{-1}, oder die sich ergebende durchschnittliche Häufigkeit gefährlicher Ausfälle des Systems ist kleiner als $10^{-5}\ \mathrm{h}^{-1}$;
- Die Ausfallraten der Komponenten sind über die gesamte Lebensdauer des Systems konstant;
- die Gesamtausfallrate der Hardware eines Kanals des Teilsystems ist die Summe der gefährlichen Ausfallrate und der sicheren Ausfallrate für diesen Kanal, die als gleich angenommen werden;
- das erwartete Intervall zwischen den Anforderungen ist mindestens eine Größenordnung größer als das Proof-Testintervall;

Der Ansatz des Anhang K der DIN EN ISO 13849-1 basiert auf einer Markov-Modellierung.

7.4 Einkanalige Architektur, ohne Diagnose

7.4.1 Allgemein

Diese Architektur besteht aus einem einzigen Kanal, bei dem jeder gefährliche Ausfall zu einem Ausfall der Sicherheitsfunktion führt, wenn eine Anforderung auftritt. **Bild 7.2** zeigt das Zuverlässigkeits-Blockdiagramm zum Zeitpunkt t.

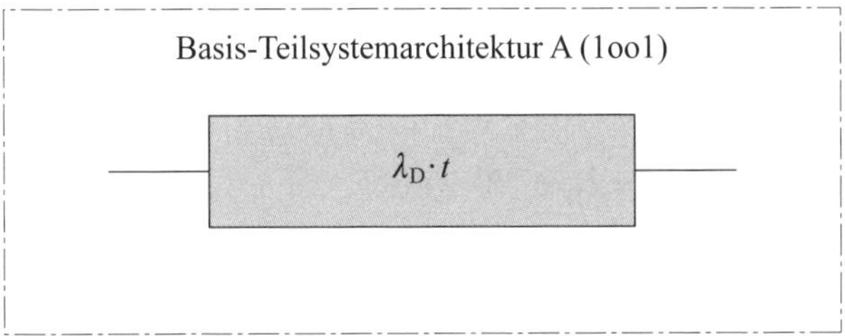

Bild 7.2 Zuverlässigkeits-Blockdiagramm der Basis-Teilsystemarchitektur A (1oo1)

Die gefährliche Ausfallrate für den Kanal ist durch λ_D gegeben. Die Nichtverfügbarkeit $P_D(t)$ ist in **Bild 7.3** dargestellt.

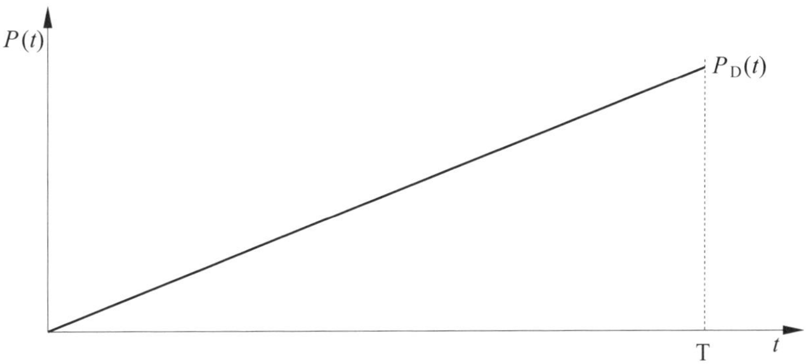

Bild 7.3 Nichtverfügbarkeitsfunktion der Basis-Teilsystemarchitektur A (1oo1)

7.4.2 *PFH*

Unter der Annahme, dass $(\lambda t) \ll 1$ ist, kann die folgende vereinfachte Formel verwendet werden: während der Periode [0, *T*], $P(t) = \lambda_D \, t$ (siehe (2)).

$$PFH = \frac{1}{T} \int_0^T P'_D(t) \, dt \text{ mit } P'_D(t) \approx \lambda_D \text{ wird}$$

$$PFH = \frac{1}{T} \int_0^T \lambda_D \, dt = \frac{1}{T} \lambda_D [t]_0^T = \lambda_D \tag{12}$$

Während des Zeitraums [0, *T*] $P(t) = 1 - e^{-\lambda_D t}$

$$PFH = \frac{1}{T} \int_0^T P'_D(t) \, dt \text{ mit } P'_D(t) = \lambda_D \, e^{-\lambda_D t} \text{ wird}$$

$$PFH = \frac{1}{T} \int_0^T \lambda_D \, e^{-\lambda_D t} \, dt = \frac{1}{T} \left[e^{-\lambda_D t} \right]_0^T = \frac{1}{T} \left(1 - e^{-\lambda_D T} \right). \tag{13}$$

Wie in 7.3.2 beschrieben, ist diese *PFH*-Formel (und der damit verbundene Ansatz) nicht sinnvoll.

7.5 Einkanalige Architektur, mit Diagnose

7.5.1 Allgemein

Es sind zwei Fälle zu unterscheiden, in denen die Fehlerreaktionsfunktion ausgeführt wird:

Fall 1: Ein anderes Teilsystem führt die Fehlerreaktionsfunktion aus;
Fall 2: Ein separater Kanal des Teilsystems führt die Fehlerreaktionsfunktion aus.

7.5.2 Fehlerreaktion durch ein anderes Teilsystem

Diese Architektur besteht aus einem einzigen Kanal, in dem jeder unerkannte gefährliche Fehler zu einem Ausfall der Sicherheitsfunktion führt, wenn eine Anforderung auftritt. Die Erkennung eines gefährlichen Fehlers führt zu einem sicheren Zustand der Sicherheitsfunktion.

Die logische Darstellung ist in **Bild 7.4** dargestellt.

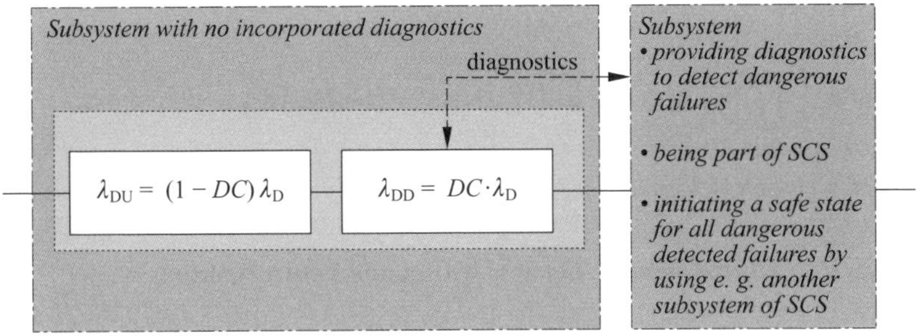

Bild 7.4 Basis-Teilsystemarchitektur C (1oo1D) – logische Darstellung mit sicherer Zustandseinleitung durch ein anderes Teilsystem

Bild 7.5 zeigt das Zuverlässigkeits-Blockdiagramm zum Zeitpunkt t.

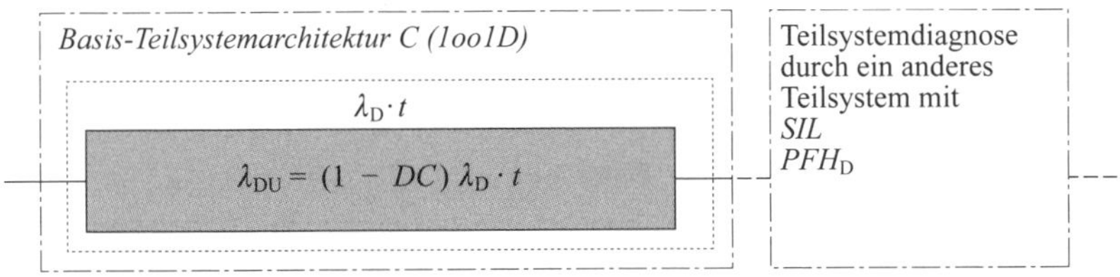

Bild 7.5 Zuverlässigkeits-Blockdiagramm der Basis-Teilsystemarchitektur C (1oo1D)

Die gefährliche Ausfallrate für den Kanal ist durch $\lambda_D = \lambda_{DU}$ gegeben, da die Erkennung eines gefährlichen Ausfalls zu einem sicheren Zustand der Sicherheitsfunktion führt.

Die Nichtverfügbarkeit ist $P_D(t) = P_{DU}(t)$. $P_{DU}(t)$ ist in **Bild 7.6** dargestellt.

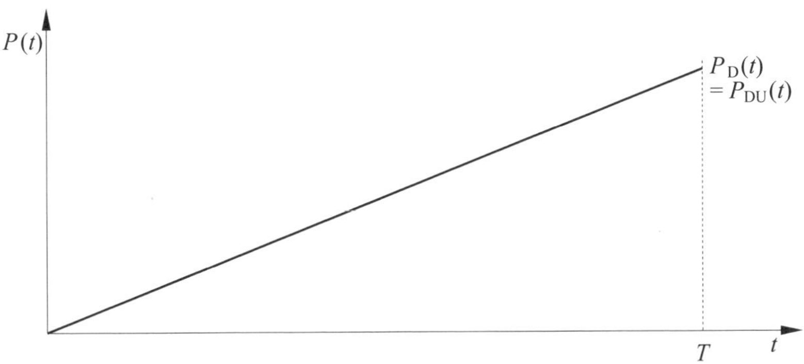

Bild 7.6 Nichtverfügbarkeitsfunktion der Basis-Teilsystemarchitektur C (1oo1D)

Ausgehend von der Formel (12) wird *PFH*

$$PFH = \frac{1}{T}\int_0^T \lambda_{\mathrm{DU}}\,\mathrm{d}t = \frac{1}{T}\lambda_{\mathrm{DU}}\,[t]_0^T = \lambda_{\mathrm{DU}} = (1-DC)\,\lambda_{\mathrm{D}}$$

$$PFH = (1-DC)\,\lambda_{\mathrm{D}} \tag{14}$$

7.5.3 Im Teilsystem zu berücksichtigende Fehlerreaktion

Diese Architektur besteht aus einem einzigen Kanal, bei der

- jeder unerkannte gefährliche Ausfall zu einem Ausfall der Sicherheitsfunktion führt, wenn eine Anforderung auftritt, und
- erkannte gefährliche Ausfälle zu einer Fehlerreaktion führen, die versucht, einen sicheren Zustand der Sicherheitsfunktion einzuleiten.

Die Einleitung eines sicheren Zustands der Sicherheitsfunktion hängt daher von den erkannten gefährlichen Ausfällen (λ_{DD}) durch die Diagnose und der Fehlerreaktion als Fehlerreaktionskanal (λ_{react}) ab.

Beispiel: Ein Schütz (λ_{D}) wird abgeschaltet, um eine gefährliche Bewegung zu stoppen. Durch die Überwachung der Spiegelkontakte (Hilfs-Öffner) dieses Schützes kann ein anderer Aktor (λ_{react}) (z. B. Leistungsschalter) im Falle eines gefährlichen erkannten Ausfalls des Schützes abgeschaltet werden.

Die logische Darstellung ist in **Bild 7.7** dargestellt.

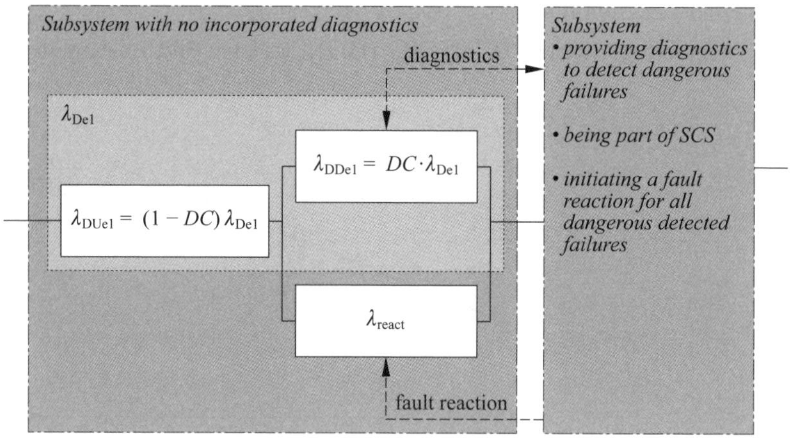

Bild 7.7 Basis-Teilsystemarchitektur C (1oo1D) – logische Darstellung mit Fehlerreaktion

Bild 7.8 zeigt das Zuverlässigkeits-Blockdiagramm zum Zeitpunkt t.

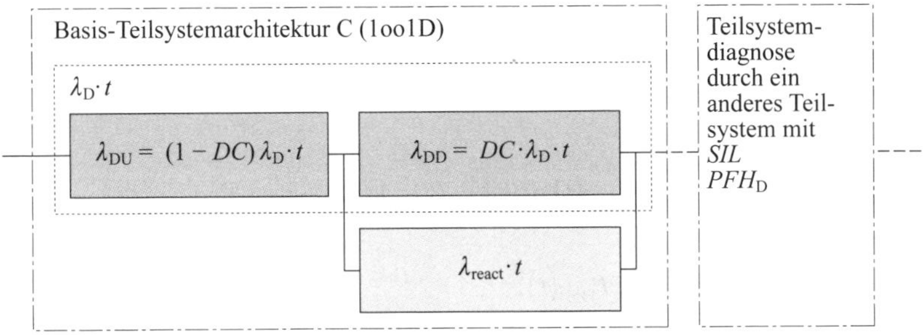

Bild 7.8 Zuverlässigkeits-Blockdiagramm der Basis-Teilsystemarchitektur C (1oo1D) mit Fehlerreaktion

Die Nichtverfügbarkeit kann geschrieben werden als

$$P_D(t) = P_{DU}(t) + P_{Diag}(t) = P_{DU}(t) + P_{DD}(t) + P_{react}(t)$$

wobei die Nichtverfügbarkeit P_{Diag} durch zwei parallel geschaltete Kanäle dargestellt wird, den Teil des Funktionskanals (λ_{DD}) und den Fehlerreaktionskanal (λ_{react}).

Die $P_{DU}(t)$, $P_{DD}(t)$ und $P_{react}(t)$ sind in **Bild 7.9** dargestellt.

x steht für das Testintervall $\ll T$.

Das *PFH*-Ergebnis ist gleich (14): $PFH = \lambda_{DU} = (1 - DC)\,\lambda_D$.

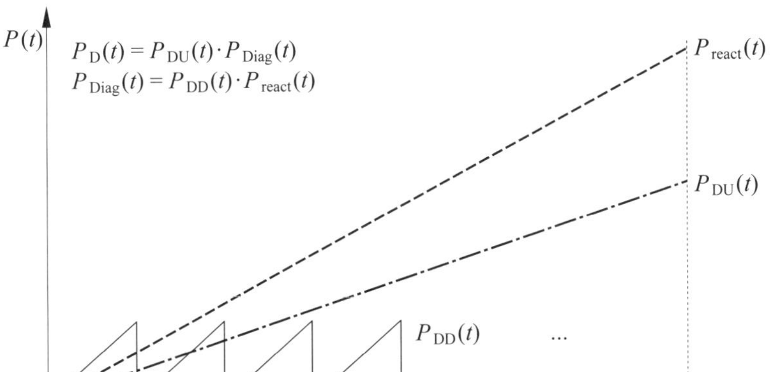

Bild 7.9 Nichtverfügbarkeitsfunktion der Teilsystemarchitektur C (1oo1D)

Die folgende Zerlegung von PFH_{Diag} ist möglich:

$$PFH_{\text{Diag}} = \frac{1}{T} \int_0^T P'_{\text{Diag}}(t)\,\mathrm{d}t$$

$$PFH_{\text{Diag}} =$$

$$\frac{1}{T}\left(\int_0^x P'_{\text{Diag}}(t)\,\mathrm{d}t + \int_x^{2x} P'_{\text{Diag}}(t)\,\mathrm{d}t + \int_{2x}^{3x} P'_{\text{Diag}}(t)\,\mathrm{d}t + \int_{T-x}^{T} P'_{\text{Diag}}(t)\,\mathrm{d}t\right) \tag{15}$$

wobei $P_{\text{Diag}}(t) = P_{\text{react}}(t)\,P_{\text{DD}}(t)$.

Unter der Annahme, dass $(\lambda t) \ll 1$ ist, können die folgenden vereinfachten Formeln verwendet werden:

- $P_{\text{react}}(t) \approx (\lambda_{\text{react}}\,t)$, über den Zeitraum $[0, T]$;
- $P_{\text{DD}}(t) \approx (\lambda_{\text{DD}}\,t)$, über den Zeitraum $\Delta t = x$ ($[0, x]$, $[x, 2x]$, $[2x, 3x]$, … $[T-x, T]$).

PFH_{Diag} über verschiedene Zeiträume Δt ist:

$$[0x, 1x]:\quad \int_0^x P'_{\text{Diag}}(t)\,\mathrm{d}t = \lambda_{\text{DD}}\,\lambda_{\text{react}}\left[t^2\right]_0^x = \lambda_{\text{DD}}\,\lambda_{\text{react}}\,x^2$$

$$[1x, 2x]:\quad \int_x^{2x} P'_{\text{Diag}}(t)\,\mathrm{d}t = \lambda_{\text{DD}}\,\lambda_{\text{react}}\left[t^2 - x\,t\right]_x^{2x} = \lambda_{\text{DD}}\,\lambda_{\text{react}}\,2\,x^2$$

$$[2x, 3x]:\quad \int_{2x}^{3x} P'_{\text{Diag}}(t)\,\mathrm{d}t = \lambda_{\text{DD}}\,\lambda_{\text{react}}\left[t^2 - 2\,x\,t\right]_{2x}^{3x} = \lambda_{\text{DD}}\,\lambda_{\text{react}}\,3\,x^2$$

…

$$[T-x, T]:\quad \int_{T-x}^{T} P'_{\text{Diag}}(t)\,\mathrm{d}t = \lambda_{\text{DD}}\,\lambda_{\text{react}}\left[t^2 - (T-x)\,x\,t)\right]_{T-x}^{T}$$

$$= \lambda_{\text{DD}}\,\lambda_{\text{react}}\,T\,x = \lambda_{\text{DD}}\,\lambda_{\text{react}}\left(\frac{T}{x}\right)x^2$$

Der Term $\left(x^2 + 2\,x^2 + 3\,x^2 + 4\,x^2 + \ldots + \left(\frac{T}{x}\right)x^2\right)$

entspricht $\left(\frac{T}{x}\right)\left(\frac{1}{2}\right)\left(\frac{T}{x} + 1\right)x^2$, und die Formel (15) wird

$$PFH_{\mathrm{Diag}} = \frac{1}{T} \int_0^T P'_{\mathrm{Diag}}(t)\,\mathrm{d}t = \frac{1}{T} \left(\lambda_{\mathrm{DD}}\ \lambda_{\mathrm{react}}\right) \left(\frac{T}{x}\right) \left(\frac{1}{2}\right) \left(\frac{T}{x} + 1\right) x^2$$

$$PFH_{\mathrm{Diag}} = \frac{1}{T} \left(\lambda_{\mathrm{DD}}\ \lambda_{\mathrm{react}}\right) (T) \left(\frac{1}{2}\right) (T + x) \text{ oder}$$

$$PFH_{\mathrm{Diag}} = \lambda_{\mathrm{DD}}\ \lambda_{\mathrm{react}} \frac{(T + x)}{2} \tag{16}$$

7.5.4 Betrachtung von CCF

Definitionsgemäß ist ein Ausfall mit gemeinsamer Ursache dadurch gekennzeichnet, dass der Ausfall jedes Kanals auf die gleiche („gemeinsame“) Ursache zurückzuführen ist: Wenn nur ein Kanal ausfällt, kann es sich nicht um einen Ausfall mit gemeinsamer Ursache handeln.

Die gefährliche Ausfallrate des 1. Kanals ist $\lambda_{\mathrm{D1}} = \lambda_{\mathrm{DD1}} + \lambda_{\mathrm{DU1}}$ und des 2. Kanals lautet $\lambda_{\mathrm{D2}} = \lambda_{\mathrm{DD2}} + \lambda_{\mathrm{DU2}}$.

Jede einzelne Ausfallrate berücksichtigt die Auswirkungen aller relevanten Ausfallursachen; daher schließen die Ausfallraten diejenigen Ursachen ein, die auch zum Ausfall des anderen Kanals führen.

Es wird davon ausgegangen, dass die beiden Kanäle rückwirkungsfrei zueinanderstehen. Daher werden die individuellen Ausfallraten der Kanäle nicht erhöht, nur weil sie kombiniert werden.

Deshalb hängt ein Ausfall aufgrund gemeinsamer Ursache immer von dem Kanal mit der geringeren Fehlerrate ab:

- Die max. Ausfallrate λ_{CC} tritt bei $\beta = 1$ (100 %) auf.
- Wenn die Ausfallrate des zweiten Kanals höher ist als die des ersten, hat der zweite Kanal auch bei $\beta = 1$ zusätzliche Ausfälle. Diese zusätzlichen Ausfälle können keine Ausfälle gemeinsamer Ursache sein, und λ_{CC} wird niedriger sein als die höhere Ausfallrate der beiden Kanäle.

Das Maximum an Ausfällen gemeinsamer Ursache tritt auf, wenn jeder Ausfall des Kanals mit der niedrigeren Ausfallrate ein Ausfall gemeinsamer Ursache ist. Daher wird die niedrigste Ausfallrate der beiden Kanäle λ_{CC} begrenzen.

Dieser Ansatz wird durch $\lambda_{\mathrm{CC}} \approx \beta\,\mathrm{Min}\left(\lambda_{\mathrm{D1}}, \lambda_{\mathrm{D2}}\right)$ ausgedrückt, siehe **Bild 7.10**.

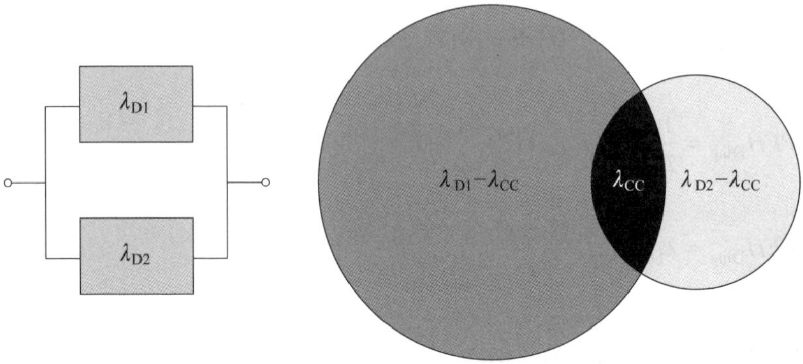

Bild 7.10 Ausfälle infolge Fehler gemeinsamer Ursache

Diese Gleichung stellt sicher, dass selbst bei starker Asymmetrie der Ausfallraten die Ausfallrate aufgrund gemeinsamer Ursache die niedrigere Ausfallrate nicht übersteigen kann.

Wenn keine Diagnose (mit zusätzlicher Hardware) zur Erkennung von Ausfällen aufgrund gemeinsamer Ursache implementiert ist, liefert λ_{CC} einen direkten Beitrag zur *PFH*, der durch $\beta\,\mathrm{Min}(\lambda_{D1}, \lambda_{D2})$ ausgedrückt werden kann.

7.5.5 Einfluss von CCF

Die Formeln (12) und (16) zusammen ergeben

$$PFH = (1 - \mathrm{DC})\,\lambda_D^{cc} + DC\,\lambda_D^{cc}\;\lambda_{react}^{cc}\,\frac{(T_1 + T_2)}{2} + \lambda_{cc} \tag{17}$$

wobei

$\lambda_{cc} = \beta\,\mathrm{Min}(\lambda_D, \lambda_{react})$,

$\lambda_D^{cc} = \lambda_D - \lambda_{cc}$,

$\lambda_{react}^{cc} = \lambda_{react} - \lambda_{cc}$,

λ_D die gefährliche Ausfallrate des Kanals,

λ_{react} die Ausfallrate der Fehlerreaktionsfunktion,

T_1 die Gebrauchsdauer,

T_2 das Diagnose-Testintervall [h] und

DC den Diagnosedeckungsgrad des Kanals darstellen.

Einfluss von λ_{react}

Die Diagnose hat keinen Einfluss mehr auf PFH_{avg}, wenn $PFH_{avg} = \lambda_D$ oder wenn $PFH_{Diag\_avg} = \lambda_{DD}$.

Daher muss der Term $\lambda_{react} \frac{T}{2} < 1$ sein.

Wenn $T \leq 175\,200$ h (20 Jahre) ist, wird T auf ($MTTF_D \cdot 8\,760$) begrenzt und die folgende Bedingung kann aus (17) abgeleitet werden:

$$\lambda_{react} \frac{T}{2} = \frac{1}{MTTF_{react}\ 8\,760} \frac{MTTF_D\ 8\,760}{2} = \frac{MTTF_D}{MTTF_{react}} \frac{1}{2} < 1$$

$$MTTF_{react} > \frac{1}{2} MTTF_D \qquad (18)$$

Wenn $MTTF_D > 20$ Jahre ist, wird die (Einsatz-)Zeit T auf 20 Jahre begrenzt und T wird auf 175 200 h festgelegt.

Die Bedingung $\lambda_{react} \frac{T}{2} < 1$ erfordert mindestens $MTTF_{react} > 10$ Jahre, aber die Bedingung (18) erfordert eine höhere $MTTF_{react}$ in Abhängigkeit von $MTTF_D$.

Die Formel (18) stellt daher eine Worst-Case-Anforderung dar.

Die **Tabelle 7.7** zeigt die PFH-Werte mit $MTTF_D = MTTF_{react}$ und $\beta = 2$ %.

$MTTF_D$ [Jahre]	λ_D [1/h]	DIN EN IEC 62061 (VDE 0113-50) – Basis-Teilsystemarchitektur C (1oo1D) DIN EN ISO 13849-1 – Kategorie 2 *PFH*-Werte für $MTTF_D$					
		DIN EN IEC 62061 (VDE 0113-50) $DC = 60\,\%$	DIN EN ISO 13849-1 DC_{avg} niedrig	PL	DIN EN IEC 62061 (VDE 0113-50) $DC = 90\,\%$	DIN EN ISO 13849-1 DC_{avg} mittel	PL
3	3,81E–05	2,66E–05	2,58E–05	a	2,09E–05	1,99E–05	a
3,3	3,46E–05	2,42E–05	2,33E–05	a	1,90E–05	1,79E–05	a
3,6	3,17E–05	2,22E–05	2,13E–05	a	1,74E–05	1,62E–05	a
3,9	2,93E–05	2,05E–05	1,95E–05	a	1,61E–05	1,48E–05	a
4,3	2,65E–05	1,86E–05	1,76E–05	a	1,46E–05	1,33E–05	a
4,7	2,43E–05	1,70E–05	1,60E–05	a	1,34E–05	1,20E–05	a
5,1	2,24E–05	1,57E–05	1,47E–05	a	1,23E–05	1,10E–05	a
5,6	2,04E–05	1,43E–05	1,33E–05	a	1,12E–05	9,87E–06	b
6,2	1,84E–05	1,29E–05	1,19E–05	a	1,01E–05	8,80E–06	b
6,8	1,68E–05	1,18E–05	1,08E–05	a	9,24E–06	7,93E–06	b
7,5	1,52E–05	1,07E–05	9,75E–06	b	8,37E–06	7,10E–06	b
8,2	1,39E–05	9,75E–06	8,87E–06	b	7,66E–06	6,43E–06	b
9,1	1,25E–05	8,78E–06	7,94E–06	b	6,90E–06	5,71E–06	b
10	1,14E–05	7,99E–06	7,18E–06	b	6,28E–06	5,14E–06	b
11	1,04E–05	7,27E–06	6,44E–06	b	5,71E–06	4,53E–06	b
12	9,51E–06	6,66E–06	5,84E–06	b	5,23E–06	4,04E–06	b
13	8,78E–06	6,15E–06	5,33E–06	b	4,83E–06	3,64E–06	b
15	7,61E–06	5,33E–06	4,53E–06	b	4,19E–06	3,01E–06	b
16	7,13E–06	5,00E–06	4,21E–06	b	3,93E–06	2,77E–06	c
18	6,34E–06	4,44E–06	3,68E–06	b	3,49E–06	2,37E–06	c
20	5,71E–06	4,00E–06	3,26E–06	b	3,14E–06	2,06E–06	c
22	5,19E–06	3,50E–06	2,93E–06	c	2,65E–06	1,82E–06	c
24	4,76E–06	2,93E–06	2,65E–06	c	2,27E–06	1,62E–06	c
27	4,23E–06	2,64E–06	2,32E–06	c	1,85E–06	1,39E–06	c
30	3,81E–06	2,30E–06	2,06E–06	c	1,55E–06	1,21E–06	c
33	3,46E–06	2,03E–06	1,85E–06	c	1,31E–06	1,06E–06	c
36	3,17E–06	1,81E–06	1,67E–06	c	1,14E–06	9,39E–07	d
39	2,93E–06	1,64E–06	1,53E–06	c	9,94E–07	8,40E–07	d
43	2,65E–06	1,45E–06	1,37E–06	c	8,47E–07	7,34E–07	d
47	2,43E–06	1,30E–06	1,24E–06	c	7,33E–07	6,49E–07	d
51	2,24E–06	1,18E–06	1,13E–06	c	6,43E–07	5,80E–07	d
56	2,04E–06	1,05E–06	1,02E–06	c	5,55E–07	5,10E–07	d
62	1,84E–06	9,30E–07	9,06E–07	d	4,74E–07	4,43E–07	d
68	1,68E–06	8,34E–07	8,17E–07	d	4,11E–07	3,90E–07	d
75	1,52E–06	7,44E–07	7,31E–07	d	3,55E–07	3,40E–07	d
82	1,39E–06	6,71E–07	6,61E–07	d	3,11E–07	3,01E–07	d
91	1,25E–06	5,96E–07	5,88E–07	d	2,67E–07	2,61E–07	d
100	1,14E–06	5,36E–07	5,28E–07	d	2,33E–07	2,29E–07	d

Tabelle 7.7 *PFH*-Wert für Basis-Teilsystemarchitektur C (1oo1D)

7.6 Zweikanalige Architektur, ohne Diagnose

7.6.1 Allgemein

Diese Architektur besteht aus zwei parallel angeordneten Kanälen, sodass jeder Kanal die Sicherheitsfunktion ausführen kann. Ein einzelner Ausfall eines Kanals führt nicht zum Verlust der Sicherheitsfunktion. Es gibt keine Diagnosemöglichkeiten, um einen gefährlichen Ausfall in beiden Kanälen zu erkennen. Wenn in beiden Kanälen ein gefährlicher Fehler auftritt, wird die Sicherheitsfunktion bei einer Anforderung ausfallen. **Bild 7.11** zeigt das Zuverlässigkeits-Blockdiagramm zum Zeitpunkt *t*.

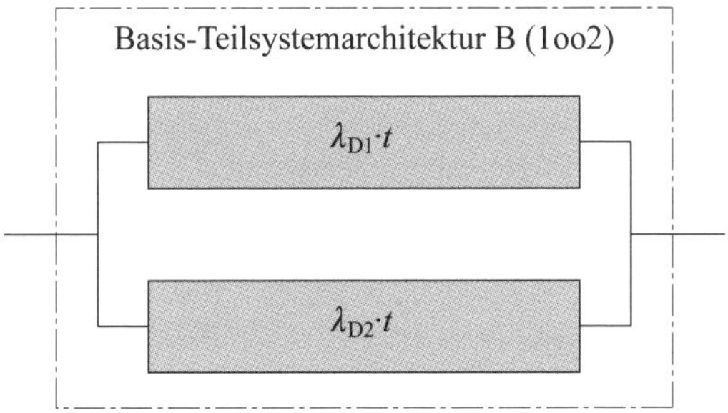

Bild 7.11 Zuverlässigkeits-Blockdiagramm der Basis-Teilsystemarchitektur B (1oo2)

Die gefährlichen Ausfallraten sind durch λ_{D1} und λ_{D2} gegeben.
Die Nichtverfügbarkeit ist $P_D(t) = P_{D1}(t)\, P_{D2}(t)$.
$P_{D1}(t)$ und $P_{D2}(t)$ sind in **Bild 7.12** dargestellt.

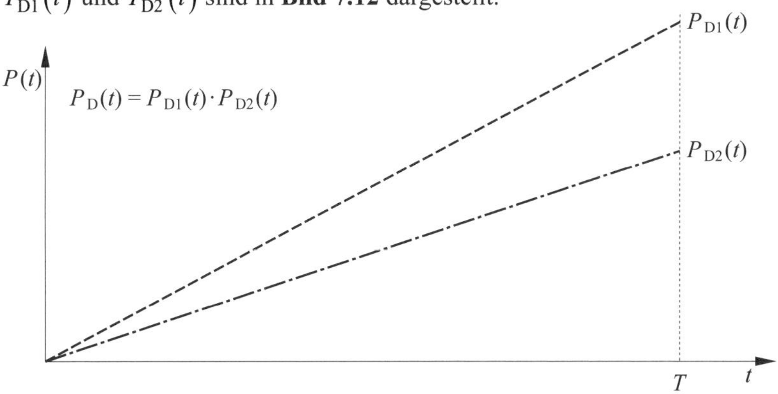

Bild 7.12 Nichtverfügbarkeitsfunktion der Basis-Teilsystemarchitektur B (1oo2)

7.6.2 *PFH*

Unter der Annahme, dass $(\lambda t) \ll 1$ ist, können die folgenden vereinfachten Formeln über den Zeitraum [0, *T*] verwendet werden:

- $P_{D1}(t) \approx (\lambda_{D1}\, t)$,
- $P_{D2}(t) \approx (\lambda_{D2}\, t)$ und
- $P_{D}(t) \approx \lambda_{D1}\, \lambda_{D2}\, t^2$.

$PFH = \frac{1}{T} \int_0^T P'_D(t)\, dt$ mit $P'_D(t) \approx 2\,\lambda_{D1}\,\lambda_{D2}\, t$ ergibt

$$PFH = \frac{1}{T}\,\lambda_{D1}\,\lambda_{D2} \left[t^2\right]_0^T = \frac{1}{T}\,\lambda_{D1}\,\lambda_{D2}\, T^2 = \lambda_{D1}\,\lambda_{D2}\, T \tag{19}$$

Außerdem kann die Formel (19) wie folgt geschrieben werden

$$PFH = PFH_{D1}\ PFH_{D2}\ T \tag{20}$$

wobei $PFH_{D1} = \lambda_{D1}$ und $PFH_{D2} = \lambda_{D2}$.

7.6.3 Einfluss von CCF

Die Formel (19) wird

$$PFH = \lambda_{D1}^{cc}\,\lambda_{D2}^{cc}\,\mathrm{T}_1 + \lambda_{cc} \tag{21}$$

wobei

$\lambda_{cc} = \beta\,\mathrm{Min}(\lambda_{D1}, \lambda_{D2})$,

$\lambda_{D1}^{cc} = \lambda_{D1} - \lambda_{cc}$,

$\lambda_{D2}^{cc} = \lambda_{D2} - \lambda_{cc}$,

λ_{D1} die gefährliche Ausfallrate des Kanals 1,

λ_{D2} die gefährliche Ausfallrate des Kanals 2,

T_1 die Gebrauchsdauer.

Mit $\lambda_D = \lambda_{D1} = \lambda_{D2}$ wird die Formel (21)

$$PFH = (1-\beta)^2\,\lambda_D^2\,T_1 + \beta\,\lambda_D \tag{22}$$

7.7 Zweikanalige Architektur, mit Diagnose

7.7.1 Allgemein

Diese Architektur besteht aus zwei parallel verschalteten Kanälen, sodass jeder Kanal die Sicherheitsfunktion ausführen kann. Ein einzelner Ausfall eines Kanals führt nicht zum Verlust der Sicherheitsfunktion. Es gibt Diagnosemöglichkeiten, um gefährliche Ausfälle in beiden Kanälen zu erkennen. Die Erkennung eines gefährlichen Ausfalls in einem beliebigen Kanal löst den sicheren Zustand der Sicherheitsfunktion aus. **Bild 7.13** zeigt das Zuverlässigkeits-Blockdiagramm zum Zeitpunkt *t*.

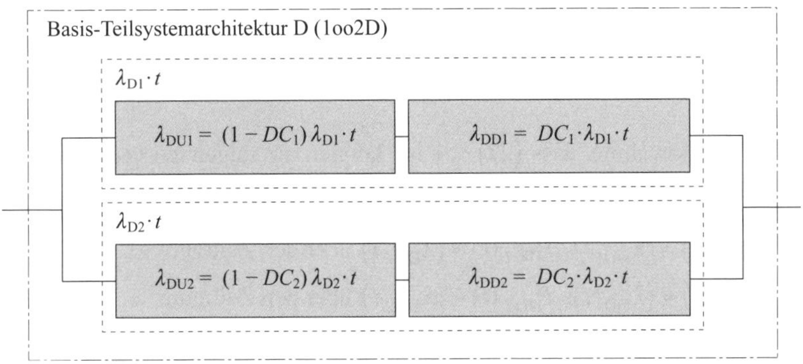

Bild 7.13 Zuverlässigkeits-Blockdiagramm der Basis-Teilsystemarchitektur D (1oo2)

Die gefährlichen Ausfallraten sind gegeben durch $\lambda_{D1} = \lambda_{DU1} + \lambda_{DD1}$ und $\lambda_{D2} = \lambda_{DU2} + \lambda_{DD2}$.
Die Nichtverfügbarkeit ist

$$P_D(t) = P_{D1}(t)\,P_{D2}(t) = \left(P_{DU1}(t) + P_{DD1}(t)\right)\left(P_{DU2}(t) + P_{DD2}(t)\right).$$

$P_{DU1}(t)$, $P_{DD1}(t)$, $P_{DU2}(t)$ und $P_{DD2}(t)$ sind in **Bild 7.14** dargestellt, x steht für das Testintervall $\ll T$ und die *PFH*-Formel lautet

$$PFH = \frac{1}{T}\int_0^T P_D'(t)\,\mathrm{d}t$$

$$PFH = \frac{1}{T}\left(\int_0^x P_D'(t)\,\mathrm{d}t + \int_x^{2x} P_D'(t)\,\mathrm{d}t + \int_{2x}^{3x} P_D'(t)\,\mathrm{d}t + \ldots + \int_{T-x}^{T} P_D'(t)\,\mathrm{d}t\right) \quad (23)$$

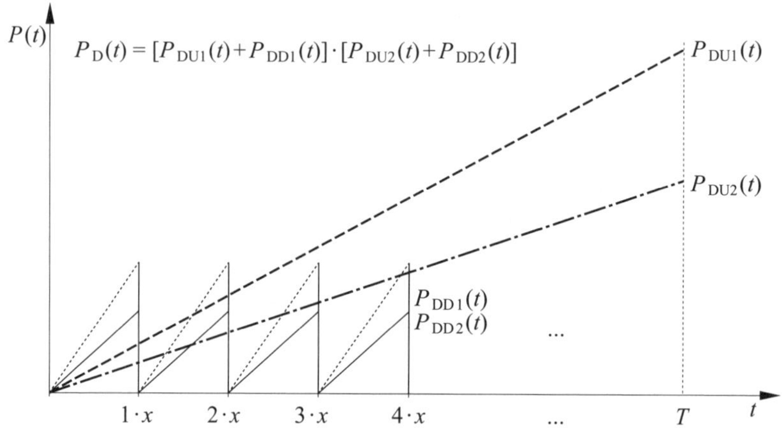

Bild 7.14 Nichtverfügbarkeitsfunktion der Basis-Teilsystemarchitektur D (1oo2D)

Unter der Annahme, dass $(\lambda t) \ll 1$ ist, können die folgenden vereinfachten Formeln verwendet werden:

- $P_{DU1}(t) \approx (\lambda_{DU1}\, t)$, $P_{DU2}(t) \approx (\lambda_{DU2}\, t)$ über den Zeitraum $[0, T]$
- $P_{DD1}(t) \approx (\lambda_{DD1}\, t)$, $P_{DD2}(t) \approx (\lambda_{DD2}\, t)$ über den Zeitraum $\Delta t = x$ ($[0, x]$, $[x, 2x]$, $[2x, 3x]$, … $[T-x, T]$).

$$P_D(t) = \underbrace{P_{DD1}(t)\,P_{DD2}(t)}_{\text{Term A}} + \underbrace{P_{DU1}(t)\,P_{DU2}(t)}_{\text{Term B}} + \underbrace{P_{DU1}(t)\,P_{DD2}(t)}_{\text{Term C}} + \underbrace{P_{DD1}(t)\,P_{DU2}(t)}_{\text{Term D}}$$

7.7.2 *PFH*-Ermittlung für den Term A

Die Anzahl der Perioden Δt ist gleich $\left(\dfrac{T}{x}\right)$.

Für jedes $\Delta t = x$ ($[0, x]$, $[x, 2x]$, $[2x, 3x]$, … $[T-x, T]$) ist das Produkt aus $P_{DD1}(t)\,P_{DD2}(t)$ gleich und kann daher wie folgt beschrieben werden:

$$PFH = \frac{1}{T}\int_0^T P_D'(t)\,\mathrm{d}t$$

$$PFH = \frac{1}{T}\left(\frac{T}{x}\right)\int_0^x P_D'(t)\,\mathrm{d}t = \frac{1}{x}\,\lambda_{DD1}\,\lambda_{DD2}\,x^2 = \lambda_{DD1}\,\lambda_{DD2}\,x \tag{24}$$

wobei

$P_{\mathrm{D}}(t) = P_{\mathrm{DD1}}(t) \ {}_{\mathrm{DD2}}(t) = \lambda_{\mathrm{DD1}} \ {}_{\mathrm{DD2}}\, t^2$ und

$P'_{\mathrm{D}}(t) = 2\,\lambda_{\mathrm{DD1}}\,\lambda_{\mathrm{DD2}}\, t\,.$

7.7.3 *PFH*-Ermittlung für den Term B

Die *PFH*-Formel kann wie folgt beschrieben werden

$$PFH = \lambda_{\mathrm{DU1}}\,\lambda_{\mathrm{DU1}}\,T = (1-DC_1)\,\lambda_{\mathrm{D1}}\,(1-DC_2)\,\lambda_{\mathrm{D2}}\,T \tag{25}$$

7.7.4 *PFH*-Ermittlung für den Term C

Die *PFH*-Formel kann wie folgt beschrieben werden

$$PFH = \lambda_{\mathrm{DU1}}\,\lambda_{\mathrm{DD2}}\left(\frac{T+x}{2}\right) + \lambda_{\mathrm{DU2}}\,\lambda_{\mathrm{DD1}}\left(\frac{T+x}{2}\right) \tag{26}$$

oder

$$PFH = \left[(1-DC_1)\,\lambda_{\mathrm{D1}}\,DC_2\,\lambda_{\mathrm{D2}} + (1-DC_2)\,\lambda_{\mathrm{D2}}\,DC_1\,\lambda_{\mathrm{D1}}\right]\left(\frac{T+x}{2}\right) \tag{27}$$

7.7.5 *PFH*-Ermittlung für den Term C und Term D

Die *PFH*-Formel kann wie folgt beschrieben werden

$$PFH = \lambda_{\mathrm{DU1}}\,\lambda_{\mathrm{DU1}}\,T = (1-DC_1)\,\lambda_{\mathrm{D1}}\,(1-DC_2)\,\lambda_{\mathrm{D2}}\,T \tag{28}$$

7.7.6 *PFH* aller Terme

Die Summe der Terme (25), (27) und (28) kann geschrieben werden als

$$PFH = \frac{\lambda_{\mathrm{D1}}\,\lambda_{\mathrm{D2}}}{2}\left[T(2-DC_2-DC_1) + x(DC_1+DC_2)\right] \tag{29}$$

7.7.7 Einfluss von CCF

Die Formel (29) kann wie folgt geschrieben werden

$$PFH = \lambda_{\mathrm{D1}}^{\mathrm{cc}} \lambda_{\mathrm{D2}}^{\mathrm{cc}} \left(2 - \mathrm{DC}_1 - \mathrm{DC}_2\right) \frac{T_1}{2} + \lambda_{\mathrm{D1}}^{\mathrm{cc}} \lambda_{\mathrm{D2}}^{\mathrm{cc}} \left(DC_1 + DC_2\right) \frac{T_2}{2} + \lambda_{\mathrm{cc}} \qquad (30)$$

wobei

$\lambda_{\mathrm{cc}} = \beta \,\mathrm{Min}\left(\lambda_{\mathrm{D1}}, \lambda_{\mathrm{D2}}\right)$,

$\lambda_{\mathrm{D1}}^{\mathrm{cc}} = \lambda_{\mathrm{D1}} - \lambda_{\mathrm{cc}}$,

$\lambda_{\mathrm{D2}}^{\mathrm{cc}} = \lambda_{\mathrm{D2}} - \lambda_{\mathrm{cc}}$,

λ_{D1} die gefährliche Ausfallrate des Kanals 1,

λ_{D2} die gefährliche Ausfallrate des Kanals 2,

T_1 die Gebrauchsdauer,

T_2 das Diagnose-Testintervall [h],

$T_2 \ll T_1$

Mit $\lambda_{\mathrm{D}} = \lambda_{\mathrm{D1}} = \lambda_{\mathrm{D2}}$ und $DC = DC_1 = DC_2$ wird die Formel (30)

$$PFH = (1-\beta)^2 \lambda_{\mathrm{D}}^2 (1 - DC) T_1 + (1-\beta)^2 \lambda_{\mathrm{D}}^2 (2\,DC) T_2 + \beta \lambda_{\mathrm{D}} \qquad (31)$$

7.8 Zweikanalige Architektur, mit Diagnose und mit zwei Betrachtungszeiträumen

7.8.1 Allgemein

Diese Architektur besteht aus zwei parallel verschalteten Kanälen, sodass jeder Kanal die Sicherheitsfunktion ausführen kann. Ein einzelner Ausfall eines Kanals führt nicht zum Verlust der Sicherheitsfunktion. Es gibt Diagnosemöglichkeiten, um gefährliche Ausfälle in beiden Kanälen zu erkennen. Die Erkennung eines gefährlichen Ausfalls in einem beliebigen Kanal löst den sicheren Zustand der Sicherheitsfunktion aus. **Bild 7.13** zeigt das Zuverlässigkeits-Blockdiagramm zum Zeitpunkt *t*.

Das Zuverlässigkeits-Blockdiagramm ist das gleiche wie in Kapitel 7.7.1.

Die Nichtverfügbarkeit ist

$$P_{\mathrm{D}}(t) = P_{\mathrm{D1}}(t)\, P_{\mathrm{D2}}(t) = \left(P_{\mathrm{DU1}}(t) + P_{\mathrm{DD1}}(t)\right)\left(P_{\mathrm{DU2}}(t) + P_{\mathrm{DD2}}(t)\right).$$

Unter der Annahme, dass $(\lambda t) \ll 1$ ist, können die folgenden vereinfachten Formeln verwendet werden:

- $P_{\mathrm{DU1}}(t) \approx (\lambda_{\mathrm{DU1}}\, t)$, $P_{\mathrm{DU2}}(t) \approx (\lambda_{\mathrm{DU2}}\, t)$ über den Zeitraum $[0, T]$
- $P_{\mathrm{DD1}}(t) \approx (\lambda_{\mathrm{DD1}}\, t)$, $P_{\mathrm{DD2}}(t) \approx (\lambda_{\mathrm{DD2}}\, t)$ über den Zeitraum $\Delta t = x$ ($[0, x]$, $[x, 2x]$, $[2x, 3x]$, … $[T-x, T]$).

$$P_{\mathrm{D}}(t) = \underbrace{P_{\mathrm{DD1}}(t)\, P_{\mathrm{DD2}}(t)}_{\text{Term A}} + \underbrace{P_{\mathrm{DU1}}(t)\, P_{\mathrm{DU2}}(t)}_{\text{Term B}} + \underbrace{P_{\mathrm{DU1}}(t)\, P_{\mathrm{DD2}}(t)}_{\text{Term C}} + \underbrace{P_{\mathrm{DD1}}(t)\, P_{\mathrm{DU2}}(t)}_{\text{Term D}}$$

Die betrachteten Zeiträume bzw. Gebrauchsdauern sind aber diesmal $T_{1\mathrm{o}1}$ für Kanal 1 und $T_{1\mathrm{o}2}$ für Kanal 2.

7.8.2 *PFH*-Ermittlung für den Term A

Die Anzahl der Perioden Δt ist gleich $\left(\frac{T_{1\mathrm{o}1}}{x}\right)$ für Kanal 1 und $\left(\frac{T_{1\mathrm{o}2}}{x}\right)$ für Kanal 2, und die *PFH*-Formel entspricht

$$PFH = \frac{1}{T}\left(\frac{T}{x}\right)\int_0^x P'_{\mathrm{D}}(t)\,\mathrm{d}t = \frac{1}{x}\,\lambda_{\mathrm{DD1}}\,\lambda_{\mathrm{DD2}}\,x^2 = \lambda_{\mathrm{DD1}}\,\lambda_{\mathrm{DD2}}\,x \tag{32}$$

7.8.3 *PFH*-Ermittlung für den Term B

Die *PFH*-Formel kann wie folgt beschrieben werden

$$PFH = (1 - DC_1)\,\lambda_{\mathrm{D1}}\,(1 - DC_2)\,\lambda_{\mathrm{D2}}\left(\frac{T_{1\mathrm{o}1} + T_{1\mathrm{o}2}}{2}\right) \tag{33}$$

7.8.4 *PFH*-Ermittlung für den Term C und Term D

Die *PFH*-Formel kann wie folgt beschrieben werden

$$PFH = \lambda_{\mathrm{DU1}}\,\lambda_{\mathrm{DD2}}\left(\frac{T_{1\mathrm{o}1} + x}{2}\right) + \lambda_{\mathrm{DU2}}\,\lambda_{\mathrm{DD1}}\left(\frac{T_{1\mathrm{o}2} + x}{2}\right) \tag{34}$$

oder

$$PFH = \lambda_{\mathrm{D1}}\,\lambda_{\mathrm{D2}}\left[(1 - DC_1)\,DC_2\left(\frac{T_{1\mathrm{o}1} + x}{2}\right) + (1 - DC_2)\,DC_1\left(\frac{T_{1\mathrm{o}2} + x}{2}\right)\right] \tag{35}$$

7.8.5 *PFH* aller Terme

Die Summe der Terme (32), (33) und (35) kann geschrieben werden als

$$PFH = \frac{\lambda_{D1}\,\lambda_{D2}}{2}\left[T_{1o1}\left(1-DC_1\right)+T_{1o2}\left(1-DC_2\right)+x\left(DC_1+DC_2\right)\right] \qquad (36)$$

7.8.6 Einfluss von CCF

Die Formel (36) kann wie folgt geschrieben werden

$$\begin{aligned} PFH = {} & \lambda_{D1}^{cc}\,\lambda_{D2}^{cc}\left(1-\mathrm{DC}_1\right)\frac{T_{1o1}}{2}+\lambda_{D1}^{cc}\,\lambda_{D2}^{cc}\left(1-\mathrm{DC}_2\right)\frac{T_{1o2}}{2} \\ & +\lambda_{D1}^{cc}\,\lambda_{D2}^{cc}\left(DC_1+DC_2\right)\frac{T_2}{2}+\lambda_{cc} \end{aligned} \qquad (37)$$

wobei

$\lambda_{cc} = \beta\ \mathrm{Min}\left(\lambda_{D1}, \lambda_{D2}\right)$,

$\lambda_{D1}^{cc} = \lambda_{D1} - \lambda_{cc}$,

$\lambda_{D2}^{cc} = \lambda_{D2} - \lambda_{cc}$,

λ_{D1} die gefährliche Ausfallrate des Kanals 1,

λ_{D2} die gefährliche Ausfallrate des Kanals2,

T_{1o1} die Gebrauchsdauer für Kanal 1,

T_{1o2} die Gebrauchsdauer für Kanal 2,

T_2 das Diagnose-Testintervall [h],

$T_2 \ll T_1$

Mit $\lambda_D = \lambda_{D1} = \lambda_{D2}$ und $DC = DC_1 = DC_2$ wird die Formel (30)

$$PFH = \left(1-\beta\right)^2\ \lambda_D^2\left(1-DC\right)T_1+\left(1-\beta\right)^2\ \lambda_D^2\left(2\,DC\right)T_2+\beta\,\lambda_D \qquad (31)$$

Die **Tabelle 7.8** zeigt die *PFH*-Werte mit $MTTF_{D1} = MTTF_{D2}$ und $\beta = 2\ \%$.

$MTTF_D$ [Jahre]	λ_D [1/h]	DIN EN IEC 62061 (VDE 0113-50) – Basis-Teilsystemarchitektur C (1oo1D) DIN EN ISO 13849-1 – Kategorie 2 *PFH*-Werte für $MTTF_D$					
		DIN EN IEC 62061 (VDE 0113-50) $DC = 60\ \%$	DIN EN ISO 13849-1 DC_{avg} niedrig	PL	DIN EN IEC 62061 (VDE 0113-50) $DC = 90\ \%$	DIN EN ISO 13849-1 DC_{avg} mittel	PL
3	3,81E–05	1,54E–05	1,26E–05	a	4,42E–06	6,09E–06	a
3,3	3,46E–05	1,40E–05	1,13E–05	a	4,02E–06	5,41E–06	a
3,6	3,17E–05	1,28E–05	1,03E–05	a	3,68E–06	4,86E–06	a
3,9	2,93E–05	1,18E–05	9,37E–06	a	3,40E–06	4,40E–06	a
4,3	2,65E–05	1,07E–05	8,39E–06	a	3,08E–06	3,89E–06	a
4,7	2,43E–05	9,82E–06	7,58E–06	a	2,82E–06	3,48E–06	a
5,1	2,24E–05	9,05E–06	6,91E–06	a	2,60E–06	3,15E–06	a
5,6	2,04E–05	8,24E–06	6,21E–06	a	2,37E–06	2,80E–06	b
6,2	1,84E–05	7,44E–06	5,53E–06	a	2,14E–06	2,47E–06	b
6,8	1,68E–05	6,78E–06	4,98E–06	a	1,95E–06	2,20E–06	b
7,5	1,52E–05	6,15E–06	4,45E–06	b	1,77E–06	1,95E–06	b
8,2	1,39E–05	5,63E–06	4,02E–06	b	1,62E–06	1,74E–06	b
9,1	1,25E–05	5,07E–06	3,57E–06	b	1,46E–06	1,53E–06	b
10	1,14E–05	4,61E–06	3,21E–06	b	1,32E–06	1,36E–06	b
11	1,04E–05	4,19E–06	2,81E–06	b	1,20E–06	1,18E–06	b
12	9,51E–06	3,84E–06	2,49E–06	b	1,10E–06	1,04E–06	b
13	8,78E–06	3,55E–06	2,23E–06	b	1,02E–06	9,21E–07	b
15	7,61E–06	3,08E–06	1,82E–06	b	8,83E–07	7,44E–07	b
16	7,13E–06	2,88E–06	1,67E–06	b	8,28E–07	6,76E–07	c
18	6,34E–06	2,56E–06	1,41E–06	b	7,36E–07	5,67E–07	c
20	5,71E–06	2,31E–06	1,22E–06	b	6,62E–07	4,85E–07	c
22	5,19E–06	1,92E–06	1,07E–06	c	5,57E–07	4,21E–07	c
24	4,76E–06	1,49E–06	9,47E–07	c	4,76E–07	3,70E–07	c
27	4,23E–06	1,29E–06	9,80E–07	c	3,85E–07	3,10E–07	c
30	3,81E–06	1,05E–06	6,94E–07	c	3,20E–07	2,65E–07	c
33	3,46E–06	8,75E–07	5,94E–07	c	2,71E–07	2,30E–07	c
36	3,17E–06	7,40E–07	5,16E–07	c	2,33E–07	2,01E–07	d
39	2,93E–06	6,35E–07	4,53E–07	c	2,03E–07	1,78E–07	d
43	2,65E–06	5,27E–07	3,87E–07	c	1,72E–07	1,54E–07	d
47	2,43E–06	4,46E–07	3,35E–07	c	1,48E–07	1,34E–07	d
51	2,24E–06	3,82E–07	2,93E–07	c	1,29E–07	1,19E–07	d
56	2,04E–06	3,20E–07	2,52E–07	c	1,11E–07	1,03E–07	d
62	1,84E–06	2,65E–07	2,13E–07	d	9,39E–08	8,84E–08	d
68	1,68E–06	2,23E–07	1,84E–07	d	8,10E–08	7,68E–08	d
75	1,52E–06	1,86E–07	1,57E–07	d	6,94E–08	6,62E–08	d
82	1,39E–06	1,58E–07	1,35E–07	d	6,05E–08	5,79E–08	d
91	1,25E–06	1,31E–07	1,14E–07	d	5,16E–08	4,94E–08	d
100	1,14E–06	1,11E–07	1,01E–07	d	4,48E–08	4,29E–08	d

Tabelle 7.8 *PFH*-Wert für Basis-Teilsystemarchitektur D (1oo1D)

8 Risikobeurteilung

In diesem Kapitel sollen weiter Hintergründe und mögliche Umsetzungen erläutert werden, ohne dass eine umfangreiche Software zum Einsatz kommen muss.

Schutzziele für den Bediener der Maschine erkennen

Die DIN EN ISO 12100 unterstützt den Konstrukteur einer Maschine – also den Maschinenhersteller umgangssprachlich gesprochen – systematisch Gefahren im Umfeld der Maschine zu erkennen und somit Schutzziele zu definieren.

Mögliche Gefährdungssituationen bilden die Ausgangslage, mit der die Schutzziele definiert werden. In der Funktionalen Sicherheit sind das die Sicherheitsfunktionen, die den Bediener einer Maschine vor möglichen Gefährdungen schützen sollen.

Sicherheitsfunktionen zu ermitteln und in das Bedienkonzept der Maschine zu integrieren kann nur funktionieren, wenn die Maschine mit ihren Gefahren unabhängig von der Funktionalen Sicherheit betrachtet wird: Die Sicherheitsfunktionen kommen erst zum Tragen, wenn nur noch eine Steuerungsfunktion, unabhängig der verwendeten Technologie ins Spiel kommt.

Bis dahin gilt es den Prozess der Risikobeurteilung der DIN EN ISO 12100 systematisch umzusetzen – denn Sicherheit von Maschinen ist viel mehr als nur Funktionale Sicherheit.

8.1 Detaillierte Vorgehensweise

Bild 8.1 zeigt den grundsätzlichen Prozess bzw. Ablauf einer Risikobeurteilung.

Der Einstieg in diesen Prozess wird logischer Weise zuerst mit den Grenzen der Maschine (räumlich wie zeitlich) ermöglicht.

In diesen Grenzen sind die notwendigen Tätigkeiten des Bedieners oder des Fachpersonals zu erfassen, Stichwort *Sicherheitsfunktion zum Schutz von Personen*: Die Interaktion Mensch – Maschine treibt diese Betrachtungen maßgeblich.

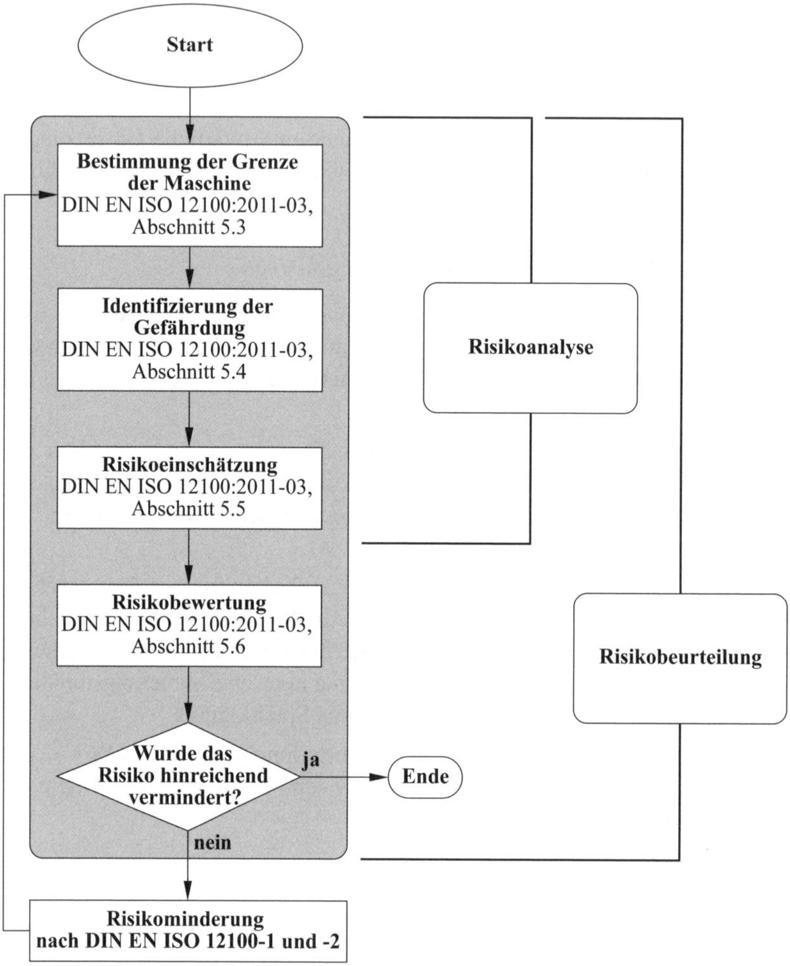

Bild 8.1 Prozess der Risikobeurteilung

Aber es können auch Funktionen der Maschine auftauchen, die nur indirekt den Menschen schützen werden. Diese können mit *Sicherheitsfunktion zum Schutz der Maschine* umschrieben werden. Hier steht nicht die Interaktion des Bedieners mit der Maschine im Vordergrund, sondern die Maschine selber. Beispiele sind Drucküberwachung oder Überdrehzahl Erfassung, deren Versagen auch indirekt zu einer Schädigung des Bedieners oder auch Unbetroffener führen kann.

Diese Funktionen werden aus Verfügbarkeitsgründen eher selten angefordert, und deshalb können diese leicht „vergessen“ werden.

Jede ermittelte Gefährdung für den Menschen (und auch für die Umwelt) darf nicht zu einem Schaden führen – das wird mit der entsprechenden „Risikominderung“ erreicht.

3 kleine Schritte für den Konstrukteur, aber 3 große Schritte für Risikominderung

Die Funktionale Sicherheit wird im Schritt 2 sichtbar:

Schritt 1: Inhärent sichere Konstruktionsmaßnahmen
Schritt 2: Technische und/oder ergänzende Schutzmaßnahmen
Schritt 3: Benutzerinformationen

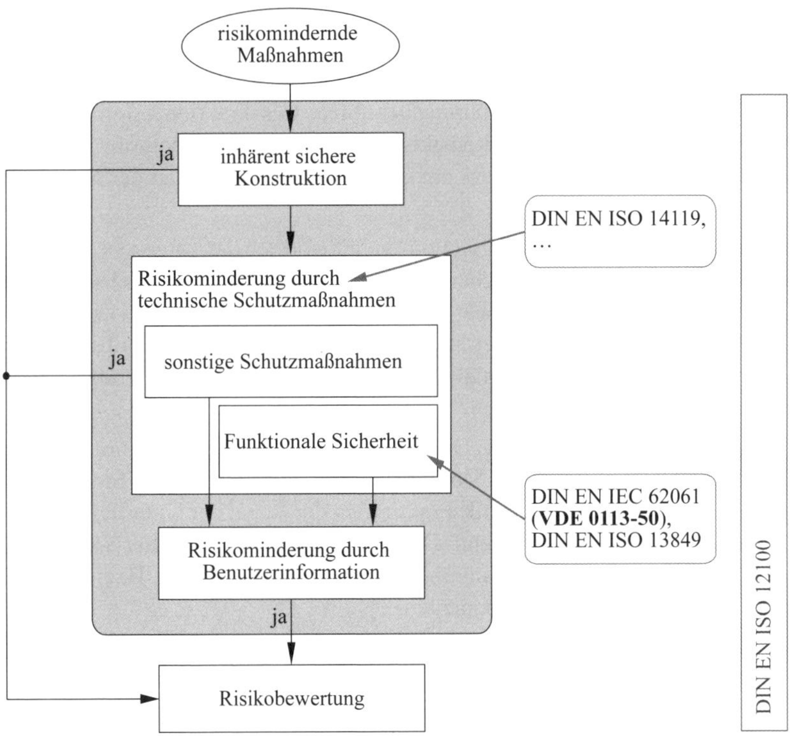

Bild 8.2 Risikominderung

Im Anhang A „SIL Zuordnung“ der DIN EN IEC 62061 (**VDE 0113-50**) wird informativ eine Methodik angeboten, um einen geforderten SIL für eine Sicherheitsfunktion zu ermitteln, da DIN EN ISO 12100 hier keine Anhaltspunkte oder Verweise bereitstellt.

Dies muss immer gesamten Kontext der Risikobeurteilung einer Maschine gesehen werden, wie im Bild dargestellt.

Recht und Risikobeurteilung

Risikobeurteilung – immer notwendig

Der Maschinenhersteller ist verpflichtet, eine Risikobeurteilung vorzunehmen, um alle mit seiner Maschine verbundenen Gefährdungen zu identifizieren, ihre Risiken einzuschätzen und zu bewerten, und die Maschine unter deren Berücksichtigung zu entwerfen und zu bauen.

Die Durchführung der Risikobeurteilung muss als konstruktionsbegleitender Prozess verstanden werden und durch Experten verschiedener Fachrichtungen durchgeführt werden.

Eines ist selbstsprechend: Die Verantwortlichkeit für eine Risikobeurteilung liegt letztendlich unter Federführung der „Mechanik-Fraktion“, weil nur diese Spezialisten die Mehrzahl der Risiken beschreiben und gemeinsam im Team bewerten können – gemeinsam ein Gefährdungspotenzial an der Maschine zu ermitteln.

Dagegen ist „Elektrotechnik-Fraktion“ verantwortlich das vorgegebene Risiko mit einer steuerungstechnischen Maßnahme (einschließlich Sensorik und Aktorik) auszuwählen, zu bewerten und schlussendlich quantitativ zu bewerten: Es gilt die Anforderungen (geforderter SIL gemäß DIN EN IEC 62061 (**VDE 0113-50**) oder PL gemäß DIN EN ISO 13849-1) in die Praxis umzusetzen.

Umgekehrt wird kein Schuh. Die Vorgabe der Mechanik-Fraktion mit der rhetorischen Frage „Nennen Sie mir den SIL oder PL für eine Sicherheitsfunktion“ an die Elektrotechnik-Fraktion, in der Regel der Unterlieferant, ist weder sinnvoll noch zielführend: Der Auftraggeber ist der Hüter der Risikobeurteilung, nicht der Lieferant einer Teilkomponente, wie z. B. ein Schaltschrank mit Steuerungskomponenten.

Risikobeurteilung heißt also Teamarbeit und bedarf der Berücksichtigung einer Vielzahl von Aspekten.

Von großer Bedeutung hierbei ist auch die Erwägung und die Einbindung unabhängiger Sachverständigen mit profunder Normenkenntnis und langjähriger Branchenerfahrung, da diese Sicherheitsaspekte aus einem anderen Blickwinkel betrachten und so den Herstellern zusätzliche Erkenntnisse verschaffen können.

Typ-C-Normen sind der Zeit voraus – bedingt

In den maschinenspezifischen Normen (Typ-C-Normen) ist die Risikobeurteilung für eine typische Maschinenkonstruktion bereits Bestandteil der Norm. Die Anwendung einer Typ-C-Norm entbindet den Hersteller jedoch nicht von der Pflicht, selbst eine Gesamt-Risikobeurteilung durchzuführen.

Dadurch soll verhindert werden, dass Risiken, die durch den Einsatz neuer Technologien und Verfahren entstehen, übersehen werden

Ob Maschinenrichtlinie oder neue Maschinenverordnung – CE bleibt CE

Die CE-Kennzeichnung wird gut sichtbar, leserlich und dauerhaft auf dem Produkt oder seinem Typenschild angebracht. Falls die Art des Produkts dies nicht zulässt oder nicht rechtfertigt, wird sie auf der Verpackung und den Begleitunterlagen angebracht, sofern die betreffende Rechtsvorschrift derartige Unterlagen vorschreibt.

Die CE-Kennzeichnung wird vor dem Inverkehrbringen des Produkts angebracht.

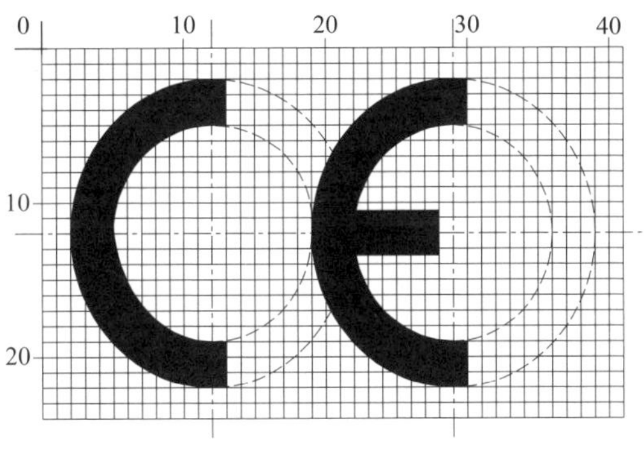

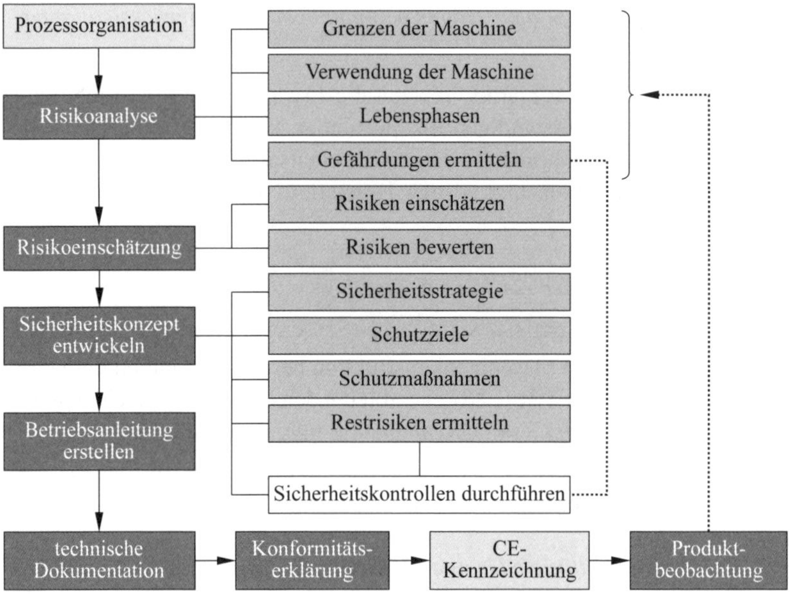

Bild 8.3 CE

Eine Maschine erhält ein einziges CE-Kennzeichen, selbst wenn mehrere EU-Richtlinien (bzw. Verordnungen) zusätzlich berücksichtigt werden mussten.

In der Praxis aber wird gerade für die elektrische Ausrüstung – meistens stellvertretend durch einen oder mehrere Schaltschränke – zusätzlich im Schaltschrank ein „CE-Kennzeichen" nach Niederspannungsrichtlinie unsinnigerweise gefordert. Dies basiert vorwiegend auf der Unwissenheit des Gesamtprozesses gemäß der Maschinenrichtlinie – „die Sammler und Jäger Mentalität". Entscheidend für den Maschinenhersteller ist lediglich eine durchgängige Dokumentation – und nicht das CE-Kennzeichen der elektrischen Ausrüstung für sich alleine genommen.

8.2 Gefährdungen

Gefährdungen, Gefährdungssituationen und Gefährdungsereignisse

Die DIN EN ISO 12100 betrachtet Gefährdungen entsprechend ihrer Art (mechanische Gefährdungen, elektrische Gefährdungen usw.), die in Gruppen eingeteilt werden können.

Um ausführlichere Angaben zur Art der Gefährdungen geben zu können, macht es Sinn, den Ursprung der Gefährdung und deren mögliche Folgen mit anzugeben.

Wie detailliert eine identifizierte Gefährdung zu beschreiben ist, gilt es im Prozess der Risikobeurteilung herauszufinden. Dies gilt insbesondere dann, wenn die Gefährdungen in demselben Gefährdungsbereich liegen und im Hinblick auf die Schutzmaßnahmen in einer Gruppe zusammengefasst werden können.

Alle Gefährdungen sollen dokumentiert werden, selbst dann, wenn dem Anschein nach das mit diesen verbundene Risiko durch die Anwendung einer Schutzmaßnahme ausreichend vermindert wurde, die zur Verminderung des mit einer anderen Gefährdung verbundenen Risikos vorgesehen war: Eine nicht dokumentierte Gefährdung könnte ansonsten vernachlässigt werden.

Gefährdungen erkennen – Listen helfen als Eselsbrücken

In der „am besten geeigneten Weise“ sollen die Gefährdungen beschrieben werden: Einfach und verständlich ist dabei die Herausforderung.

Einige Beispiele können das veranschaulichen:

- Quetschen aufgrund der fehlenden Standfestigkeit der Maschine (oder auch eines einzelnen Maschinenteils);
- Quetschen durch Teile, die sich bewegen;
- Atembeschwerden aufgrund der Inhalation toxischer Substanzen;
- bleibender Gehörverlust durch anhaltende Exposition gegenüber Lärm, z. B. verursacht durch eine Presse;
- Verbrennungsgefahr durch Kontakt mit Material mit erhöhter Temperatur;
- Störungen des Bewegungsapparates durch falsche Körperhaltung oder eine sich wiederholende Tätigkeit;

Die nachfolgenden Beispiele für Gefährdungen aus dem Anhang B der DIN EN ISO 12100 wurden thematisch sortiert.

Die möglichen Folgen bzw. Wirkungen sind für jeden Ursprung einer Gefährdung getrennt zu betrachten – eine 1 zu 1 Beziehung gibt es nicht

Mechanische Gefährdungen	
Ursprung – Ursache	**Mögliche Folgen – Wirkungen**
• spitze Teile • scharfe Kanten • raue, rutschige Oberfläche • schneidende Teile • elastische Elemente • Annäherung eines sich bewegenden Teils an ein feststehendes Teil • Beschleunigung/Abbremsung • Beweglichkeit der Maschine • kinetische Energie • sich bewegende Teile • rotierende Teile • gespeicherte Energie • herabfallende Gegenstände • Schwerkraft • Höhe gegenüber dem Boden • fehlende Standfestigkeit/-sicherheit • Hochdruck • Vakuum	• Quetschen • Scheren • Schneiden oder Abschneiden • Einziehen oder Fangen • Erfassen • Stoß • Durchstich oder Einstich • Eindringen von unter Druck stehenden Medien • Reiben oder Abschürfen • Ausrutschen, Stolpern und Stürzen • Ersticken

Tabelle 8.1 Mechanische Gefährdungen

Elektrische Gefährdungen	
Ursprung – Ursache	**Mögliche Folgen – Wirkungen**
• spannungsführende Teile • unzureichender Abstand zu unter Hochspannung stehenden Teilen • Teile, die im Fehlerzustand spannungsführend geworden sind • elektrostatische Vorgänge • elektromagnetische Vorgänge • Lichtbogen • Überlast • Kurzschluss • Wärmestrahlung	• tödlicher Stromschlag • (elektrischer) Schlag • Verbrennung • chemische Reaktionen • Auswirkungen auf medizinische Implantate • Stürzen, Weggeschleudert werden • Feuer

Tabelle 8.2 Elektrische Gefährdungen

Thermische Gefährdungen	
Ursprung – Ursache	**Mögliche Folgen – Wirkungen**
• Flamme • Explosion • Objekte oder Materialien hoher oder niedriger Temperatur • Strahlung von Wärmequellen	• Verbrennung • Verletzungen durch Strahlung von Wärmequellen • Verletzungen durch Strahlung von Wärmequellen • Dehydrierung • Unbehagen • Erfrierung

Tabelle 8.3 Thermische Gefährdungen

Gefährdungen durch Lärm	
Ursprung – Ursache	**Mögliche Folgen – Wirkungen**
• Herstellungsprozess (Stanzen, Schneiden) • bewegliche Teile • reibende Flächen • mit Unwucht rotierende Teile • pfeifende Pneumatik-Einrichtungen • verschlissene Teile • Kavitationsvorgänge • Abluftsystem • mit hoher Geschwindigkeit austretendes Gas	• bleibender Gehörverlust • Tinnitus (Ohrensausen) • Unbehagen • Bewusstseinsverlust • Gleichgewichtsstörung • Stress • Ermüdung • alle weiteren (z. B. mechanischen, elektrischen) Probleme als Folge einer Störung der Sprachkommunikation oder einer Störung akustischer Signale

Tabelle 8.4 Gefährdungen durch Lärm

Gefährdungen durch Vibration	
Ursprung – Ursache	**Mögliche Folgen – Wirkungen**
• Fehlausrichtung sich bewegender Teile • bewegliche Ausrüstung • mit Unwucht rotierende Teile • schwingende Ausrüstung • verschlissene Teile • Kavitationsvorgänge	• Unbehagen • Erkrankungen der unteren Wirbelsäule • Wirbelsäulenverletzung • Knochengelenkschaden • Gefäßerkrankung • neurologische Erkrankung

Tabelle 8.5 Gefährdungen durch Vibration

Gefährdungen durch Strahlung	
Ursprung – Ursache	**Mögliche Folgen – Wirkungen**
• ionisierende Strahlungsquelle • optische Strahlung (infrarot, sichtbar und ultraviolett), einschließlich Laserstrahlen • niederfrequente elektromagnetische Strahlung • hochfrequente elektromagnetische Strahlung	• Verbrennung • Augen- und Hautschädigung • Auswirkungen auf die Fortpflanzungsfähigkeit • Mutation • Kopfschmerzen, Schlaflosigkeit usw.

Tabelle 8.6 Gefährdungen durch Strahlung

Gefährdungen durch Materialien und Substanzen	
Ursprung – Ursache	**Mögliche Folgen – Wirkungen**
• Aerosol • biologische und mikrobiologische (virale oder bakterielle) Substanz • Brennstoff • Flüssigkeit • Oxidationsmittel • Staub • Explosivstoff • Fasern • feuergefährliches Material • Dämpfe • Gas • Nebel	• Explosion • Feuer • Vergiftung • Infektion • Atembeschwerden, Ersticken • Krebs • Auswirkungen auf die Fortpflanzungsfähigkeit • Veränderung des Erbguts • Sensibilisierung • Korrosion

Tabelle 8.7 Gefährdungen durch Materialien und Substanzen

Ergonomische Gefährdungen	
Ursprung – Ursache	**Mögliche Folgen – Wirkungen**
• Zugang • Anstrengung • Körperhaltung • sich wiederholende Tätigkeiten • psychische Überbelastung/Unterforderung • Gestaltung oder Anordnung von Anzeigen und optischen Displays • Gestaltung, Anordnung oder Erkennung von Steuerungseinrichtungen • Flackern, Blenden, Schattenbildung und stroboskopische Effekte • örtliche Beleuchtung • Sichtbarkeit	• Unbehagen • Ermüdung • Stress • Störungen des Bewegungsapparates • alle weiteren (z. B. mechanischen, elektrischen) Probleme als Folge menschlichen Fehlverhaltens

Tabelle 8.8 Ergonomische Gefährdungen

Gefährdungen im Zusammenhang mit der Einsatzumgebung der Maschine	
Ursprung – Ursache	**Mögliche Folgen – Wirkungen**
• Staub und Nebel • Feuchtigkeit • Schnee • Verunreinigungen • Temperatur • Wasser • Wind • Sauerstoffmangel • elektromagnetische Störungen • Blitzschlag	• Ausrutschen, Stürzen • Verbrennung • leichte Erkrankungen • Ersticken • alle weiteren Probleme, die als Folge der Auswirkungen der Gefährdungsquellen an der Maschine oder an Teilen der Maschine auftreten

Tabelle 8.9 Gefährdungen im Zusammenhang mit der Einsatzumgebung der Maschine

Kombination von Gefährdungen	
Ursprung – Ursache	**Mögliche Folgen – Wirkungen**
• zum Beispiel: sich wiederholende Tätigkeit und Anstrengung und hohe Umgebungstemperatur	• Dehydrierung, Bewusstseinsverlust, Hitzeschock

Tabelle 8.10 Kombination von Gefährdungen

Gefährdungssituationen aufspüren

Gefährdungssituationen sind die Umstände, in denen eine Person mindestens einer Gefährdung ausgesetzt ist: Diese Exposition einer Person resultiert häufig aus der Durchführung einer Tätigkeit an einer Maschine – Stichwort Mensch-Maschine-Interaktionen.

Einige typische Beispiele für Gefährdungssituationen sind:

- Arbeiten in der Nähe von sich bewegenden Teilen
- Arbeiten unterhalb einer (schwebenden) Last
- Exposition gegenüber herausgeschleuderten Teilen
- Exposition von Arbeitern gegenüber Gefährdungen durch Lärm
- Arbeiten in der Nähe von Objekten oder Materialien, die extreme Temperaturen aufweisen

Gefährdungssituationen erkennen – Mann-o-Mann oder besser Mensch-Maschine

In der Praxis werden Gefährdungssituationen häufig im Hinblick auf Aufgaben oder auf die Durchführung von Aufgaben beschrieben, wie z. B. manuelles Einsetzen und/oder Entnehmen von Werkstücken an einer Presse, Störungserkennung und -behebung.

Dabei wird zwangsläufig die ausgeführte Aufgabe analysiert und die Gefährdung im Gefährdungsbereich erfasst – die sog. Gefährdungssituation.

Gefährdungssituationen → ∑ Sicherheitsfunktionen als Risikominderungen

Sobald diese Situationen entstehen können, werden Sicherheitsfunktionen benötigt, um das Schlimmste abwenden zu können.

8.3 Gefahren und die Ermittlung von SIL und PL

DIN EN IEC 62061 (**VDE 0113-50**) und DIN EN ISO 13849-1 haben in ihren informativen Anhängen A aus der Not heraus jeweils versucht eine Methodik für die Ermittlung der geforderten Sicherheitsintegrität einer Sicherheitsfunktion anzubieten – was sich DIN EN ISO 12100 bis heute nicht traut.

Folgen	Schwere *Se*	Klasse $Kl = Fr + Pr + Av$												
		3	*4*	*5*	*6*	*7*	*8*	*9*	*10*	*11*	*12*	*13*	*14*	*15*
Tod, Verlust eines Auges oder Arms	*4*	**SIL 1**		**SIL 2**			**SIL 2**			**SIL 3**			**SIL 3**	
		PL_r b	PL_r c	PL_r d			PL_r d			PL_r e			PL_r e	
dauerhafte Verletzung, Finger verlieren	*3*			**AM**			**SIL 1**			**SIL 2**			**SIL 3**	
				PL_r a			PL_r b		PL_r c	PL_r d			PL_r e	
reversible Verletzung, medizinische Versorgung	*2*	kein SIL (oder PL) erforderlich					**AM**			**SIL 1**			**SIL 2**	
							PL_r a			PL_r b		PL_r c	PL_r d	
reversible Verletzung, Erste Hilfe	*1*									**AM**			**SIL 1**	
										PL_r a			PL_r b	
AM: andere Maßnahmen (z. B. grundlegende Sicherheitsprinzipien)														

Folgen	Schadensausmaß *Se*	Häufigkeit und Dauer der Exposition (*Fr*)			Wahrscheinlichkeit des Eintritts	Wahrscheinlichkeit *Pr*	Möglichkeit zur Vermeidung oder Begrenzung eines Schadens *Av*	
		Häufigkeit der Exposition	Häufigkeit, *Fr*: Dauer der Exposition ≥10 min	Häufigkeit, *Fr*: Dauer der Exposition <10 min				
irreversible: Tod, Verlust eines Auges oder Arms	4							
irreversible: gebrochene Extremität(en), Verlust eines Fingers (von Fingern)	3	≥1 pro Stunde	5	5	sehr hoch	5	unmöglich	5
reversibel: erfordert Versorgung durch einen Arzt	2	<1 pro Stunde bis ≥1 pro Tag	5	4	wahrscheinlich	4		
reversibel: benötigt Erste Hilfe	1	<1 pro Tag bis ≥1 pro 2 Wochen	4	3	möglich	3	selten	3
		<1 pro 2 Wochen bis ≥1 pro Jahr	3	2	selten	2		
		<1 pro Jahr	2	1	vernachlässigbar	1	wahrscheinlich	1

Bild 8.4 Ermitteln des geforderten SIL oder PL

Riskoelemente:

S Schwere der Verletzung
S1 leichte
(üblicherweise reversible Verletzung)
S2 ernste
(üblicherweise irreversible Verletzung einschließlich Tod)

F Häufigkeit und/oder Dauer der Gefährdungsexposition
F1 selten bis weniger häufig und/oder die Zeit der Gefährungsexposition ist kurz
F2 häufig bis dauernd und/oder die Zeit der Gefährungsexposition ist lang

P Möglichkeit zur Vermeidung der Gefährdung oder Begrenzung des Schadens
P1 möglich unter bestimmten Bedingungen
P2 kaum möglich

O Eintrittswahrscheinlichkeit
O1 gering
O2 hoch

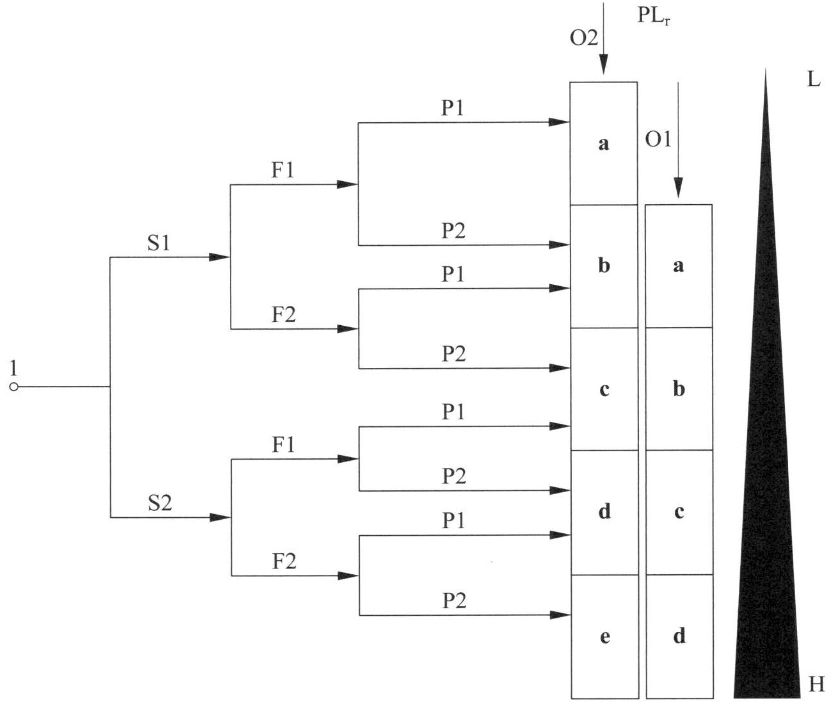

Bild 8.5 Risikograph

8.4 Risikominderung

Es gilt immer als ersten Schritt das „nackte Risiko“ oder „Ursprungsrisiko“ zu ermitteln und zu bewerten: das *Schadenausmaß* und die *Eintrittswahrscheinlichkeit* werden bestimmt – immer im Team. Ziel ist es, mit allen ergriffenen Maßnahmen ein endgültiges und tolerierbares Restrisiko zu ermitteln.

Gefahr durch den Roboterarm	**Eintrittswahrscheinlichkeit**			
Schadensausmaß	**A** sehr wahrscheinlich	**B** wahrscheinlich	**C** unwahr-scheinlich	**D** entfernt vorstellbar
4 irreversibel: • Tod • Verlust eines Auges • Verlust eines Arms				
3 irreversibel: • gebrochene Gliedmaßen • Verlust von Fingern	Ursprungs-risiko	→	→	Restrisiko
2 reversibel: Behandlung durch Mediziner erforderlich				
1 reversibel: Erste Hilfe erforderlich				

Bild 8.6 Risikominderung (Ursprungsrisiko)

Rapid Exchange of Information System (RAPEX)

Richtlinie 2001/95/EG des Europäischen Parlaments und des Rates vom 3. Dezember 2001 über die allgemeine Produktsicherheit

Durchführungsbeschluss (EU) 2019/417 der Kommission

vom 8. November 2018 zur Festlegung von Leitlinien für die Verwaltung des gemeinschaftlichen Systems zum raschen Informationsaustausch „RAPEX“ gemäß Artikel 12 der Richtlinie 2001/95/EG über die allgemeine Produktsicherheit und für das dazugehörige Meldesystem

(Amtsblatt der Europäischen Union vom 15.3.2019, L 73/187)

Gegenüberstellung der RAPEX-Einstufungen und der Einstufungen typischerweise in der Maschinensicherheit hinsichtlich der Eintrittswahrscheinlichkeit

RAPEX-Bezeichnungen	Typische Bezeichnung in der Maschinensicherheit
E ernstes Risiko	A sehr wahrscheinlich
H hohes Risiko	B wahrscheinlich
M mittleres Risiko	C unwahrscheinlich
N niedriges Risiko	D sehr unwahrscheinlich (entfernt vorstellbar)

Die ergriffenen Maßnahmen, die dieses Ursprungsrisiko mindern sollen, werden mittels der Drei-Schritt-Methode umgesetzt und jeweils bewertet.

Zum Schluss bleibt ein Restrisiko, das als akzeptabel eingestuft wird – wenn nicht, müssen weitere Maßnahmen ergriffen werden.

1. Wie hoch ist das Risiko durch …

Das Team bewertet das Risiko zu den einzelnen Gefahren gemäß einem definierten **Risikographen**.

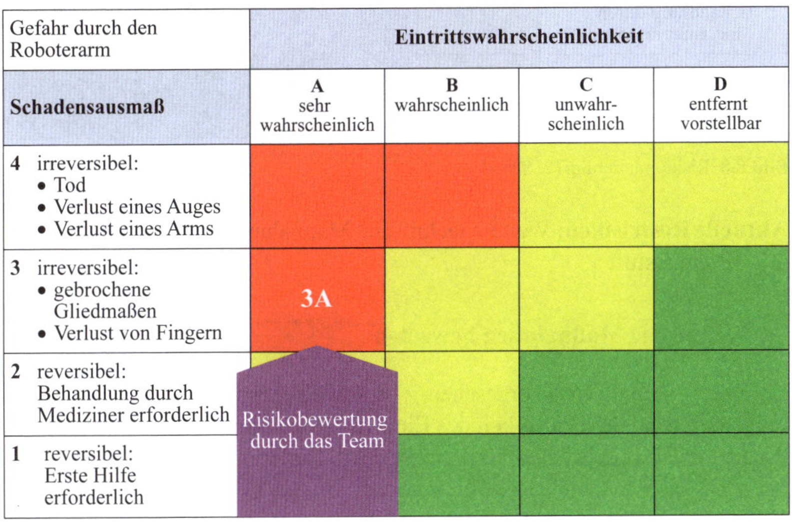

Bild 8.7 Risikominderung (1. Schritt)

Risiko: Es sind keine konstruktiven Maßnahmen ergriffen worden („Ursprungsrisiko“). Hier mit **3A** eingestuft.

2. Konstruktive Maßnahmen bewerten

Trotz konstruktiver Maßnahmen bestehen weiterhin Restrisiken, wie z. B.:

- Der Zugriff z. B. in den Arbeitsbereich ist weiterhin ungehindert möglich.

Gefahr durch den Roboterarm	**Eintrittswahrscheinlichkeit**			
Schadensausmaß	**A** sehr wahrscheinlich	**B** wahrscheinlich	**C** unwahr-scheinlich	**D** entfernt vorstellbar
4 irreversibel: • Tod • Verlust eines Auges • Verlust eines Arms				
3 irreversibel: • gebrochene Gliedmaßen • Verlust von Fingern	**3A** →	**3B**		
2 reversibel: Behandlung durch Mediziner erforderlich		neue Risikobewertung durch das Team		
1 reversibel: Erste Hilfe erforderlich				

Bild 8.8 Risikominderung (2. Schritt)

Aktuelle Restrisiken: Weitere technische Maßnahmen sind notwendig. Hier mit **3B** eingestuft

3. Technische Maßnahmen bewerten

Ein Zugriffsschutz wird vorgesehen, z. B. mit einer trennenden Schutzeinrichtung. Aufgrund der Häufigkeit des Eingriffs (Sicherheitsfunktion) wurde das Risiko (als **3B** beschrieben) jetzt mit einem geforderten SIL 2 | PL d bewertet.

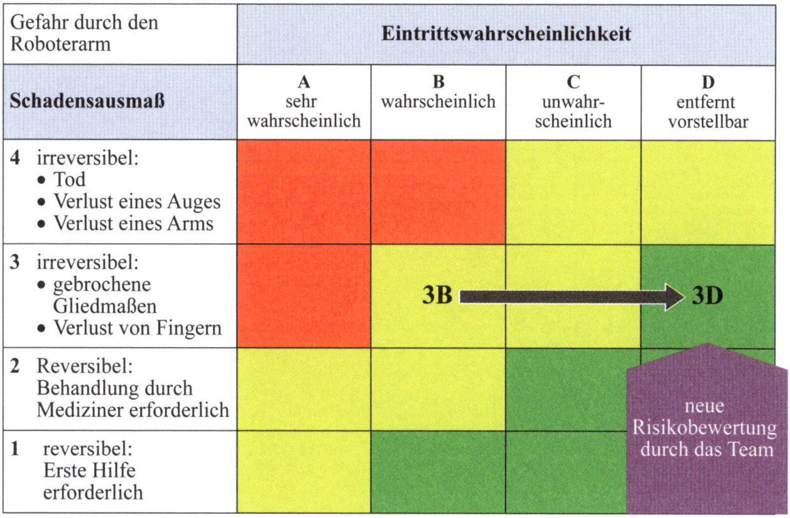

Bild 8.9 Risikominderung (3. Schritt)

Aktuelle Restrisiken: Sind weitere Maßnahmen notwendig?

Mit der Implementierung der Sicherheitsfunktion in der geforderten Güte SIL 2 | PL d kann von einem akzeptablen Restrisiko ausgegangen werden.

Die letzte Frage, die sich noch stellt, ist, ob Benutzerinformationen notwendig sind, damit die Sicherheitsfunktion jederzeit vollumfänglich ausgeführt werden kann.

Zum Beispiel: Wie ist nach dem Anfordern der Sicherheitsfunktion (*Öffnen der trennenden Schutzeinrichtung*) zu verfahren (Stichwort *Reset* oder *Quittieren*) und ist eine persönliche Schutzeinrichtung notwendig, solange die Schutzeinrichtung geöffnet ist?

Erst dann kann für diese Gefährdung abschließend die Risikobeurteilung beendet werden.

Alle weiteren Gefährdungen werden mit der gleichen Herangehensweise oder (Drei-Schritt-)Methodik der DIN EN ISO 12100 betrachtet.

Wenn für das Betreiben der Maschine alle Gefährdungen ermittelt und die Risiken für den Bediener entsprechend gemindert wurden, erst dann kann von einer „sicheren“ Maschine ausgegangen werden, die in Verkehr gebracht werden darf.

9 Begriffe und Definitionen

9.1 Übersicht aller Abkürzungen und Begriffe

Abkürzungen	Bezeichnung
CCF	Ausfälle aufgrund gemeinsamer Ursache (en: Common Cause Failure(s))
DC	Diagnosedeckungsgrad (en: Diagnostic Coverage)
EMV	Elektromagnetische Verträglichkeit (en: Electromagnetic Compatibility)
FVL	Programmiersprache mit nicht eingeschränktem Sprachumfang (en: Full Variability Language)
IO	Input Output
LVL	Programmiersprache mit eingeschränktem Sprachumfang (en: Limited Variability Language)
HFT	Hardware-Fehlertoleranz (en: Hardware Fault Tolerance)
PFH PFH_D	mittlere Häufigkeit eines gefahrbringenden Ausfalls pro Stunde (en: Probability of dangerous Failure per Hour)
MTTF	mittlere Dauer bis zum Ausfall (en: Mean Time To Failure)
MTTR	mittlere Dauer bis zur Wiederherstellung (en: Mean Time To Restoration)
PL	Performance Level
P_{TE}	Wahrscheinlichkeit eines gefahrbringenden Übertragungsfehlers (en: Probability of dangerous Transmission Error)
RDF	Anteil gefahrbringender Ausfälle (en: Ratio of Dangerous Failure)
SFF	Anteil sicherer Ausfälle (en: Safe Failure Fraction)
SIL	Sicherheitsintegritätslevel (en: Safety Integrity Level)
SCS	Sicherheitsbezogenes Steuerungssystem (en: Safety-Related Control System)
SRS	Spezifikation der Sicherheitsanforderungen (en: Safety Requirements Specification)

Begriff Deutsch	Begriff Englisch
Anforderung	demand
Anteil gefahrbringender Ausfälle (*RDF*)	ratio of dangerous failure (*RDF*)
Anteil sicherer Ausfälle (*SFF*)	safe failure fraction (*SFF*)
Anwendungssoftware	application software
Architektur	architecture
Architektur-Einschränkung [strukturelle Einschränkung]	architectural constraint
Ausfall	failure
Ausfälle aufgrund gemeinsamer Ursache (CCF)	common cause failure (CCF)
Ausfallgrenzwert	target failure measure
Basiskonfiguration	baseline (configuration)
bereits entworfenes und geprüftes Teilsystem	pre-designed (SCS or subsystem)
Betriebsart mit hoher Anforderungsrate	high demand mode
Betriebsart mit kontinuierlicher Anforderung	continuous mode
Betriebsart mit niedriger Anforderungsrate	low demand mode
bewährte Sicherheitsprinzipien	well-tried safety principles
bewährtes Bauteil	well-tried component
Bypass [Umgehung]	bypass
Diagnosedeckungsgrad (*DC*)	diagnostic coverage (*DC*)
(SCS) Diagnosefunktion	(SCS) diagnostic function
Diagnose-Testintervall	diagnostic test interval
Embedded-Software	embedded software
Fehler	fault
(SCS) Fehlerreaktionsfunktion	(SCS) fault reaction function
Fehlertoleranz	fault tolerance
Funktionale Sicherheit	functional safety
Gebrauchsdauer	useful lifetime
gefahrbringender Ausfall	dangerous failure
Gefährdung	hazard
Hardware-Fehlertoleranz (*HFT*)	hardware fault tolerance (*HFT*)
Hardware-Sicherheitsintegrität	hardware safety integrity
Integrator	integrator
Kategorie (vorgesehene Architektur)	category

Begriff Deutsch	Begriff Englisch
komplexe Komponente [Bauteil]	complex component
Komponente mit geringer Komplexität	low complexity component
Konfigurationsmanagement	configuration management
Maschine	machinery (machine)
Maschinensteuerungssystem	machine control system
mittlere Häufigkeit eines gefahrbringenden Ausfalls pro Stunde (*PFH*)	average frequency of dangerous failure per hour (*PFH*)
mittlere Reparaturzeit (MRT)	mean repair time (MRT)
mittlere Wahrscheinlichkeit eines gefahrbringenden Ausfalls bei Anforderung (PFH_{avg})	average probability of dangerous failure on demand (PFD_{avg})
mittlere Zeit bis zum Ausfall	mean time to failure (*MTTF*)
mittlere Zeit bis zum gefahrbringenden Ausfall	mean time to dangerous failure ($MTTF_D$)
mittlere Zeit bis zur Wiederherstellung (*MTTR*)	mean time to restoration (*MTTR*)
Muting	muting
Performance Level (PL)	Performance Level (PL)
Programmiersprache mit eingeschränktem Sprachumfang	limited variability language (LVL)
Programmiersprache mit nicht eingeschränktem Sprachumfang (FVL)	full variability language (FVL)
Proof-Test	proof test
Proof-Test-Abdeckung	proof test coverage
Prozess-Sicherheitszeit	process safety time
Risiko	risk
Schaden	harm
Schutzmaßnahmen	protective measure
Security	security
sicherer Ausfall	safe failure
sicherer Zustand	safe state
Sicherheit	safety
sicherheitsbezogene Software	safety-related software
Sicherheitsfunktion	safety function
sicherheitsbezogenes Steuerungssystem (SCS)	safety-related control system (SCS)
Sicherheitsintegrität	safety integrity
Sicherheitsintegritätslevel (SIL)	Safety integrity level (SIL)

Begriff Deutsch	Begriff Englisch
Spiegelkontakt	Mirror contact
systematische Sicherheitsintegrität	systematic safety integrity
systematischer Ausfall	systematic failure
Teilfunktion	sub-function
Teilsystem	subsystem
Teilsystem-Element	subsystem element
Validierung (einer Sicherheitsfunktion)	validation (of the safety function)
Verifizierung	verification
Wahrscheinlichkeit eines gefahrbringenden Ausfalls bei Anforderung (*PFD*)	probability of dangerous failure on demand (*PFD*)
zufälliger Hardwareausfall	random hardware failure
zwangsgeführter Kontakt	mechanically linked contact

9.2 Begriffe kompakt – ergänzend erläutert

A

Begriffe

Anforderung

Ereignis, das das SCS oder das SRP/CS veranlasst, eine Sicherheitsfunktion auszuführen.

Ergänzende Erläuterungen:

✓ Anforderungsmodus bedeutet, dass eine Sicherheitsfunktion nur auf Anforderung (en: demand) ausgeführt wird, um die Maschine in einen bestimmten Zustand zu versetzen. Das SCS beeinflusst die Maschine erst dann, wenn eine Anforderung an die Sicherheitsfunktion vorliegt.

Die Anforderungsrate (en: demand rate) oder die Häufigkeit der Anforderungen ist einer der Hauptfaktoren, der bei der Bewertung des Anforderungsmodus, niedrig oder hoch, berücksichtigt wird. Für diesen speziellen Zweck kann die Anforderungsrate mit der Häufigkeit von Ereignissen identifiziert werden, bei denen ohne Eingreifen der Sicherheitsfunktion Schäden auftreten würden. Diese Rate kann niedriger sein als eine tatsächliche Rate der Auslösung der Sicherheitsfunktion während des Betriebs.

Für eine Not-Halt-Funktion ist der Anforderungsmodus nicht definiert. Zur Bestimmung des erreichten SIL ist in der Regel das Prinzip zur Bewertung des gewählten Anforderungsmodus der anderen Funktionen anwendbar.

Anteil gefahrbringender Ausfälle
RDF

Anteil der Rate aller Ausfälle eines Elements, der zu einem gefahrbringenden Ausfall führen kann.

Ergänzende Erläuterungen:

✓ ***RDF* hat nichts mit *SFF* zu tun, sondern mit $MTTF_D$ oder λ_D.**
Verschleißbehaftete Komponenten haben Fehlermodi bzw. Ausfallmodi.

Dabei gibt es immer (aus Sicht der Verwendung) zwei mögliche Zustände:

- ein sicherer Ausfall und
- ein unsicherer Ausfall

Die Beziehung zwischen B_{10D}, B_{10} und dem Verhältnis des gefährlichen Ausfalls (*RDF*) ist

$$B_{10D} = \frac{B_{10}}{\text{Anteil gefahrbringender Ausfälle}}$$

In der Normensprache spricht man von:

- *„Ein sicherheitsgerichteter Ausfall"* (λ_S) oder ($MTTF_S$) und:
  Eine Abkürzung $MTTF_S$ sucht man vergeblich in den Normen.
  Diese müsste aber so logischerweise existieren.
  Die Normen betrachten nur die gefährlichen Ausfälle (λ_D oder $MTTF_D$) zur Ermittlung des *PFH*-Werts, dagegen ist λ_S zur Ermittlung des *SFF* entscheidend. DIN EN ISO 13849-1 kennt kein λ_S, sondern nur $MTTF_D$; die Kategorien benötigen per Definition kein *SFF*, sondern werden verbal anders umschrieben.
  Im Kern aber verbirgt sich hinter den Kategorien der *SFF*-Ansatz der DIN EN IEC 62061 (**VDE 0113-50**), ohne es aber zuzugeben.
- *„Ein gefahrbringender Ausfall"* (λ_D) oder ($MTTF_D$).
  In der Praxis werden Komponenten mit einem $MTTF_D$ (z. B. fluidtechnische Ventile) umschrieben, oder aber mit einem B_{10D} (z. B. Leistungsschütze, Positionsschalter, …).

Dabei beschreibt die Produktnorm der Leistungsschütze die B_{10}-Wertermittlung und die Ausfallmodi. Diese werden dann mit dem *RDF*-Faktor angegeben.

Beispiel:

Mit B_{10D} = 1 000 000 [Schaltspiele] und *RDF* = 73 [%] (Kontakte öffnen nicht) ergibt

$$B_{10D} = \frac{1\,000\,000}{0{,}73} = 1\,386\,000\,[\text{gefahrbringende Schaltspiele}]$$

Anteil sicherer Ausfälle
SFF

Anteil der Gesamtausfallrate eines Teilsystems, der nicht zu einem gefahrbringenden Ausfall führt.

Ergänzende Erläuterungen:

- ✓ Architektur, *HFT* und *SFF* ergeben einen max. erreichbaren SIL.
- ✓ λ_S ist bei verschleißbehafteten Komponenten verschwindend klein.

$$SFF = \frac{\sum\lambda_S + \sum\lambda_{DD}}{\sum\lambda_S + \sum\lambda_D} \geq \left(\frac{\sum\lambda_{DD}}{\sum\lambda_D}\right)_{\text{verschleißbehaftete Komponenten}}$$

Der Diagnosedeckungsgrad (falls vorhanden) jedes Teilsystems des SCS wird bei der Berechnung der Wahrscheinlichkeit zufälliger Hardwareausfälle berücksichtigt. Der Anteil der sicheren Ausfälle wird bei der Bestimmung der strukturellen Einschränkungen der Sicherheitsintegrität der Hardware berücksichtigt.

„Ausfälle ohne Auswirkung“ und „Ausfälle eines unbeteiligten Bauteils“ (siehe DIN EN 61508-4 (**VDE 0803-4**)) wird für *SFF*-Berechnungen nicht verwendet.

Kategorien und *SFF* verfolgen dasselbe Ziel – Bewertung einer ein- oder zweikanaligen Architektur:

DIN EN ISO 13849-1	**DIN EN IEC 62061 (VDE 0113-50)**			**DIN EN ISO 13849-1**
Kategorie	**Fehlertoleranz der Hardware 0 = einkanalig, 1 = zweikanalig**	***SFF = DC***	**Maximal erreichbarer SIL**	**Maximal erreichbarer PL**
1	0	< 60 %	SIL 1	PL c
2	0	60 % … 90 %	SIL 1/2	PL c/d
3	1	< 60 %	SIL 1	PL c
	1	60 % … 90 %	SIL 2	PL d
4	1	> 90 %	SIL 3	PL e

SIL 1	*PFH* =	< 1E–05 (oder < 10E–06)	
PL c	*PFH* =	< 1E–05 (oder < 10E–06),	aber auch < 3E–06 (oder < 0,3E–05)
PL b	*PFH* =	< 1E–05 (oder < 10E–06),	aber auch ≥ 3E–06 (oder ≥ 0,3E–05).

Anwendungssoftware

Anwendungsspezifische Software, die vom Hersteller in die Maschine implementiert (Konstrukteur des SCS oder SRP/CS) implementiert wird und im Allgemeinen logische Sequenzen, Grenzwerte und Ausdrücke enthält, die die entsprechende Eingabe, Ausgabe, Berechnungen und Entscheidungen steuern, die zur Erfüllung der funktionalen Anforderungen des SCS oder SRP/CS erforderlich sind.

Ergänzende Erläuterungen:

- ✓ In der DIN EN IEC 62061 (**VDE 0113-50**) ist der **Software-Level 1** definiert worden, weil eine Plattform (Kombination aus Hardware und Software) in der Praxis verwendet wird, die gemäß DIN EN 61508 (**VDE 0803**) oder anderen mit DIN EN 61508 (**VDE 0803**) verknüpften Normen zur Funktionalen Sicherheit, z. B. DIN EN 61131-6 (**VDE 0411-506**), bereits entworfen und geprüft wurde.
- ✓ Es gilt das vereinfachte V-Modell.

In der Maschinensicherheit wird vornehmlich LVL verwendet. FVL wird dagegen in der „Embedded-Software" und eher selten in Anwendungssoftware eingesetzt.

DIN EN ISO 13849-1 verwendet das Akronym SRASW.

Alle Aktivitäten im Lebenszyklus von sicherheitsbezogener Anwendungssoftware müssen sich auf die Vermeidung von systematischen Fehlern konzentrieren –während des gesamten Software-Lebenszyklus.

Architektur

Spezifische Konfiguration von Hardware- und Software-Elementen in einem SCS oder SRP/CS.

Ergänzende Erläuterungen:

- ✓ In DIN EN IEC 62061 (**VDE 0113-50**) wird der Begriff auf Teilsystem-Ebene verwendet und dient der Bestimmung der Basis-Teilsystemarchitektur.
- ✓ DIN EN ISO 13849-1 spricht von „vorgesehenen Architekturen", die den Kategorien entsprechen.

DIN EN IEC 62061 (**VDE 0113-50**) berechnet den *PFH*- bzw. PFH_D-Wert auf Basis von mathematischen Formeln, die von einer Modellierung von ein- bzw. zweikanaligen Architekturen mittels Zustandsdiagramme hergeleitet sind.

DIN EN ISO 13849-1 stellt ein vereinfachtes Verfahren bereit, um die quantifizierbaren Aspekte des PL eines SRP/CS auf der Basis vorgesehener Architekturen („Kategorien") abzuschätzen – der Anhang K stellt eine numerische Darstellung einer Markov-Modellierung dar.

Beide Ansätze liefern vergleichbare Ergebnisse.

Architektur-Einschränkungen (en: architectural constraints)

Architekturanforderungen, die den SIL oder PL beschränken, der für ein Teilsystem beansprucht werden kann.

Ergänzende Erläuterungen:

- ✓ In DIN EN IEC 62061 (**VDE 0113-50**) wird der Begriff auf Teilsystem-Ebene verwendet: *SFF* stellt das Ergebnis dieser Einschränkungen dar und stellt den max. erreichbaren SIL oder PL bereit, unabhängig von dem *PFH*- bzw. PFH_D-Wert des Teilsystems.
- ✓ DIN EN ISO 13849-1 kennt diesen Begriff nicht, aber verfolgt den vergleichbaren Ansatz mit den Kategorien. Leider spielt bei der Einschränkung durch eine gewählte Kategorie auch der erreichte PFH_D-Wert eine maßgebliche Rolle. Das erklärt den Aufbau des Anhang K und die Begrenzung auf $MTTF_D$ von 100 Jahren.

DIN EN IEC 62061 (**VDE 0113-50**) und DIN EN ISO 13849-1 liefern vergleichbare Einschränkungen.

Ausfall (en: failure)

Beendigung der Fähigkeit eines Elements (SCS, SRP/CS, eines Teilsystems oder eines Teilsystem-Elements), eine geforderte Funktion auszuführen.

Ergänzende Erläuterungen:

- ✓ Nach einem Ausfall weist das Element einen Fehler auf.
- ✓ Der Ausfall stellt ein Ereignis dar, im Unterschied zu dem „Fehler“, der ein Zustand ist.

Ausfälle sind entweder zufällig (bei Hardware) oder systematisch (bei Hardware oder Software): Daher werden zufällige Hardware-Ausfälle mit dem *PFH*- bzw. PFH_D-Wert auf der Teilsystem-Ebene bewertet und die systematischen Ausfälle mit der systematischen Sicherheitsintegrität.

Der Fehler eines Teilsystem-Elements kann zum Ausfall eines Teilsystems führen – Ausfall eines Teilsystems ist Ausfall des SCS.

Der Vorteil von Teilsystemen und einer hierarchischen Herangehensweise – keine Verwirrung wie bei DIN EN ISO 13894-1 mit SRP/CS, dass alles oder doch nur ein Teilsystem ist:

Ein Fehler ist nicht zwangsläufig ein Ausfall. Aber jeder Ausfall hat einen Fehler als Ursache. Im Deutschen werden beide Begriffe oft gleichgesetzt – das macht die Sache nicht wirklich leichter.

Im Sinne der Norm werden alle Fehler betrachtet, die das Potenzial für einen möglichen Ausfall haben. Das beginnt mit den Teilsystem-Elementen und endet mit einer Betrachtung auf der Teilsystem-Ebene.

Ausfälle aufgrund gemeinsamer Ursache (CCF)

Ausfall, der das Ergebnis eines oder mehrerer Ereignisse, die zu gleichzeitigen Ausfällen von zwei oder mehr getrennten Kanälen in einem mehrkanaligen Teilsystem führt, was den Ausfall einer Sicherheitsfunktion zur Folge hat.

Ergänzende Erläuterungen:

✓ Diese Ausfälle beruhen nicht auf gegenseitiger Ursache.

Die systematische Integrität wird mathematisch mit dem Faktor Beta β berücksichtigt.

Die Wahrscheinlichkeit eines Ausfalls aufgrund von einer gemeinsamen Ursache wird mit den Werten 10 %, 5 %, 2 % oder 1 % beziffert, besser gesagt angenommen.

Wenn zwei unterschiedliche Technologien verwendet werden, z. B. Elektromechanik und Elektronik, dann könnte 1 % angenommen werden.

In der Praxis kann von 2 % ausgegangen werden: Bei gleicher Technologie hängt es von der Überdimensionierung ab. Zum Beispiel zwei Leistungsschütze mit max. 50 % Belastung können ein β = 2 % rechtfertigen.

Wer pfiffig ist rechnet zunächst alles mit 10 %, um einer Diskussion aus dem Weg zu gehen. Sollten die *PFH*-Werte reichen, dann erst recht. Aber nichtsdestotrotz verlangt auch mit Recht, dass CCF nicht einfach mal so schnell bewertet wird, sondern dass Mindestanforderungen zu betrachten sind.

Ausfallgrenzwert

Angestrebte *PFH*- bzw. PFH_D-Wert oder PFD_{avg}, die erreicht werden sollen, eine oder mehrere spezifische Anforderungen an die Sicherheitsintegrität zu erfüllen. ***PFH*** ***PFH_D***

Ergänzende Erläuterungen:

✓ Der Ziel- Ausfallgrenzwert wird spezifiziert in Bezug auf:

- der mittleren Wahrscheinlichkeit eines gefahrbringenden Ausfalls der Sicherheitsfunktion bei Anforderung, (für eine Betriebsart mit niedriger Anforderung);
- die mittlere Häufigkeit eines gefahrbringenden Ausfalls [h^{-1}] (für eine Betriebsart mit hoher oder eine kontinuierliche Anforderung).

PFH_D kommt aus dem Englischen und bedeutet also „Probability of Failures per Hour, Dangerous“. Diese statistischen Grenzwerte (Probabilistik) kann man sich bildhaft wie folgt vorstellen:

- SIL 1, ein möglicher Ausfall in ca. 10 Jahren;
- SIL 2, ein möglicher Ausfall in ca. 100 Jahren;
- SIL 3, ein möglicher Ausfall in ca. 1 000 Jahren.

Frequenz oder Wahrscheinlichkeit ist im Grunde dasselbe für Nicht-affine-Mathematiker (en: Probability of dangerous Failure per Hour).

DIN EN 61508 (**VDE 0803**) hat in der Überarbeitung von 2010 den Mathematikern zu viel Platz gegeben, die prompt den *PFH*-Wert als eine Frequenz definiert haben – was inhaltlich korrekt ist, weil sich *PFH* in der Einheit $\left[\frac{1}{\text{Stunde}}\right]$ oder $\left[\frac{1}{\text{h}}\right]$ ausdrückt, und das wiederum, weil

$$PFH_{\text{avg}} = \frac{1}{T}\int_0^T \left(\frac{\mathrm{d}P(t)}{\mathrm{d}t}\right)\mathrm{d}t = \frac{1}{T}\int_0^T P'(t)\,\mathrm{d}t$$

definiert ist.

Seit 2005 gibt es PFH_D als Abkürzung oder Akronym und „Probability" und nicht „Frequency" wird deshalb verwendet. So kommt es, dass es *PFH* oder PFH_D nach wie vor noch gibt, aber die Frequenz still und heimlich in der Definition auftaucht.

SIL	PL	***PFH* oder PFH_D**
1	PL b oder PL c	$< 10^{-5}$ (< 1E–05)
2	PL d	$< 10^{-6}$ (< 1E–06)
3	PL e	$< 10^{-7}$ (< 1E–07)

B

Begriffe

Basiskonfiguration

genau definierter Satz von Elementen (Hardware, Software, Dokumentation, Tests usw.) eines SCS zu einem bestimmten Zeitpunkt.

Ergänzende Erläuterungen:

✓ Eine Basiskonfiguration dient als Grundlage zur Verifikation, Validierung, Modifikation und Änderung.

Wenn ein Element geändert wird, hat die Basiskonfiguration einen Zwischenstand, bis eine neue Basiskonfiguration definiert wird.

Bereits entworfenes und geprüftes Teilsystem „pre-designed“ Teilsystem (en: pre-designed SCS or subsystem)

SCS oder Teilsystem, das die relevanten Anforderungen einer Norm für Funktionale Sicherheit erfüllt.

Ergänzende Erläuterungen:

✓ Ein Teilsystem, das bereits entworfen und geprüft wurde kennzeichnet sich dadurch, dass ein SIL bzw. ein PL mit einem *PFH*- bzw. PFH_D-Wert genannt wird.

Normen für die Funktionale Sicherheit können z. B. die DIN EN 61508 (**VDE 0803**), DIN EN 61800-5-*x* (VDE 0160-105-*x*), DIN EN IEC 61496-*x* (**VDE 0113-20*x***) oder die DIN EN ISO 13849-1 sein.

Betriebsart mit hoher Anforderungsrate

Betriebsart, bei der die Häufigkeit der Anforderungen an eine Sicherheitsfunktion größer als einmal pro Jahr ist.

Ergänzende Erläuterungen:

PFH
PFH_D

✓ Die Unterscheidung zwischen der Betriebsart mit hoher und kontinuierlicher Anforderungsrate ist für die Qualifizierung von Diagnosemaßnahmen relevant. Sie ist nicht relevant für den *PFH*- bzw. PFH_D-Wert und die SIL-Zuweisung.

Betriebsart mit kontinuierlicher Anforderungsrate bedeutet, dass eine Sicherheitsfunktion kontinuierlich ausgeführt wird, d. h., das SCS steuert die Maschine kontinuierlich und ein (gefährlicher) Ausfall ihrer Funktion kann zu einer Gefährdung führen.

Woher kommt die Grenze einmal pro Jahr?

Auf der einen Seite sind die Mathematiker daran schuld, weil damit eine Unterscheidung für die Sinnhaftigkeit von *PFH* bzw. PFH_D und *PFD* definiert wurde. Ob die aber auch wirklich so sinnig ist, darf bezweifelt werden, wenn man sich die kritischen Grenzen anschaut, bei denen ein *PFH*- bzw. PFH_D-Wert für ein Teilsystem auf Basis der konstanten Ausfallraten berechnet wird: Wenn z. B. ein Betätigungsintervall von ein Mal pro Stunde gewählt wird, dann ist der *PFH*- bzw. PFH_D-Wert für ein Leistungsschütz nicht die bestimmende Größe für den erreichbaren SIL oder PL.

Auf der anderen Seite ist eine Jahresgrenze aus Sicht der Maschinensicherheit nicht unklug, weil dann in der Regel eine Wartung stattfindet.

In der Maschinensicherheit wird der Bediener nicht als risikomindernde Maßnahme beurteilt. Er ist die Ursache für Funktionale Sicherheit – und nicht Teil der Lösung.

Ausnahmen bilden hier ausgebildete Fachkräfte (en: skilled persons), die besondere Maschinenfunktionen nutzen dürfen und bewusst Sicherheitsfunktionen in Anspruch nehmen, wie z. B. das Einrichten mit einer sicheren reduzierten Geschwindigkeit.

Das heißt also, dass immer von einer hohen Anforderungsrate in der Maschinenwelt ausgegangen werden muss: Die Schutzfunktionen als Sicherheitsfunktionen werden sicherlich mehrmals pro Jahr, Monat oder Tag angefordert oder benötigt werden.

Warum genau? Weil wir nicht wissen können, was der Bediener mit der Nutzung der Maschine letztendlich vorhat. Wir können Annahmen treffen, mehr auch nicht.

Beispiel: Man kann von einem stündlichen Öffnen einer Schutzhaube ausgehen oder annehmen. Wenn es aber zu vermehrten Störungen kommt, weil das verwendete Fördermaterial diese Störungen hervorruft, dann ist diese Annahme hinfällig. Der umgekehrte Fall gilt aber genauso, wenn die Sicherheitsfunktionen seltener als vorgesehen angefordert werden.

Betriebsart mit kontinuierlicher Anforderungsrate

Betriebsart, bei der die Sicherheitsfunktion die Maschine als Teil des Normalbetriebs in einem sicheren Zustand hält.

Ergänzende Erläuterungen:

✓ Im Vergleich zur Betriebsart mit hoher Anforderungsrate ist eine permanente Ausführung der Überwachungsmaßnahmen gegeben.

Beispiel 1: Die sichere reduzierte Geschwindigkeit, SLS (en: safely limited speed) nach DIN EN 61800-5-1 (**VDE 0160-105-1**), einer sich bewegenden Achse.

Beispiel 2: Die permanente Überwachung einer Position oder eines Füllstandes aufgrund von analogen Messwerten, die mit einem erlaubten Höchstwert verglichen werden, und bei Überschreiten zu einer sicherheitsgerichteten Reaktion führen.

Wenn eine sichere reduzierte Geschwindigkeit durch eine sicherheitsgerichtete SPS oder ein sicherheitsgerichtetes Antriebssystem überwacht wird, dann erfolgt das im ms-Takt, und zwar quasi kontinuierlich.

Für den Hersteller einer Maschine ist diese Lösung sehr hilfreich und wird auch oft vorgesehen, aber wie diese Lösung letztendlich zustande kommt, ist Sache des Komponenten-Herstellers.

Diese Sicherheitsfunktionen sind aus Bedienersicht einfach nur da und werden einen Betätigungszyklus haben, der sich in der Regel nach der Maschinenfunktion richten.

Betriebsart mit niedriger Anforderungsrate

Betriebsart, bei der die Häufigkeit der Anforderungen an eine Sicherheitsfunktion nicht größer als einmal pro Jahr ist.

PFD

Ergänzende Erläuterungen:

✓ Die Anforderung erfolgt sehr selten im Vergleich zu der Betriebsart mit hoher Anforderungsrate.

Wenn eine Sicherheitsfunktion nun nicht innerhalb einer gewissen Zeit in Anspruch genommen wurde, und wenn man diese Zeit mit einem Jahr benennen würde, dann rutscht man in die Definition der Betriebsart mit niedriger Anforderungsrate.

In der Prozessindustrie findet sich diese Betriebsart vornehmlich.

Die Prozesse sind meist zeitlich sehr langsam (im Vergleich zu einer Maschine) einzustufen und die Reaktion auf einen Prozess, der nicht korrekt funktioniert oder reagiert, ist nicht im Sekundenzeitraum anzusiedeln, sondern weit niedriger. Es kommt selten zu kritischen Situationen, weil der Bediener Teil der Lösung ist. Ihm wird zusammen mit dem Maschinensteuerungssystem quasi ein SIL 1 eingeräumt (siehe BPCS in der DIN EN 61511-*x* (**VDE 0810-*x***)).

Eine zweiter „Layer Of Protection" stellt dann die originäre Funktionale Sicherheit dar, bzw. die eigentlichen Sicherheitsfunktionen.

Dieses Konzept kennt man nicht in der Maschinensicherheit, weil der Bediener immer als unbekannte Größe angenommen wird und auch Teil des Problems ist.

Und – was leider oft unterschätzt wird, in der Prozessindustrie sind Technik und Prozessanlagen eng mit dem Betreiber verbunden. Der Betreiber ist oftmals zugleich der „Maschinenhersteller" oder „Integrator" im Sinne von größeren Anlagen.

Dagegen kennt eine Maschine zwar seinen Schöpfer, aber nicht seinen zukünftigen Herrn, dem er dienen wird – einem Chaoten oder einem Pferdeflüsterer. Wer weiß das schon?

Und: Der Hersteller einer Maschine kennt auch nur bedingt die Umgebung seiner Endkunden und kann nur hoffen, dass seine Kunden pfleglich mit seiner Maschine umgehen – so wie er es in der Betriebsanleitung dokumentiert und öffentlich kommuniziert hat.

Bewährte Sicherheitsprinzipien

Prinzipien, die sich in der Vergangenheit beim Entwurf oder bei der Integration sicherheitsbezogener Steuerungssysteme als wirksam erwiesen haben, um kritische Fehler oder Ausfälle, die die Ausführung einer Sicherheitsfunktion beeinflussen können, zu vermeiden oder zu beherrsche.

Ergänzende Erläuterungen:

✓ Bewährte Sicherheitsprinzipien sind nicht nur gegen zufällige Hardware-Ausfälle wirksam, sondern auch gegen systematische Ausfälle, die sich irgendwann im Laufe des Produktlebenszyklus in das Produkt einschleichen können, z. B. Fehler, die während des Produktdesigns, der Integration, der Modifikation oder der Abnutzung auftreten.

Neu entwickelte Sicherheitsprinzipien können als gleichwertig mit „bewährt" betrachtet werden, wenn sie anhand von Prinzipien verifiziert werden, die ihre Eignung und Zuverlässigkeit für sicherheitsbezogene Anwendungen nachweisen.

Die Tabellen A.2, B.2, C.2 und D.2 in den informativen Anhängen von DIN EN ISO 13849-2: 2013-02 befassen sich mit bewährten Sicherheitsprinzipien für verschiedene Technologien.

Grundlegende Anforderungen	**Hardware-Fehlertoleranz (*HFT*)**			
	0		**1**	
	SFF		***SFF***	
	< 60 %	≥ 60 %	< 60 %	≥ 60 %
grundlegende Sicherheitsprinzipien	M	M	M	M
bewährte Sicherheitsprinzipien	M	M	M	M
bewährte Bauteile	M	–	M	–
CCF	nicht relevant	M	M	M
Basis-Teilsystemarchitektur	**A**	**C**	**B**	**D**
Kategorien gemäß DIN EN ISO 13849-1	***1***	***2***	***existiert nicht***	***3/4***

Bewährtes Bauteil

für eine sicherheitsbezogene Anwendung, Bauteil für eine sicherheitsbezogene Anwendung, das entweder

a) in der Vergangenheit mit erfolgreichen Ergebnissen in ähnlichen sicherheitsbezogenen Anwendungen weit verbreitet waren, wie sie als bewährte Komponenten in den informativen Anhängen der DIN EN ISO 13849-2 angegeben sind, oder

b) unter Anwendung von Prinzipien hergestellt und verifiziert wurde, die seine Eignung und Zuverlässigkeit für sicherheitsbezogene Anwendungen belegen. DIN EN ISO 13849-2 führt eine Vielzahl von Bauteilen und die Bedingungen für bestimmte Technologien auf, unter denen das Bauteil als bewährt angesehen werden kann.

Ergänzende Erläuterungen:

- ✓ **Ein bewährtes Bauteil ist kein betriebsbewährtes Bauteil.**
- ✓ Komplexe elektronische Bauteile (z. B. SPS, Mikroprozessoren, anwendungsspezifische integrierte Schaltkreise) können nicht als gleichwertig zu „bewährt“ angesehen werden.

Die DIN EN ISO 13849-2 listet eine Vielzahl von Komponenten und die Bedingungen für bestimmte Technologien auf, unter denen die Komponente als bewährt angesehen werden kann.

Neu entwickelte Bauteile können als gleichwertig mit „bewährt“ angesehen werden, wenn sie die Bedingungen unter b) erfüllen.

Die Entscheidung, ein bestimmtes Bauteil als „bewährt“ zu akzeptieren, hängt von der Anwendung ab, z. B. aufgrund der Umwelteinflüsse, und kann durch Produkt- oder Herstelleränderungen beeinflusst werden.

Bypass [Umgehung]

Aktion oder Einrichtung, um die Ausführung der gesamten oder von Teilen der SCS- bzw. SRP/CS-Funktionalität zu verhindern.

Ergänzende Erläuterungen:

- ✓ Es werden auch andere Begriffe verwendet, die sich auf die Umgehung beziehen, wie z. B. Abschalten, Sperren, Erzwingen oder Sperren bzw. Muting.

Der Bypass einer ganzen Sicherheitsfunktion darf nur in Ausnahmefällen und unter Berücksichtigung der Risikobeurteilung als auch der Arbeitsabläufe als allerletzte Lösung verwendet werden: Es müssen ergänzende Maßnahmen ergriffen werden, die einen höchstmöglichen Schutz des Bedieners sicherstellen und nur dann zu rechtfertigen sind.

„Muting“ im Kontext von Verwendung von Lichtvorhängen stellt eine Sonderform des Bypasses dar: Die Sicherheitsfunktion „Überwachung durch den Lichtvorhang“ erlaubt, dass gewisse Bereiche nicht überwacht werden, und das in einem definierten Zeitfenster.

Diagnosedeckungsgrad (*DC*) (0 %, 60 %, 90 % und 99 %)

Anteil gefahrbringender Ausfälle, die durch automatische Online-Diagnosetests erkannt werden.

Ergänzende Erläuterungen:

✓ Der Diagnosedeckungsgrad gefahrbringender Ausfälle wird anhand der folgenden Gleichung berechnet, wobei *DC* der Diagnosedeckungsgrad, λ_{DD} die Rate erkannter gefahrbringender Ausfälle und $\lambda_{D\ total}$ die Rate aller gefährlichen Ausfälle ist:

$$DC = \frac{\sum \lambda_{DD}}{\sum \lambda_{D\ total}}$$

Diese Definition ist anwendbar, sofern die einzelnen Bauteile konstante Ausfallraten aufweisen.

Diagnose zum Aufdecken von Fehlern in einem bestimmten Intervall – sog. „online" oder „automatische" Diagnose

Fehler aufdecken heißt in der Praxis Ausfälle von Teilsystem-Elementen erkennen.

Aufdecken bedeutet dann Diagnose, wenn damit auch eine Fehlerreaktion verbunden ist, mit dem Ziel, etwas zu bewirken: Die Diagnosefunktion versucht aktiv den sicheren Zustand einzuleiten oder aufrechtzuerhalten.

Beispiel: Wenn einer von zwei verwendeten Positionsschaltern seinen zwangsöffnenden Kontakt nicht mehr öffnen kann, dann wird mittels des zweiten Positionsschalters dieser Fehler bzw. Ausfall erkannt, und ein erneutes Starten der Maschine wird als Fehlerreaktion verboten. Dann darf man von $DC = 99\ \%$ reden. Und die Sicherheitseinrichtung (Sicherheitsschaltgerät oder Sicherheits-SPS) machen das still und heimlich für uns: Das bezeichnet die Norm mit „online" oder „automatisch" (ohne notwendigen manuellen Eingriff des Bedieners).

Ansonsten würde man von einer Überwachung reden, die z. B. mit einer rot oder gelb blinkenden Signalleuchte diesen Fehler dem Bediener der Maschine mitteilen würde. Sicherer wird die Maschine für den Bediener deshalb aber nicht: Er müsste dann selber eingreifen, wenn er dann Lust dazu hat. Darum wird das keine Diagnose im Sinne der Funktionalen Sicherheit sein, sondern eine einfache Überwachung im Sinne von (nicht sicherheitsbezogenen) Maschinenfunktionen.

Und was ist „Monitoring"?

Überwachen mit dem Ziel, Diagnose damit zu betreiben.

Und zum Schluss muss auch noch erwähnt werden, dass Diagnose in Intervallen, also punktuell stattfindet: Für die Diagnose der Positionsschalter kann das nur mit dem Betätigen der Positionsschalter passieren. Also ist Betätigungszyklus der Positionsschalter gleich Diagnose-Testintervall (T_2).

Umsetzung und Bewertung von DC – pragmatisch gedacht

***DC* = 0 %** bis SIL 1 nach DIN EN IEC 62061 (**VDE 0113-50**) bzw. PL c nach DIN EN ISO 13849-1.

Positionsschalter, Schütze, Ventile sind bewährte Bauteile und werden einkanalig verwendet ohne eine Überwachung bzw. ohne Diagnose.

***DC* = 60 %** bis SIL 2 nach DIN EN IEC 62061 (**VDE 0113-50**) bzw. PL d nach DIN EN ISO 13849-1.

Insgesamt drei Schutztürüberwachungen in Reihe verschaltet, dabei sind zwei Positionsschalter oder ein Positionsschalter mit getrenntem Betätiger, zwei zwangsöffnende Kontakte, je Schutztürüberwachung notwendig.

***DC* = 90 %** bis SIL 2 nach DIN EN IEC 62061 (**VDE 0113-50**) bzw. PL d nach DIN EN ISO 13849-1.

Eine Komponente, elektrisch einkanalig wird zeitlich überwacht: Zum Beispiel die Zuhaltung eines Positionsschalters mit getrenntem Betätiger.

***DC* = 99 %** bis SIL 3 nach DIN EN IEC 62061 (**VDE 0113-50**) bzw. PL e nach DIN EN ISO 13849-1.

Zwei Schütze – Positionsschalter – Ventilen (wenn direkt Überwachung).

(SCS- oder SRP/CS-)Diagnosefunktion

Funktion, die dazu bestimmt ist, Fehler in dem SCS bzw. SRP/CS zu erkennen und eine spezifizierte Fehlerreaktionsfunktion auszulösen, wenn ein Fehler erkannt wird.

Ergänzende Erläuterungen:

✓ Diese Funktion dient dazu, Fehler zu erkennen, die zu einem gefahrbringenden Ausfall einer Sicherheitsfunktion führen könnten, und eine bestimmte Fehlerreaktionsfunktion auszulösen.

Ohne eine Fehlerreaktion ist eine Diagnosefunktion wertlos:
Das Unglück sehen reicht nicht, Handeln ist angesagt.

Diagnose und somit *DC* können nur dann die Wahrscheinlichkeit eines gefahrbringenden Ausfalls reduzieren, wenn bei erkanntem Fehler bzw. Ausfall ein sicherer Zustand eingeleitet wird oder aufrecht erhalten bleibt.

Das wird letztendlich durch die Fehlerreaktion auf einen erkannten Fehler realisiert und erlaubt dann auch für *DC* Werte anzunehmen, die größer 0 % sind.

Somit wird allzu oft über *DC* spekuliert und dabei die Fehlerreaktion nicht eindeutig in diesem Kontext beschrieben. Beispiel: Wenn zwei Leistungsschütze abgeschaltet werden und das Wiedereinschalten verhindert wird, weil eines der beiden Leistungsschütze verschweißt ist (Meldung mittels Spiegelkontakte), dann erfüllt dieser Umstand eine Reaktion auf einen Fehler eines Kanals.

Also lautet die Formulierung der Fehlerreaktion: „Bei Erkennen eines Fehlers in einem zweikanaligen Teilsystem wird der Wiederanlauf verhindert."

Fehlerreaktion und unerwartet Wiederanlauf hängen eng zusammen

Durch das Erkennen von Ausfällen wird durch die Fehlerreaktion auch eine Wiederanlauf verhindert, ob dabei bewusst quittiert werden muss oder aber auch wenn es automatisch erlaubt ist („Autoquittierung", „automatischer Start").

Diese Art der Fehlererkennung wird, nachdem bereits der Fehler vorliegt, erst spätestens zum Zeitpunkt des gewollten Wiederanlaufs wirksam. Das ist ausreichend, weil der sichere Zustand noch immer aufrechterhalten wird.

Beispiele für diese Art von Lösungen sind die Verwendung von Sicherheitsschaltgeräten heutzutage: Ein sog. Rückführkreis für die Aktorik stellt die Freigabe zum Quittieren bereit, oder die redundante Überwachung von zwei Kontakten (z. B. Positionsschalter).

Diagnose-Testintervall

Intervall zwischen Online-Tests zur Erkennung von Fehlern in einem Teilsystem, das einen spezifizierte Diagnosedeckungsgrad hat.

Ergänzende Erläuterungen:

✓ Das sicherheitsgerichtete Steuerungssystem stellt eigenständig, spätestens zum Zeitpunkt der Anforderung der Sicherheitsfunktion, die Diagnose bereit – unabhängig vom Bediener erfolgt die Auswertung der Diagnose und wird mit „online" umschrieben.

Alle Diagnosemechanismen basieren auf dem Prinzip, dass diese von dem SCS bereitgestellt werden und somit nicht vergleichbar sind mit einer Funktionsprüfung z. B., bei der der Bediener bewusst einen Test vornimmt und das Verhalten einer technischen Schutzmaßnahme kontrolliert.

Diagnose, wenn verwendet, ist immer „automatisch" oder „online" vorhanden.

In der Betriebsart mit kontinuierlicher Anforderungsrate liegt das Diagnose-Intervall meistens im Millisekundenbereich, in der Regel durch die Programmlaufzeit der sicherheitsgerichteten Steuerung vorgegeben. Mit „Abtastzeiten" kann auch eine Umschreibung für ein solches Diagnose-Testintervall erfolgen.

Begriffe

E

Embedded-Software

Software, die als Teil eines bereits entworfenes und geprüftes Teilsystems geliefert wird, die nicht modifiziert werden soll. Sie bezieht sich auf den Betrieb des SCS oder SRP/CS oder des Teilsystems und die von ihm erbrachten Leistungen, im Gegensatz zur Anwendungssoftware.

Ergänzende Erläuterungen:

✓ Firmware und Betriebssystemsoftware sind Beispiele für Embedded-Software.

DIN EN ISO 13849-1 nutzt das Akronym SRESW.

Begriffe

F

Fehler (en: fault)

anormaler Zustand, der eine Verminderung oder einen Verlust der Fähigkeit eines SCS oder SRP/CS, eines Teilsystems oder eines Teilsystem-Elements, eine geforderte Funktion auszuführen, verursachen kann.

Ergänzende Erläuterungen:

✓ In IEC 60050-192, 192-04-01 wird ein Fehler eines Elements als Unfähigkeit beschrieben, die geforderte Leistung aufgrund eines internen Zustands 3.2.33 zu erbringen.

✓ Der Ausfall stellt ein Ereignis dar, im Unterschied zu dem „Fehler", der ein Zustand ist.

(SCS- bzw. SRP/CS-)Fehlerreaktionsfunktion

Funktion, die ausgelöst wird, wenn ein Fehler innerhalb eines SCS bzw. SRP/CS durch die Diagnosefunktion erkannt wird.

Ergänzende Erläuterungen:

✓ Die Diagnosefunktion löst eine Fehlerreaktion als Fehlerreaktionsfunktion.

Mit der Fehlerreaktionsfunktion wird der Diagnosedeckungsrad erst wirksam: Ohne eine Fehlerreaktionsfunktion ist ein *DC* nicht abschätzbar.

Fehlertoleranz

Fähigkeit eines SCS, eines Teilsystems oder eines Teilsystem-Elements, eine geforderte Funktion bei Vorhandensein von Fehlern oder Ausfällen weiterhin auszuführen. ***HFT***

Ergänzende Erläuterungen:

✓ Die Hardware-Fehlertoleranz (*HFT*) von 0 stellt ein einkanaliges Teilsystem dar, und *HFT* = 1 ein zweikanaliges.

✓ Robustheit gegen Ausfälle von Teilsystem-Elementen: Je robuster, desto mehr unabhängige Kanäle (Teilsystem-Elemente) gibt es.

DIN EN ISO 13849-1 kennt diesen Begriff *HFT* nicht und verwendet die Definition Kategorie um die Fehlertoleranz zu umschreiben.

Funktionale Sicherheit

Teil der Gesamtsicherheit der Maschine und des Maschinen-Steuerungssystems, der von der korrekten Funktion des SCS oder SRP/CS und anderen risikomindernden Maßnahmen abhängt.

DIN EN 61508 (**VDE 0803**) führte den Begriff 1999 normativ ein.

Die DIN EN 61508 (**VDE 0803**) ist eine Sicherheitsgrundnorm, d. h., sie ist zur Verwendung durch technische Komitees bei der Erstellung von Normen nach IEC-Guide 104 und ISO/IEC-Guide 51 vorgesehen. Die DIN EN 61508 (**VDE 0803**) ist ebenfalls zur Verwendung als eigenständige Norm vorgesehen.

Dagegen stellt die DIN EN IEC 62061 (**VDE 0113-50**) eine Anwendungsnorm dar: Zielgruppe ist der Maschinenhersteller oder Integrator – der Anwender als Endverbraucher sozusagen.

DIN EN 61508 (**VDE 0803**) definiert Funktionale Sicherheit (en: functional safety) wie folgt:

„**3.1.9**
Funktionale Sicherheit
Teil der Gesamtsicherheit, bezogen auf die EUC und das EUC-Leit- oder Steuerungssystem, die von der korrekten Funktion des E/E/PE-sicherheitsbezogenen Systems, sicherheitsbezogenen Systemen anderer Technologie und externer Einrichtungen zur Risikominderung abhängt."

Gemeint ist:

Die Motivation der Funktionalen Sicherheit ist letztendlich die Elektroniktechnologie mit den integrierten Schaltungen „IC" oder den „ASICs" gewesen, die in den 1980er-Jahren massiv im industriellen Vormarsch war (Stichwort: „komplex").

Die Systematik ist jedoch technologieunabhängig und orientiert sich letztendlich an den Bedürfnissen der Sicherheitsfunktionen: Die Funktionale Sicherheit reiht sich in eine logische Analyse der Risiken mit der Definition von Sicherheitsfunktionen ein. Sie ist die Umsetzung der Sicherheitsfunktionen, bezogen auf steuerungstechnische Maßnahmen; ob das nun einfachste

Hardware-Verdrahtungen sind (z. B. Schütz-Sicherheitskombinationen), oder aber umfangreichere elektronische Lösungen mit Steuerungen (SPS) oder sonstige Technologien.

Ziel ist es, auf Basis der geforderten Sicherheitsfunktionen einer Maschine, also definierte „Ursache-Wirkungs-Ketten“, eine qualitative und quantitative Bewertung zu erhalten.

G

Begriffe

Gebrauchsdauer (en: useful lifetime)

minimale Zeitspanne zwischen der Installation des SCS oder des Teilsystems oder Teilsystemelements und dem Zeitpunkt, zu dem die Ausfallraten der Komponenten des SCS oder des Teilsystems oder Teilsystem-Elements nicht mehr mit beliebiger Genauigkeit vorhergesagt werden können.

Ergänzende Erläuterungen:

✓ Wann müssen Bauteile oder Komponenten getauscht werden?

Lebensdauer ist gleich oder größer der Gebrauchsdauer.

Gebrauchsdauer (einer nicht elektronischen Komponente)
= T_1 (in Stunden, mit 8 760 Stunden pro Jahr)
= Austausch der Komponente ≈ 20 Jahre (175 200 Stunden)

Verschleißbehaftetes Lebensende (einer nicht elektronischen Komponente)
= T_{10D} (in Jahren)
= max. Zeitraum (in Stunden, mit 8 760 Stunden pro Jahr) bis zum Austausch der Komponente mit Erreichen des B_{10D}-Werts (ggf. vor Erreichen der 20-Jahre-Gebrauchsdauer).

Gefahrbringender Ausfall

Ausfall eines SCS oder SRP/CS, eines Teilsystems oder eines Teilsystem-Elements, das bei der Realisierung der Sicherheitsfunktion eine Rolle spielt, der:

a) den Betrieb einer Sicherheitsfunktion bei Bedarf verhindert (Betriebsart mit Anforderung) oder den Ausfall einer Sicherheitsfunktion verursacht (Betriebsart mit kontinuierlicher Anforderung), sodass die Maschine in einen gefahrbringenden oder potenziell gefahrbringenden Zustand versetzt wird; oder
b) die Wahrscheinlichkeit verringert, dass die Sicherheitsfunktion bei Bedarf korrekt ausgeführt wird.

Ergänzende Erläuterungen:

✓ $MTTF_D$, λ_D, PFH_D: Das tiefgestellte D steht für „dangerous".

Demgegenüber stehen umgangssprachlich sichere Ausfälle, wie z. B. λ_S.

In der Normensprache spricht man von

- *„Ein sicherheitsgerichteter Ausfall"* (λ_S) oder ($MTTF_S$).

  Eine Abkürzung $MTTF_S$ sucht man vergeblich in den Normen. Diese müsste aber so logischerweise existieren. Die Normen betrachten nur die gefährlichen Ausfälle (λ_D oder $MTTF_D$) zur Ermittlung des *PFH*- bzw. PFH_D-Werts, dagegen ist λ_S zur Ermittlung des *SFF* entscheidend. DIN EN ISO 13849-1 kennt kein λ_S, sondern nur $MTTF_D$; die Kategorien benötigen per Definition kein *SFF*, sondern werden verbal anders umschrieben. Im Kern aber verbirgt sich hinter den Kategorien der *SFF*-Ansatz der DIN EN IEC 62061 (**VDE 0113-50**), ohne es aber zuzugeben.
- *„Ein gefahrbringender Ausfall"* (λ_D) oder ($MTTF_D$).

  In der Praxis werden Komponenten mit einem $MTTF_D$ (z. B. fluidtechnische Ventile) umschrieben, oder aber mit einem B_{10D} (z. B. Leistungsschütze, Positionsschalter, ...).

Dabei beschreibt die Produktnorm der Leistungsschütze die B_{10}-Wertermittlung und die Ausfallmodi. Diese werden dann mit dem *RDF*-Faktor angegeben.

Gefährdung

Potenzielle Schadensquelle:

Ergänzende Erläuterungen:

✓ Der Begriff „Gefährdung" kann benutzt werden, um seinen Ursprung oder die Art des zu erwartenden Schadens zu definieren (z. B. Gefährdung durch elektrischen Schlag, Gefährdung durch Quetschen, Gefährdung durch Scheren, Gefährdung durch Vergiftung, Gefährdung durch Feuer).

DIN EN ISO 12100, 3.6 beschreibt diesen Begriff aus Sicht der Maschinensicherheit.

Eine Gefahr wird zur Gefährdung und somit zu einem Risiko für den Menschen bzw. den Bediener einer Maschine.

Gefährdungssituationen werden mittels Sicherheitsfunktionen hinsichtlich des damit verbundenen Risikos „entschärft", d. h. aus Sicht der Normen gemindert (Risikoreduzierung oder -minimierung).

mechanische Gefährdungen

elektrische Gefährdungen

technische Gefährdungen

Lärmgefährdungen

Strahlungsgefährdungen

ergonomische Gefährdungen

Material-/Schutzgefährdungen

Kombination von Gefährdungen

Begriffe

Hardware-Fehlertoleranz (*HFT*)

Eigenschaft eines Teilsystems, die Sicherheitsfunktion bei mindestens *N*+1-Fehlern potenziell zu verlieren.

Ergänzende Erläuterungen:

✓ Eine Hardware-Fehlertoleranz von *N* bedeutet, dass *N*+1 Fehler eines Teilsystems einen Verlust der Sicherheitsfunktion verursachen können: Die Hardware-Fehlertoleranz (*HFT*) von 0 stellt ein einkanaliges Teilsystem dar, und *HFT* = 1 ein zweikanaliges.

✓ Robustheit gegen Ausfälle von Teilsystem-Elementen: Je robuster, desto mehr unabhängige Kanäle (Teilsystemelementen) gibt es.

DIN EN ISO 13849-1 kennt diesen Begriff *HFT* nicht und verwendet die Definition Kategorie, um die Fehlertoleranz zu umschreiben.

Hardware-Sicherheitsintegrität

Teil der Sicherheitsintegrität eines SCS oder seiner Teilsysteme, der sich auf zufällige Hardwareausfälle in einem gefahrbringenden Ausfallmodus bezieht.

Ergänzende Erläuterungen:

✓ Der Begriff bezieht sich auf Ausfälle in einem gefahrbringenden Modus, d. h. solche Ausfälle eines sicherheitsbezogenen Systems, die seine Sicherheitsintegrität beeinträchtigen würden.

Die Sicherheitsintegrität der Hardware schließt strukturelle Einschränkungen ein.

Neben der Hardware-Sicherheitsintegrität gibt es noch die systematische Sicherheitsintegrität, die auch die Software mit beinhaltet: Gemeint sind Betrachtungen hinsichtlich der Qualität oder Güte, die nicht mittels Wahrscheinlichkeiten bemessen werden können, wie z. B. die sinnvolle Auswahl der verwendeten Komponenten oder der Prozess in der Software Gestaltung, der verhindert, dass sich Fehler einschleichen oder unerkannt bleiben und damit zu fehlerhaften Ergebnisse führen können.

Heutzutage ist die Zuverlässigkeit der Hardware selten die Ursache für mögliche gefahrbringender Ausfälle einer Sicherheitsfunktion.

Meistens sind systematische Fehler im Entwurf oder bei dem Betrieb einer Maschine für das ungewollte Versagen einer Sicherheitsfunktion verantwortlich.

I

Begriffe

Integrator (des SCS bzw. SRP/CS)

Einheit, die ein integriertes Fertigungssystem entwirft, herstellt oder zusammenbaut und für die Sicherheitsstrategie, einschließlich der Schutzmaßnahmen, Steuerungsschnittstellen und Verbindungen des Steuerungssystems, verantwortlich ist.

Ergänzende Erläuterungen:

✓ Der Integrator kann z. B. ein Hersteller, ein Montagebetrieb, ein Ingenieurbüro oder ein Unternehmen mit der Gesamtverantwortung für die Maschine sein.

Der Integrator wird erwähnt, weil die mitzuliefernde Dokumentation entsprechend auszuführen ist.

Der Integrator – in der Regel ist das der Hersteller der Maschine, muss die relevanten Informationen in die Bedienungsanleitung aufnehmen, damit der Verwender der Maschine in die Lage versetzt wird, die erforderliche Funktionale Sicherheit des SCS bzw. SRP/CS während der Verwendung und Wartung der Maschine aufrechterhalten zu erhalten.

In der Bedienungsanleitung muss der Integrator Informationen, die für die sichere Verwendung des SCS bzw. SRP/CS wichtig sind, bereitstellen. Ebenso muss er über alle Maßnahmen informieren, die notwendig sein können, um einen vernünftigerweise vorhersehbaren Missbrauch zu verhindern.

K

Begriffe

Kategorie (vorgesehene Architektur)

Einstufung der sicherheitsbezogenen Teile einer Steuerung bezüglich ihres Widerstandes gegen Fehler und ihres nachfolgenden Verhaltens bei einem Fehler, das erreicht wird durch die Struktur der Anordnung der Teile, der Fehlererkennung und/oder ihrer Zuverlässigkeit.

Ergänzende Erläuterungen:

✓ Architekturanforderungen werden in der DIN EN ISO 13849-1 mit Kategorien umschrieben. Die Basis zur Bestimmung des erreichbaren PL für ein SRP/CS.

Die Macher und Start-up-Erfinder des ISO PL haben der Nachwelt nichts Gutes getan. Im Jahre 2000 wurde zudem mit dem europäischen Projekt STSARCES nachgewiesen, dass die Kategorien der EN 954-1 mit einem IEC SIL und Architektur-Anforderungen (z. B. Diagnose, Redundanz, Fehlerreaktionen, Ausfallraten und *PFH*, …) nicht nur qualitativ, sondern auch quantitativ bewertet werden können:

Das ist das Markov-Modell in DIN EN ISO 13849-1, Anhang K, das auch ohne PL und nur mit SIL gut ausgekommen wäre.

STSARCES?

Bezeichnet das europäische Projekt „STandards for SAfety Related Complex Electronic Systems“ als „European Project STSARCES – Contract SMT 4CT97-191“. Unter www.dguv.de/ifa/Forschung/Projektverzeichnis/BIA_5084.jsp findet sich eine sehr gute Zusammenfassung der Ergebnisse der DGUV.

Architektur, *HFT* und SFF ergeben einen max. erreichbaren SIL

DIN EN ISO 13849-1	**DIN EN IEC 62061 (VDE 0113-50)**			**DIN EN ISO 13849-1**
Kategorie	**Fehlertoleranz der Hardware 0 = einkanalig, 1 = zweikanalig**	$SFF \approx DC_{avg}$	**Maximal erreichbarer SIL**	**Maximal erreichbarer PL**
1	0	< 60 %	SIL 1	PL c
2	0	60 % … 90 %	SIL 1/2	PL c/d
3	1	< 60 %	SIL 1	PL c
	1	60 % … 90 %	SIL 2	PL d
4	1	> 90 %	SIL 3	PL e

Mit der Annahme, dass $SFF \approx DC_{avg}$ ist, lässt sich die Tabelle als vereinfachter und pragmatischer Ansatz nutzen.

PL a wird vom Ansatz her mit „anderen Maßnahmen“ umgesetzt.

PL b/c teilen sich SIL 1.

SIL 1	*PFH* =	< 1E–05 (oder < 10E–06)	
PL c	*PFH* =	< 1E–05 (oder < 10E–06),	aber auch < 3E–06 (oder < 0,3E–05)
PL b	*PFH* =	< 1E–05 (oder < 10E–06),	aber auch ≥ 3E–06 (oder ≥ 0,3E–05).

PL b sind Lösungen, die keine bewährten Bauteile verlangen und mit denen elektronische Komponenten ohne Diagnosemechanismen verwendet werden dürfen. Diesen Fall schließt DIN EN IEC 62061 (**VDE 0113-50**) aus, weil über den Anhang A bei der Ermittlung des geforderten SIL bereits nur noch „Andere Maßnahmen“, also PL a gefordert würde.

Komplexe Komponente [Bauteil]

Komponente/Teilsystem, in dem

- die Versagensmodi nicht genau definiert sind; oder
- das Verhalten unter Fehlerbedingungen nicht vollständig definiert werden kann.

Ergänzende Erläuterungen:

✓ Demgegenüber steht „Komponente/Teilsystem niedriger Komplexität“

Der Begriff entfaltet seine Bedeutung bei dem Teilsystementwurf oder -Verwendung.

IEC 62061, 7.2

„Die Teilsysteme, die komplexe Komponenten enthalten, müssen den entsprechenden Produktnormen oder DIN EN 61508-2 (**VDE 0803-2**) und DIN EN 61508-3 (**VDE 0803-3**) entsprechen, soweit dies für den geforderten SIL erforderlich ist, und der Entwurf muss die Route 1H (siehe DIN EN 61508-2 (**VDE 0803-2**):2011-02, 7.4.4.2) für den Betrieb bei hoher Anforderung und/oder im Betrieb kontinuierlicher Anforderung verwenden.“

Komponente mit geringer Komplexität

Komponente/Teilsystem, in dem

- die Ausfallarten bekannt sind; und
- das Verhalten unter Fehlerbedingungen vollständig bestimmt werden kann.

Ergänzende Erläuterungen:

✓ Meistens finden „bewährte Bauteile“ aufgrund der Definition sich hier wieder, wie z. B. Schütze, Positionsschalter, Ventile etc.

Auch dieser Begriff entfaltet seine Bedeutung bei dem Teilsystementwurf oder -Verwendung

Das Verhalten der Komponente geringer Komplexität kann durch analytische und/oder Prüfverfahren bestimmt werden – gerade unter Fehlerbedingungen.

Konfigurationsmanagement

Disziplin, die Komponenten eines sich weiterentwickelnden Systems bestimmen, um Änderungen an diesen Komponenten zu kontrollieren und Kontinuität und Rückverfolgbarkeit während des gesamten Lebenszyklus aufrechtzuerhalten. **IEC 62061, 4.4**

Ergänzende Erläuterungen:

✓ Konfiguration und Modifikation sind entscheidend für den Entwurf als auch für das Verwenden eines SCS.

„Management der Funktionalen Sicherheit unter Verwendung eines Plans der Funktionalen Sicherheit", wird oft in Verbindung mit Software gebracht.

Begriffe

M

Maschine

mit einem Antriebssystem ausgestattete oder dafür vorgesehene Gesamtheit miteinander verbundener Teile oder Vorrichtungen, von denen mindestens eine(s) beweglich ist und die für eine bestimmte Anwendung zusammengefügt sind (**Bild A.1**). **ISO 12100, 3.1**

Ergänzende Erläuterungen: **ISO 12100, A.1**

✓ Der Begriff „Maschinen" umfasst auch eine Gesamtheit von Maschinen, die, um dasselbe Ziel zu erreichen, so angeordnet und gesteuert werden, dass sie als Ganzes funktionieren.

Bestimmungsgemäße Verwendung einer Maschine **ISO 12100**

Verwendung einer Maschine in Übereinstimmung mit den in der Benutzerinformation bereitgestellten Informationen

Vernünftigerweise vorhersehbare Fehlanwendung

Verwendung einer Maschine in einer Weise, die vom Konstrukteur nicht vorgesehen ist, sich jedoch aus dem leicht vorhersehbaren menschlichen Verhalten ergeben kann.

Anhang A
(informativ)

Schematische Darstellung einer Maschine

siehe Bild A.1

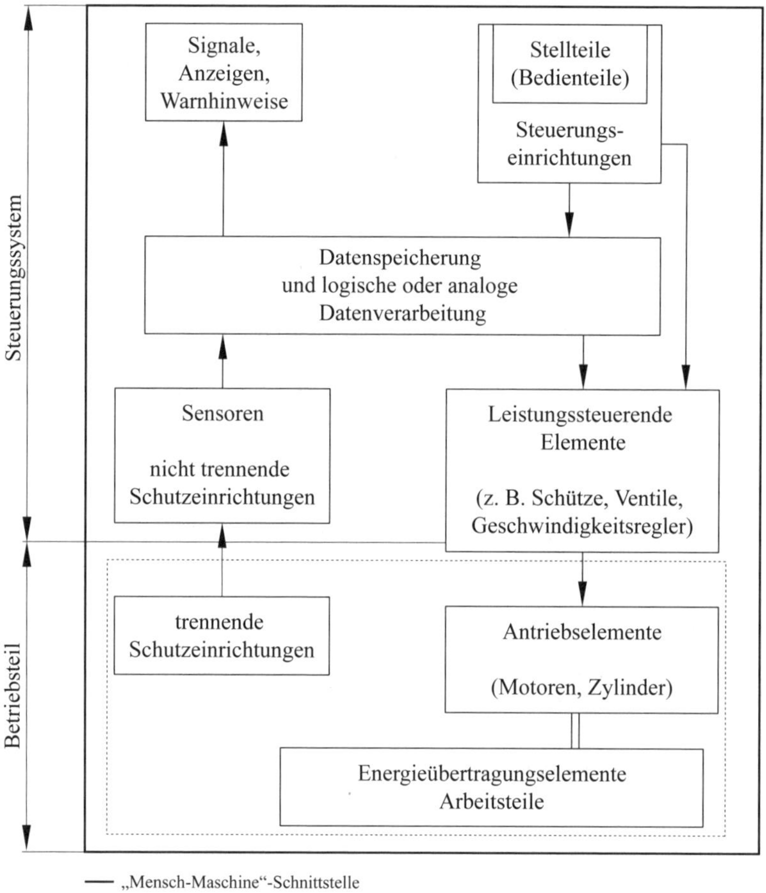

Bild A.1 Schematische Darstellung einer Maschine (DIN EN ISO 12100:2011-03, Bild A.1)

Maschinensteuerungssystem (MCS)

System, das auf Eingangssignale von der Maschine und/oder von einer Bedienungsperson reagiert und Ausgangssignale erzeugt, die bewirken, dass die Maschine in der gewünschten Weise arbeitet. **IEC 62061, 3.2.2**

Ergänzende Erläuterungen:

✓ DIN EN ISO 12100 spricht von „Steuerung“ im Allgemeinen.

Maschinensteuerung =
nicht sicherheitsbezogene + sicherheitsbezogene Steuerung

Der Begriff Maschinensteuerung bezieht sich nicht auf eine SPS (speicherprogrammierbare Steuerung):

Die Funktionale ist die Umsetzung der Sicherheitsfunktionen, bezogen auf steuerungstechnische Maßnahmen, ob das nun einfachste Hardwareverdrahtungen sind (wie z. B. Schütz-Sicherheitskombinationen) oder aber umfangreichere elektronische Lösungen mit Steuerungen (SPS) oder sonstigen Technologien.

Maschinen-Steuerungssystem = Standard Steuerung + Sicherheitssteuerung
Maschinen-Steuerungssystem = Standard Steuerung + SCSen

Steuerungen können also sein:

1. programmierbar (die klassische SPS),
2. parametrierbar mittels Software (wie z. B. das ASI – Actor Sensor Interface, Frequenzumrichter, …), oder
3. parametrierbar mittels Hardware Verdrahtung (z. B. Sicherheitsschaltgeräte).

Aus Sicht DIN EN IEC 62061 (**VDE 0113-50**) umfasst somit der Begriff „Maschinensteuerung“ die Gesamtheit aller Steuerungen in einer Maschine. In DIN EN ISO 13849-1 wird diese Begrifflichkeit genauso so verwendet, auch wenn eine Standard-SPS Teil einer sicherheitsbezogenen Lösung sein kann – daher SRP/CS, Teile einer sicherheitsgerichteten Steuerung (en: Safety-Related Parts Of a Control System).

„Sicherheitsgerichtet“ oder „sicherheitsbezogen“ zielt daher immer in diesem Kontext auf eine Abgrenzung zu „Standard“, also „nicht sicherheitsgerichtet“ oder „nicht sicherheitsbezogen“.

PFH

Mittlere Häufigkeit eines gefahrbringenden Ausfalls pro Stunde *PFH* oder PFH_D

IEC 62061, 3.2.29

Mittlere Häufigkeit des gefahrbringenden Ausfalls eines SCS bei der Ausführung einer bestimmten Sicherheitsfunktion über einen gegebenen Zeitraum.

Ergänzende Erläuterungen:

✓ PFH_D wurde in der DIN EN 61508-*x* (**VDE 0803-*x***) im Jahre 2010 zu *PFH*.

Beide Begriffe *PFH* und PFH_D entsprechen der Wahrscheinlichkeit von gefährlichen Ausfällen pro Stunde.

Der Begriff „mittlere Wahrscheinlichkeit gefährlicher Ausfälle pro Stunde" wird in Ausgabe 2021 der DIN EN IEC 62061 (**VDE 0113-50**) nicht mehr verwendet, aber das Akronym *PFH* wurde beibehalten, auch wenn es verwendet wird und „mittlere Häufigkeit gefährlicher Ausfälle [1/h]" meint.

Frequenz oder Wahrscheinlichkeit ist im Grunde dasselbe für Nicht-affine-Mathematiker (en: Probability of dangerous Failure per Hour)

DIN EN 61508-*x* (**VDE 0803-*x***) hat in der Überarbeitung von 2010 den Mathematikern zu viel Platz gegeben, die prompt den *PFH*-Wert als eine Frequenz definiert haben – was inhaltlich korrekt ist, weil sich *PFH* in der Einheit $\left[\frac{1}{\text{Stunde}}\right]$ oder $\left[\frac{1}{\text{h}}\right]$ ausdrückt, und das wiederum, weil

$$PFH_{\text{avg}} = \frac{1}{T}\int_0^T \left(\frac{\mathrm{d}P(t)}{\mathrm{d}t}\right)\mathrm{d}t = \frac{1}{T}\int_0^T P'(t)\,\mathrm{d}t$$

definiert ist.

Unvorteilhaft ist nur, dass es PFH_D als Abkürzung oder Akronym gibt (seit 2005), und dass leider deshalb „Probability" und nicht „Frequency" verwendet wird. So kommt es, dass es *PFH* oder PFH_D nach wie vor noch gibt, aber die Frequenz still und heimlich in der Definition auftaucht.

Techniker lieben Zahlen – Juristen hassen diese

PFH_D-Werte sind statistische Werte (Probabilistik) und werden an Grenzwerten gemessen, und diese Grenzen kann man sich bildhaft wie folgt vorstellen:

- SIL 1, ein möglicher Ausfall in ca. 10 Jahren;
- SIL 2, ein möglicher Ausfall in ca. 100 Jahren;
- SIL 3, ein möglicher Ausfall in ca. 1 000 Jahren.

Mittlere Reparaturzeit (MRT)

Erwartete Zeit bis zur Wiederherstellung nach dem Auftreten eines Fehlers in einer Sicherheitsfunktion.

Ergänzende Erläuterungen:

✓ MRT umfasst:

- die Zeit bis zur Erkennung des Fehlers (a); und
- die vor Beginn der Reparatur verbrachte Zeit (b); und
- die effektive Zeit für die Reparatur (c); und
- die Zeit, bevor die Komponente wieder in Betrieb genommen wird (d).

Die Startzeit für (b) ist das Ende von (a); die Startzeit für (c) ist das Ende von (b); die Startzeit für (d) ist das Ende von (c).

Während dieser Zeit kann die Maschine weiter betrieben werden.

Mittlere Wahrscheinlichkeit eines gefahrbringenden Ausfalls bei Anforderung PFD_{avg}

PFD

Mittlere Nichtverfügbarkeit (siehe IEC 60050-192) eines SCS zur Ausführung der spezifizierten Sicherheitsfunktion, wenn eine Anforderung von der Maschine oder dem Maschinensteuerungssystem als Mittelwert über die Zeit auftritt.

Ergänzende Erläuterungen:

✓ *PFD* und PFD_{avg} werden in der Prozessindustrie vornehmlich verwendet (DIN EN 61511-*x* (**VDE 0810-*x***)).

Zwei Arten von Ausfällen tragen zu *PFD* und PFD_{avg} bei: Die gefahrbringenden unentdeckten Ausfälle, die seit dem letzten Proof-Test aufgetreten sind, und echte On-Demand-Ausfälle, die durch die Anforderungen (Proof-Tests und Sicherheitsanforderungen) selbst verursacht wurden. Die erste ist zeitabhängig und durch ihre gefährliche Ausfallrate $\lambda_{DU}(t)$ charakterisiert, während die zweite nur von der Anzahl der Anforderungen abhängt und durch eine Ausfallwahrscheinlichkeit pro Anforderung (bezeichnet mit γ) charakterisiert ist.

In der Maschinensicherheit gibt es keinen PFD, sondern nur PFH bzw. PFH_D. Warum?

Das Konzept der DIN EN 61511-*x* (**VDE 0810-*x***) baut darauf auf, eine Betriebsart mit niedriger Anforderungsrate – weil:

Die Prozesse sind meist zeitlich sehr langsam (im Vergleich zu einer Maschine) einzustufen und die Reaktion auf einen Prozess, der nicht korrekt funktioniert oder reagiert, ist nicht im Sekundenzeitraum anzusiedeln, sondern weit niedriger. Es kommt selten zu kritischen Situationen, weil der Bediener Teil der Lösung ist. Ihm wird zusammen mit dem Maschinensteuerungssystem quasi ein SIL 1 eingeräumt (siehe BPCS in der DIN EN 61511-*x* (**VDE 0810-*x***)).

Eine zweiter „Layer Of Protection" („Schutzschicht") stellt dann die originäre Funktionale Sicherheit dar, bzw. die eigentlichen Sicherheitsfunktionen.

Dieses Konzept kennt man nicht in der Maschinensicherheit, weil der Bediener immer als unbekannte Größe angenommen wird und auch Teil des Problems ist.

Mittlere Zeit bis zum Ausfall
MTTF

Erwartung der mittleren Zeit bis zum Ausfall.

Ergänzende Erläuterungen:

✓ Konstante Ausfallraten werden vorausgesetzt: Zeitlicher Verlauf einer Ausfallrate als sog. „Badewannenkurve".

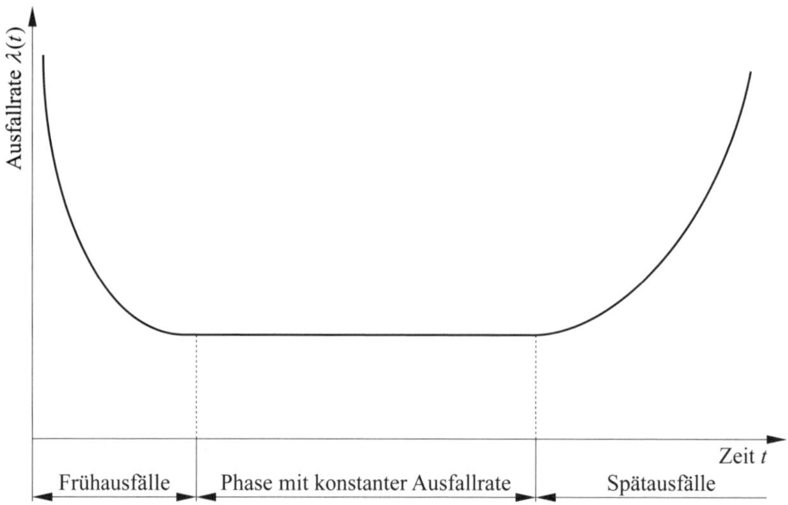

Lebensdauerverteilung

Abhängig von dem Ausfallverhalten der Komponenten werden in der Regel folgende (mathematische) Verteilungen zur Bestimmung von Zuverlässigkeitskenngrößen herangezogen:

- Frühausfallverhalten (Frühausfälle): Weibull-Verteilung
- Zufallsausfallverhalten (konstante Ausfallrate): Exponentialverteilung
- Verschleißausfallverhalten (Spätausfälle): Weibull-Verteilung

Mit der Exponentialverteilung und $\lambda(t)$ = konstant kann das Ausfallverhalten von Komponenten während der Betriebszeit beschrieben werden.

Daraus ergibt sich eine (mathematische) Verteilungsfunktion der „Ausfall-wahrscheinlichkeit" mit:

$F(t) = 1 - \mathrm{e}^{-\lambda t}$, mit λ als Ausfallrate.

Den Mittelwert dieser Exponentialverteilung bezeichnet man auch:

- bei nicht Instandzusetzenden (irreparablen) Komponenten als mittlere Lebensdauer *MTTF* (en: Mean Time To Failure);
- bei Instandzusetzenden (reparablen) Komponenten als mittlere Betriebsdauer zwischen zwei Ausfällen MTBF (en: Mean operating Time Between Failures).

Mittlere Zeit bis zum gefahrbringenden Ausfall $MTTF_D$

Erwartung der mittleren Zeit bis zum gefahrbringenden Ausfall.

Ergänzende Erläuterungen:

✓ Gefährliche Ausfälle sind maßgeblich für *PFH* bzw. PFH_D.

Lambda D (λ_D) ist die Ausfallrate, mit:

$$\lambda_D = \frac{1}{MTTF_D} \left[\frac{1}{\mathrm{h}}\right]$$

Mittlere Zeit bis zur Wiederherstellung (*MTTR*)

Erwartete Zeit bis zur Wiederherstellung nach dem Auftreten eines Fehlers in einer Sicherheitsfunktion.

Ergänzende Erläuterungen:

✓ *MTTR* umfasst:
- die Zeit bis zur Erkennung des Fehlers (a); und
- die vor Beginn der Reparatur verbrachte Zeit (b); und
- die effektive Zeit für die Reparatur (c); und
- die Zeit, bevor die Komponente wieder in Betrieb genommen wird (d).

Je nach Art des festgestellten Fehlers und der Fehlerreaktion können die numerischen Werte für MRT und *MTTR* unterschiedlich sein.

Muting

Vorübergehende automatische Aussetzung einer Sicherheitsfunktion(en).

Ergänzende Erläuterungen:

✓ Zur Aufrechterhaltung des Sicherheitsniveaus werden andere Mittel eingesetzt.

Eine „Muting-Funktion“ wird z. B. bei Lichtvorhängen verwendet.

„Muting“ im Kontext von Verwendung von Lichtvorhängen stellt eine Sonderform des Bypasses dar: Die Sicherheitsfunktion „Überwachung durch den Lichtvorhang“ erlaubt, dass gewisse Bereiche nicht überwacht werden, und das in einem definierten Zeitfenster.

P

Begriffe

Performance Level
PL

Diskreter Level, der die Fähigkeit von sicherheitsbezogenen Teilen einer Steuerung spezifiziert, eine Sicherheitsfunktion unter vorhersehbaren Bedingungen auszuführen.

Ergänzende Erläuterungen:

✓ DIN EN ISO 13849-1.

SIL (DIN EN IEC 62061 (**VDE 0113-50**)) und PL haben das gleiche Ziel – die Güte einer „Steuerungslösung“ zu bewerten hinsichtlich der Wahrscheinlichkeit zu versagen.

PFD **Siehe:** mittlere Wahrscheinlichkeit eines gefahrbringenden Ausfalls bei Anforderung
PFD

PFH **Siehe:** mittlere Häufigkeit eines gefahrbringenden Ausfalls pro Stunde
PFH oder PFH_D

Programmiersprache mit eingeschränktem Sprachumfang
LVL

Sprachtyp, der die Möglichkeit zur Verfügung stellt, vordefinierte, anwendungsspezifische Bibliotheksfunktionen zu kombinieren, um die Spezifikationen der Sicherheitsanforderungen zu realisieren.

Ergänzende Erläuterungen:

- ✓ Gegenteil zu FVL
- ✓ Sprache nach DIN EN 61131-3, die als Anwendungsprogramm für ein SPS-System verwendet wird

Beispiel ist der Kontaktplan: Eine grafische Sprache, die aus einer Serie aus Eingangssymbolen (die ein Verhalten ähnlich dem eines Öffners oder Schließers darstellen) besteht, die durch Linien mit Ausgangssymbolen (die den Stromfluss andeuten) verbunden sind (dargestellt durch ein Verhalten ähnlich denen von Relais).

Programmiersprache mit nicht eingeschränktem Sprachumfang FVL

Sprachtyp, der die Möglichkeit zur Verfügung stellt, eine große Vielfalt von Funktionen und Anwendungen auszuführen.

Ergänzende Erläuterungen:

- ✓ Gegenteil zu LVL,
- ✓ Sprache nach DIN EN 61131-3, die als Anwendungsprogramm für ein SPS-System verwendet wird.

Beispiele sind C, C++, Assembler

Ein typisches Beispiel von Systemen für die Verwendung von FVL: Embedded-Systeme.

Proof-Test

Eine periodische Prüfung, mit der gefahrbringende unentdeckte Fehler und Verschlechterungen in einem SCS und seinen Teilsystemen erkannt werden können, sodass, falls erforderlich, die relevanten Teile des SCS und seiner Teilsysteme in einen „neuwertigen“ Zustand oder einen Zustand, der diesem Zustand so nahe wie möglich kommt, versetzt werden können.

Ergänzende Erläuterungen:

- ✓ **Nicht anwendbar für Maschinen,**
- ✓ **wird in der Prozessindustrie genutzt.**

Der Betrieb mit niedriger Anforderungsrate benötigt einen Proof-Test.

Sicherheitsfunktionen im Kontext der Maschinensicherheit haben einen Betrieb mit hoher Anforderungsrate: Eine Anforderung erfolgt mehrmals pro Jahr einer Sicherheitsfunktion. Deshalb kommt ein Proof-Test einem Austausch der Komponente gleich.

Proof-Test-Abdeckung

Bezeichnung für den Prozentsatz gefährlicher, unentdeckter Fehler, die durch ein definiertes Proof-Test-Verfahren aufgedeckt werden.

Ergänzende Erläuterungen:

✓ Kann niemals 100 % sein.

✓ Für typische Komponenten, die in der Maschinensicherheit verwendet werden, ist der Grad der Abdeckung nicht ermittelbar.

Muss in der Maschinensicherheit mit 0 % angenommen werden. Deshalb kommt ein Proof-Test einem Austausch der Komponente gleich.

Prozess-Sicherheitszeit

Zeitspanne zwischen dem Auftreten eines Ausfalls in der Maschine oder Maschinensteuerung, der zu einem gefahrbringenden Ereignis führen kann, und dem Zeitpunkt, bis zu dem die Maßnahmen in der Maschine abgeschlossen sein müssen, um das Eintreten des gefahrbringenden Ereignisses zu verhindern.

Ergänzende Erläuterungen:

✓ Maximale Reaktionszeit einer Sicherheitsfunktion.

Dieser Begriff ist nicht gebräuchlich im Kontext der Maschinen.

R

Begriffe

Risiko

Kombination der Wahrscheinlichkeit des Eintritts eines Schadens und seines Schadensausmaßes.

Ergänzende Erläuterungen:

✓ DIN EN ISO 12100.

Ausmaß des Schadens:

- reversibel, Erste Hilfe erforderlich
- reversibel, Behandlung durch Mediziner erforderlich
- gebrochene Gliedmaßen, Verlust von Fingern
- irreversibel, Verlust eines Auges oder Arms, Tod

Häufigkeit und Dauer der Gefährdungsexposition

- Notwendigkeit des Zugangs zum Gefährdungsbereich
- Art des Zugangs und Expositionszeit
- Anzahl der Personen, Häufigkeit des Zugangs

Möglichkeit zur Vermeidung oder Begrenzung des Schadens

- Art der Bewegung: plötzlich, rasch oder langsam
- Qualifikation der Personen
- Risikobewusstsein
- Reflexe, praktische Erfahrung
- Beweglichkeit, Entkommensmöglichkeit

Wahrscheinlichkeit eines Gefährdungsereignisses

- niedrig
- mittel
- hoch

Risikobeurteilung

Gesamtheit des Verfahrens, das eine Risikoanalyse und Risikobewertung umfasst.

Risikoanalyse

Kombination aus Festlegung der Grenzen der Maschine, Identifizierung der Gefährdungen und Risikoeinschätzung.

Risikobewertung

Auf der Risikoanalyse beruhende Beurteilung, ob die Ziele zur Risikominderung erreicht wurden.

Risikoeinschätzung

Bestimmung des wahrscheinlichen Ausmaßes eines Schadens und der Wahrscheinlichkeit seines Eintritts.

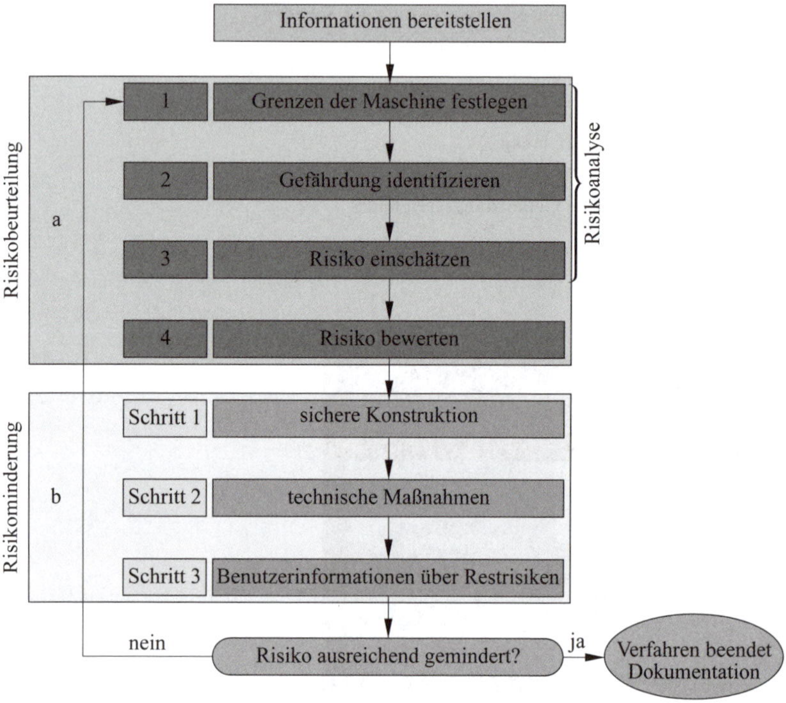

S

Begriffe

Schaden

Verletzung oder Schädigung der Gesundheit von Menschen.

Ergänzende Erläuterungen:

✓ Ausmaß des Schadens:
  - reversibel, Erste Hilfe erforderlich
  - reversibel, Behandlung durch Mediziner erforderlich
  - gebrochene Gliedmaßen, Verlust von Fingern
  - irreversibel, Verlust eines Auges oder Arms, Tod

✓ DIN EN IEC 62061 (**VDE 0113-50**) hat diese vier Einstufungen

✓ DIN EN ISO 13849-1 hat nur zwei Einstufungen
  - S1 leicht (entspricht grob reversible Schäden)
  - S2 schwer (nicht reversibel)

Siehe auch Risiko

Schutzmaßnahme

Maßnahme, mit der eine Risikominderung erreicht werden soll.

Ergänzende Erläuterungen:

✓ DIN EN ISO 12100.

Das „Drei-Stufen-Verfahren“ oder die „Drei-Schritt-Methode“ stellt den grundsätzlichen Ansatz gemäß DIN EN ISO 12100 dar.

Erst wenn konstruktive Maßnahmen nicht zur gewünschten Risikominderung führen, erst dann werden weitere technische Maßnahmen zur Risikominderung ergriffen.

Benutzerinformationen sind nicht wirklich vergleichbar mit den beiden ersten Schritt, aber trotz alledem ein wichtiges Hilfsmittel zur Vermeidung von Unfällen.

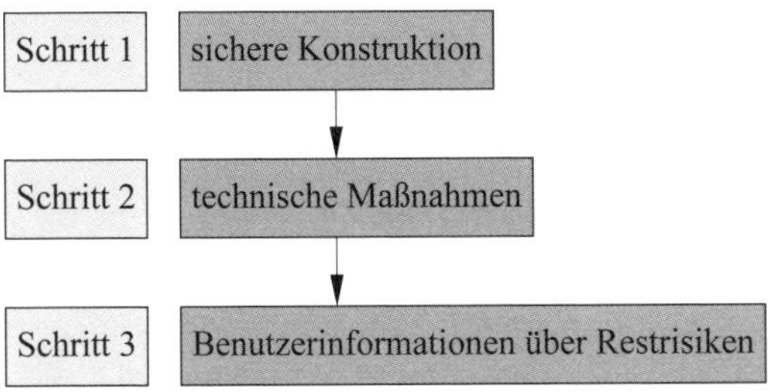

Security
Cybersecurity oder „Cybersicherheit“

„Cybersicherheit“ bezeichnet alle Tätigkeiten, die notwendig sind, um Netz- und Informationssysteme des Maschinen-Steuerungssystems (oder der Maschinensteuerung), die Nutzer solcher Systeme und andere von Cyberbedrohungen betroffene Personen zu schützen (Quelle: Verordnung (EU) 2019/881, modifiziert).

Ergänzende Erläuterungen:

✓ „Cyberbedrohung“ bezeichnet einen möglichen Umstand, ein mögliches Ereignis oder eine mögliche Handlung, der/das/die Netz- und Informationssysteme, die Nutzer dieser Systeme und andere Personen schädigen, stören oder anderweitig beeinträchtigen könnte.

Der „Cyberraum“ ist der virtuelle Raum aller weltweit auf Datenebene vernetzten bzw. vernetzbaren informationstechnischen Systeme. Dem Cyberraum liegt als öffentlich zugängliches Verbindungsnetz das Internet zugrunde, das durch beliebige andere Datennetze erweitert werden kann.

Sicherer Ausfall

Ausfall eines SCS, eines Teilsystems oder eines Teilsystem-Elements, das bei der Realisierung der Sicherheitsfunktion eine Rolle spielt, der:

a) zu einer Fehlauslösung der Sicherheitsfunktion führt die Maschine (oder einen Teil davon) in einen sicheren Zustand zu versetzen oder einen sicheren Zustand aufrechtzuerhalten; oder

b) die Wahrscheinlichkeit der Fehlfunktion der Sicherheitsfunktion erhöht die Maschine (oder einen Teil davon) in einen sicheren Zustand zu versetzen oder einen sicheren Zustand beizubehalten.

Ergänzende Erläuterungen:

✓ $MTTF_S$, λ_S: Das tiefgestellte S steht für „safe".

Dem gegenüber stehen umgangssprachlich gefährliche Ausfälle, wie z. B. λ_D.

In der Normensprache spricht man von:

- *„Ein sicherheitsgerichteter Ausfall"* (λ_S) oder ($MTTF_S$) und:
  Eine Abkürzung $MTTF_S$ sucht man vergeblich in den Normen.
  Diese müsste aber so logischerweise existieren.
  Die Normen betrachten nur die gefährlichen Ausfälle (λ_D oder $MTTF_D$) zur Ermittlung des *PFH*- bzw. PFH_D-Werts, dagegen ist λ_S zur Ermittlung des *SFF* entscheidend.
  DIN EN ISO 13849-1 kennt kein λ_S, sondern nur $MTTF_D$; die Kategorien benötigen per Definition kein *SFF*, sondern werden verbal anders umschrieben.
  Im Kern aber verbirgt sich hinter den Kategorien der *SFF*-Ansatz der DIN EN IEC 62061 (**VDE 0113-50**), ohne es aber zuzugeben.
- *„Ein gefährlicher Ausfall"* (λ_D) oder ($MTTF_D$).

In der Praxis werden Komponenten mit einem $MTTF_D$ (z. B. fluidtechnische Ventile) umschrieben, oder aber mit einem B_{10D} (z. B. Leistungsschütze, Positionsschalter, …).

Dabei beschreibt die Produktnorm der Leistungsschütze die B_{10}-Wertermittlung und die Ausfallmodi. Diese werden dann mit dem *RDF*-Faktor angegeben.

Sicherer Zustand

Zustand der Maschine bei Erreichen der Sicherheit

Ergänzende Erläuterungen:

✓ Meistens durch Anwendung des Ruhestromprinzips (energielos)

✓ Durch Abschaltung von gefahrbringenden Bewegungen

✓ Auch durch Aufrechterhaltung des sicheren Zustands (z. B. aktive Lageregelung einer Achse)

Nach der Einleitung eines Stoppbefehls durch eine Schutzeinrichtung muss der Stoppzustand aufrechterhalten bleiben, bis ein sicherer Zustand für einen Wiederanlauf gegeben ist.

Sicherheit

Freiheit von unvertretbarem Risiko

Ergänzende Erläuterungen:

- ✓ Schutz des Menschen soll zur Sicherheit des Menschen beitragen.

Der Begriff Risiko wird als Sollgröße für Maßnahmen genutzt, um die Sicherheit zu erreichen.

Sicherheitsbezogene Software

Funktion, die von einem SCS mit einem festgelegten Sicherheitsintegritätslevel ausgeführt wird und dazu vorgesehen ist, den sicheren Zustand der Maschine aufrechtzuerhalten oder eine unmittelbare Erhöhung des Risikos/der Risiken in Bezug auf ein bestimmtes gefährliches Ereignis zu verhindern.

Ergänzende Erläuterungen:

- ✓ Software-Level 1 bis 3.
- ✓ DIN EN ISO 13849-1 nutzt die Akronyme SRASW und SRESW.

Ursache Nummer eins und Quelle möglicher Unfälle: Jede Art der Modifikation.

Software wird meistens nicht berechnet, sondern aufgrund der Prozesse als auch aufgrund der Programmierregeln oder -richtlinien bewertet. Zum Schluss zählt nur eines: Die Software muss lesbar und prüfbar sein.

Sicherheitsfunktion

Funktion, die von einem SCS oder SRP/CS mit einem festgelegten Sicherheitsintegritätslevel ausgeführt wird und dazu vorgesehen ist, den sicheren Zustand der Maschine aufrechtzuerhalten oder eine unmittelbare Erhöhung des Risikos/der Risiken in Bezug auf ein bestimmtes gefährliches Ereignis zu verhindern.

Ergänzende Erläuterungen:

- ✓ SCS oder SRP/CS führen Sicherheitsfunktionen aus.
- ✓ Das Versagen eines Teilsystems eines SCS oder SRP/CS führt zum Verlust der Sicherheitsfunktion.

DIN EN ISO 12100 bestimmt mit dem Identifizieren der Gefährdungen mögliche Funktionen, die sicherheitsrelevant sind. Mit der Risikobeurteilung werden die Lösungsanforderungen umschrieben.

Eine Sicherheitsfunktion hat ein auslösendes Moment und eine sicherheitsgerichtete Reaktion, mit dem Ziel, einen sicheren Zustand zu erreichen.

Man kann grundsätzlich zwischen drei Arten (bzw. Typen) oder Gruppen von Sicherheitsfunktionen unterscheiden:

✓ Sicherheitsfunktionen zum Schutz von Personen

✓ Andere Sicherheitsfunktionen

✓ Sicherheitsfunktionen zum Schutz der Maschine

IEC 62061, 3.2.3

Sicherheitsbezogenes Steuerungssystem SCS (en: Safety-Related Control System)

Teil des Steuerungssystems einer Maschine, der eine Sicherheitsfunktion durch ein oder mehrere Teilsysteme ausführt.

Ergänzende Erläuterungen:

✓ SCS (genauso wie ein SRP/CS) bildet die Hardware und Software Komponenten, die benötigt werden, um eine Sicherheitsfunktion funktional ausführen zu können;

✓ ∑ aller Teilsysteme.

Maschinen-Steuerungssystem = Standard Steuerung + Sicherheitssteuerung
Maschinen-Steuerungssystem = Standard Steuerung + SCSen

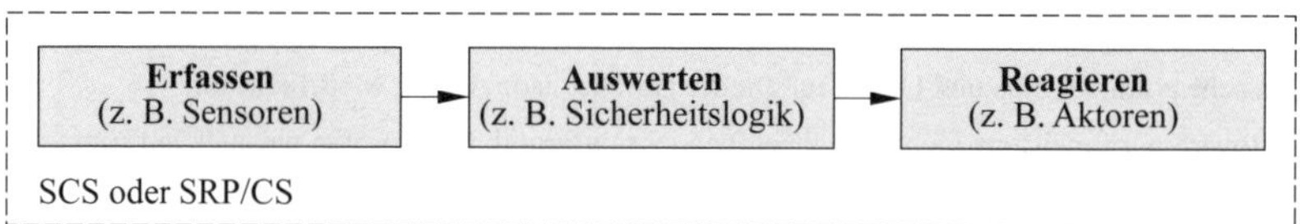

Steuerungen können also sein:

- *programmierbar (die klassische SPS),*
- *parametrierbar mittels Software (wie z. B. das ASI – Actor Sensor Interface, Frequenzumrichter, ...), oder*
- *parametrierbar mittels Hardware Verdrahtung (z. B. Sicherheitsschaltgeräte).*

„Sicherheitsgerichtet“ oder „sicherheitsbezogen“ zielt daher immer in diesem Kontext auf eine Abgrenzung zu „Standard“, also „nicht sicherheitsgerichtet“ oder „nicht sicherheitsbezogen“.

ISO 13849-1, 3.1.1

Sicherheitsbezogenes Teil eines Steuerungssystems SRP/CS

Teil einer Steuerung, das auf sicherheitsbezogene Eingangssignale reagiert und sicherheitsbezogene Ausgangssignale erzeugt.

Ergänzende Erläuterungen:

✓ SRP/CS (genauso wie ein SCS) bildet die Hardware und Software Komponenten, die benötigt werden, um eine Sicherheitsfunktion funktional ausführen zu können;

✓ ∑ aller Teilsysteme.

Maschinen-Steuerungssystem = Standard Steuerung + Sicherheitssteuerung
Maschinen-Steuerungssystem = Standard Steuerung + SCSen

Sicherheitsintegrität

Wahrscheinlichkeit, dass ein SCS oder sein Teilsystem die geforderte Sicherheitsfunktion unter allen angegebenen Bedingungen innerhalb eines angegebenen Zeitraums zufriedenstellend erfüllt.

Ergänzende Erläuterungen:

✓ Der geforderte SIL oder PL (als PL_r) wird nach dem Entwurf des SCS oder SRP/CS mit dem erreichten SIL bzw. PL verglichen.

Die „Sicherheitsintegrität" steht als Oberbegriff zum einen für eine qualitative und zum anderen für eine quantitative Messgröße bzw. Zielgröße. Oft wird auch von „Leistungsfähigkeit" gesprochen, was der erreichten Sicherheitsintegrität nach Entwurf und Umsetzung einer Sicherheitsfunktion in ein SCS oder SRP/CS entspricht.

Sicherheitsintegritätslevel SIL

Diskrete Stufe (eine von drei möglichen) zur Beschreibung der Fähigkeit, eine Sicherheitsfunktion auszuführen, wobei der Sicherheitsintegritätslevel drei die höchste Stufe der Sicherheitsintegrität und der Sicherheitsintegritätslevel eins die niedrigste ist.

Ergänzende Erläuterungen:

✓ SIL 1, SIL 2 oder SIL 3

Der Sicherheitsintegritätslevel SIL eines SCS muss spätestens bei der Validierung und Verifikation immer drei Anforderungen genügen bzw. entsprechen:

- die strukturellen Einschränkungen der Teilsysteme und des Systems
- die Sicherheitsintegrität der Hardware
- die systematische Sicherheitsintegrität der Teilsysteme und des Systems

$$SIL_{System} \leq \left(SIL_{Teilsystem}\right)_{niedrigste}$$

Der geforderte SIL für eine Sicherheitsfunktion, somit auch für das SCS oder SRP/CS.

Wie hoch muss der geforderte SIL sein? Der informative Anhang A soll hier bei der Einstufung helfen: Informativ deshalb, weil DIN EN ISO 12100 nicht die Hausaufgaben gemacht hat und sich auch zukünftig nicht an dieses Thema herantrauen möchte – was nachvollziehbar aber leider auch sehr unbefriedigend ist. Übrigens hat DIN EN ISO 13849-1 dasselbe Dilemma.

Die drei Stufen werden in der Norm etwas anders dargestellt, als in der Ausgabe von 2015:

SIL	Grenzen der *PFH*-Werte (1/h)
1	$< 10^{-5}$
2	$< 10^{-6}$
3	$< 10^{-7}$

SIL 1, ein Ausfall in ca. 1 Jahr
SIL 2, ein Ausfall in ca. 10 Jahren
SIL 3, ein Ausfall in ca. 100 Jahren

Der Hintergrund ist, dass in der Praxis nur die Grenzwerte von Interesse sind, nicht die Bereiche an sich. Wenn SIL 3 realisiert werden soll, dann muss der *PFH*-Wert $< 10^{-7}$ sein (oder wissenschaftlich dargestellt mit 1E–07).

Spezifikation der Sicherheitsanforderungen SRS

Jede Sicherheitsfunktion ist zu spezifizieren durch:

- Spezifikation der funktionalen Anforderungen und
- Spezifikation der Anforderungen an die Sicherheitsintegrität

Ergänzende Erläuterungen:

✓ SRS, en: safety requirement specification

Risikobeurteilung → Benötigte oder bereitgestellte Informationen

Betriebseigenschaften der Maschine, einschließlich

- Betriebsarten der Maschine
- Zykluszeit
- Antwortzeit-Leistung
- Umweltbedingungen,

Interaktion der Person(en) mit der Maschine (z. B. Reparieren, Einstellen, Reinigen).

Alle relevanten Informationen, die einen Einfluss auf die Gestaltung des SCS haben können, einschließlich z. B:

- eine Beschreibung des Verhaltens der Maschine, das durch eine Sicherheitsfunktion erreicht oder verhindert werden soll
- alle Schnittstellen zwischen den Sicherheitsfunktionen sowie zwischen Sicherheitsfunktionen und jeder anderen Funktion (innerhalb oder außerhalb der Maschine)
- erforderliche Fehler-Reaktionsfunktionen der Sicherheitsfunktion.

Spiegelkontakt (Leistungsschütz, Motorstarter)

Ein Spiegelkontakt (en: mirror contact) ist gemäß Norm DIN EN IEC 60947-4-1 (**VDE 0660-102**), Anhang F ein Hilfs-Öffner, der niemals gleichzeitig mit einem Schließer-Hauptkontakt geschlossen sein kann.

Ergänzende Erläuterungen:

✓ Erst wenn der Hersteller eines Schaltgeräts bestätigt, dass der Öffner-Hilfskontakt konstruktiv so beschaffen ist, dass er niemals zeitgleich mit einem Schließer-Hauptkontakt geschlossen ist, dann spricht man nicht mehr von einem „einfachen“ Hilfskontakt, sondern von einem Spiegelkontakt.

✓ Mit einem Spiegelkontakt eines Leistungsschützes kann $DC = 99$ % erreicht werden.

Das Abschalten eines Motors mittels eines Leistungsschützes wird mit dem Spiegelkontakt überwacht: Nur, wenn die Hauptkontakte geöffnet sind, ist der Spiegelkontakt auch geschlossen.

Symbol für Spiegelkontakte im Schaltgerät (Hilfs-Öffner)

Systematische Sicherheitsintegrität

Teil der Sicherheitsintegrität eines sicherheitsbezogenen Systems, der sich auf systematische Ausfälle mit gefahrbringender Ausfallart bezieht.

Ergänzende Erläuterungen:

✓ Die systematische Sicherheitsintegrität kann üblicherweise nicht quantifiziert werden (zum Unterschied zur Sicherheitsintegrität der Hardware, bei der dies üblicherweise möglich ist).

✓ Systematische Ausfälle müssen vermieden oder beherrscht werden.

Grundsätzliche Maßnahmen während des Entwurfs eines SCS oder SRP/CS, die einem nicht quantifizierbaren Ansatz folgen: Auswahl der korrekten Komponenten, Vorbeugung von Programmierfehlern.

Maßnahmen sind notwendig zur Vermeidung von Ausfällen infolge gemeinsamer Ursache (CCF); dazu zählt auch EMV.

Systematischer Ausfall

Ausfall, der in deterministischer Weise mit einer bestimmten Ursache zusammenhängt, die nur durch eine Änderung der Konstruktion oder des Herstellungsverfahrens, der Betriebsverfahren, der Dokumentation oder anderer relevanter Faktoren beseitigt werden kann.

Ergänzende Erläuterungen:

✓ Gefährlicher Ausfall aufgrund einer Wahrscheinlichkeit (zufälliger Hardwareausfall) und aufgrund eines systematischen Fehlers: Beide können zum Ausfall eines Teilsystems oder Teilsystem-Elements führen.

Die Normen reden in diesem Kontext von:

- Anforderungen zur Vermeidung systematischer Ausfälle.
- Anforderungen zur Beherrschung systematischer Ausfälle.

Wenn etwas nicht vermeidbar ist, dann muss es letztendlich beherrschbar sein. In dieser Reihenfolge werden Maßnahmen gewählt.

T

Begriffe

Teilfunktion

Teil einer Sicherheitsfunktion, dessen Ausfall zu einem Ausfall der Sicherheitsfunktion führen kann.

Ergänzende Erläuterungen:

✓ Jede Sicherheitsfunktion muss in eine Struktur von Teilfunktion(en) zugeordnet werden.

✓ Jede Teilfunktion wird einem Teilsystem innerhalb der Architektur des SCS zugeordnet.

✓ SCS = Teilsystem *Erfassen* + Teilsysteme *Logik* + Teilsystem *Reagieren.*

Teilfunktionen haben immer ein Eingangssignal als „Information" (auslösendes Ereignis) und ein Ausgangssignal als „Information" (Reaktion auf das auslösende Ereignis).

Ein Positionsschalter mit getrenntem Betätiger, der eine Schutztür überwachen soll, hat als Eingangsinformation die mechanische Stellungserfassung des Betätigers (also Schutztür auf oder zu), und liefert als Ausgangsinformation die elektrische Rückmeldung der Position des getrennten Betätigers mittels zwangsöffnender Kontakte (Kontakt geöffnet heißt getrennter Betätiger aus dem Positionsschalter entfernt).

Oder z. B. ein Leistungsschütz: Die Ansteuerspannung wird weggenommen (Eingangsinformation aus Sicht des Leistungsschützes) und das Leistungsschütz öffnet daraufhin die Kontakte der Hauptstrombahnen (Ausgangsinformation).

Diagnosefunktionen sind keine Teilfunktionen, aber unterstützen letztere

„Dumme" Teilsysteme, die aus passiven Komponenten bestehen (z. B. Positionsschalter, Ventilen, Schütze, ...) brauchen die Hilfe von anderen: In der Mechanik liegt die Qualität solcher Teilsystem-Elemente, also ihre unerkannte Intelligenz bzw. Qualität, aber zur Diagnose reicht es eben nicht und jemand anderes muss das übernehmen.

Diagnosefunktionen müssen hochwertig sein, und zwar so hochwertig, wie die realisierte Sicherheitsfunktion sein soll.

Teilsystem = Teilfunktion – und wann mehrere Teilfunktionen? Not-Halt z. B.

Wenn ein Teilsystem (insbesondere bei Ausgangskreisen) mehreren Herren dient, dann ist das vergleichbar mit „Carsharing".

In der Praxis entsteht diese Situation z. B. durch die Notwendigkeit, dass jede Maschine mindestens eine Not-Halt-Funktion haben muss. Diese übergeordnete Funktion wird andere Sicherheitsfunktionen beeinflussen, in dem Sinne, dass die Ausgangskreise durch die Not-Halt-Funktion mit abgeschaltet werden.

Teilsystem

Einheit des Architekturentwurfs auf oberster Ebene eines sicherheitsbezogenen Systems, bei der ein gefahrbringender Ausfall des Teilsystems zu einem gefahrbringenden Ausfall einer Sicherheitsfunktion führt.

Ergänzende Erläuterungen:

- ✓ SCS = sicherheitsbezogene Steuerung = System = $\sum$ aller Teilsysteme
- ✓ Siehe Teilfunktion
- ✓ $SIL_{System} \leq \left(SIL_{Teilsystem}\right)_{niedrigste}$
- ✓ $PL_{System} \leq \left(PL_{Teilsystem}\right)_{niedrigste}$

Wenn jedes einzelne Teilsystem die strukturellen Einschränkungen eines bestimmten SIL erfüllt, dann erfüllt sie das SCS ebenfalls. Erfüllt jedoch ein Teilsystem nur die geringeren Anforderungen eines niedrigeren SIL, dann begrenzt das den SIL, den das SCS erreichen kann.

Während ein SCS immer aus mindestens einem Teilsystem bestehen muss, kann die Sicherheitsfunktion mit DIN EN ISO 13849-1 auch nur ein einzelnes SRP/CS beinhalten. Das wiederum ist nicht sehr didaktisch bzw. hilfreich bei der Umsetzung einer Sicherheitsfunktion in Hardware und Software.

In der Praxis führt das Aufteilen einer Sicherheitsfunktion in logische Einheiten, wie z. B. Erfassen – Auswerten – Reagieren, zu einem einfachen Verständnis, was eine Sicherheitsfunktion letztendlich für funktionale und sicherheitsintegritätsbezogene Anforderungen haben kann.

Teilsystem-Element

Teil eines Teilsystems, bestehend aus einer einzelnen Komponente oder einer beliebigen Gruppe von Komponenten.

Ergänzende Erläuterungen:

- ✓ *HFT* = 0 mit einem Teilsystem-Element (ein Kanal)
  HFT = 1 mit zwei Teilsystem-Elementen (zwei Kanäle)
- ✓ Basis-Teilsystemarchitekturen A, B, C und D (zur *PFH*-Ermittlung auf Basis der Teilsystem-Elemente).
- ✓ Jedes Teilsystem-Element hat λ_S und λ_D.
- ✓ Geräte-Typen 2 und 3.

Ein Teilsystem besteht in der Praxis heute aus einem einzelnen Teilsystem-Element (*HFT* = 0, Einkanaligkeit) und oder aus zwei Teilsystem-Elementen (*HFT* = 1, Zweikanaligkeit). Dabei können zwei Komponenten (z. B. zwei Leistungsschütze) verwendet werden, oder aber ein

Gerät mit zwei internen Kanälen (z. B. ein Positionsschalter getrenntem Betätiger und mit zwei zwangsöffnenden elektrischen Kontakten).

V

Begriffe

Validierung (einer Sicherheitsfunktion)

Bestätigung durch Untersuchung (z. B. Tests, Analyse), dass das SCS oder SRP/CS die Anforderungen der Funktionalen Sicherheit der spezifischen Anwendung erfüllt.

Ergänzende Erläuterungen:

- ✓ Die Validierung einer Sicherheitsfunktion benötigt die Verifikation auf unterschiedlichen Ebenen, ob Hardware oder Software.
- ✓ Die Validierung benötigt also die Verifikation.
- ✓ Der Validierungsplan beschreibt den gesamten Prozess der Validierung.

Begriff der immer wieder diskutiert werden, obwohl eindeutig definiert: Verifikation ist immer eine Untermenge von Validierung. Und ein Input wird gegen einen Output geprüft – Verifikation. Eine Sicherheitsfunktion kennt eine Validierung mit vielen kleinen Verifikationen.

Verifikation

Bestätigung durch Untersuchung (z. B. Tests, Analyse), dass das SCS oder SRP/CS, seine Teilsysteme oder Teilsystem-Elemente die in der entsprechenden Spezifikation festgelegten Anforderungen erfüllen.

Ergänzende Erläuterungen:

- ✓ Tätigkeiten, die eine Untermenge der Validierung darstellt.
- ✓ Der gesamte Validierungsprozess erfordert in jedem Entwurfs- und Bewertungsstadium unterschiedliche Verifikationstätigkeiten.
- ✓ Ohne Verifikationen im Vorfeld kann es keine Validierung der Sicherheitsfunktion geben.

Tätigkeiten, die bei der Hardware und Software notwendig sind.

Beispiele sind:

- Überprüfungen der Outputs (Dokumente aus allen Phasen), um die Übereinstimmung mit den Zielen und Anforderungen der Phase zu gewährleisten, unter Berücksichtigung der spezifischen Inputs für diese Phase;
- Entwurfsüberprüfungen;
- Tests, die an den entworfenen Produkten durchgeführt werden, um sicherzustellen, dass sie gemäß ihrer Spezifikation funktionieren;
- Integrationstests, die durchgeführt werden, wenn verschiedene Teile eines Systems Schritt für Schritt und durch die Durchführung von Umwelttests zusammengefügt werden, um sicherzustellen, dass alle Teile in der spezifizierten Weise zusammenarbeiten.

Zufälliger Hardwareausfall

Zu einem zufälligen Zeitpunkt auftretender Ausfall, der aus einem oder mehreren der möglichen Degradationsmechanismen in der Hardware resultiert.

Ergänzende Erläuterungen:

✓ Das Gegenteil von systematischem Hardwareausfall.

✓ Ausfallraten sind zufälliger Hardwareausfälle.

Gefährlicher Ausfall aufgrund einer Wahrscheinlichkeit (zufälliger Hardwareausfall) und aufgrund eines systematischen Fehlers: Beide können zum Ausfall eines Teilsystems oder Teilsystem-Elements führen.

PFH wird mittels der zufälligen Hardwareausfälle ermittelt, dabei spielen λ_D oder $MTTF_D$ (als gefahrbringende zufällige Hardwareausfälle) eine entscheidende Rolle.

Zwangsgeführter Kontakt (Hilfsschütze)

Ein zwangsgeführter Kontakt ist gemäß Norm DIN EN 60947-5-1 (**VDE 0660-200**), Anhang L immer eine Kombination aus *n* Schließer(n) und *m* Öffner(n), die so konstruiert sind, dass sie nicht gleichzeitig geschlossen sein können.

Ergänzende Erläuterungen:

✓ Die Eigenschaft „Zwangsführung" kann per Definition
nur bei Hilfsschaltgliedern und
nur bei mind. 1-Öffner- und 1-Schließer-Hilfskontakt und
nur bei Hilfsschaltgliedern, die in einem Schütz integriert sind.

✓ Mit zwangsgeführten Kontakten eines Hilfsschützes kann *DC* = 99 % erreicht werden.

Das Abschalten eines Ventils mittels eines Hilfsschützes kann mit dem zwangsgeführten Kontakten überwacht werden.

Wenn ein Lastschütz mittels eines Hilfsschützes abgeschaltet wird, dann können direkt der Spiegelkontakt des Lastschützes überwacht werden: Das Versagen des Hilfsschützes oder des Lastschützes wird immer erkannt.

Symbol für zwangsgeführte Kontaktelemente im Schaltgerät

9.3 Fachwörterbuch Deutsch – Englisch

Deutsch	Englisch
A	
abweisende Schutzeinrichtung (Barriere)	Impeding device
aktive optoelektronische Schutzeinrichtung	Active opto-electronic protective device (AOPD)
Annäherungsreaktion	Tripping (function)
Antriebselement	Actuator (Machine)
Anweisungen	Instructions
Anwendungsbereich	Range of applications
Anzeige	Display
Arbeitsteil	Working part
Arbeitsumgebung	Work environment
Aufbau/Einbau (der Maschine)	Installation (of the machine)
Ausbildung	Training
Ausfall	Failure
Ausfälle aufgrund gemeinsamer Ursache	Common cause failures
Außerbetriebnahme	De-commissioning
B	
Bau	Construction
Bauteil mit definiertem Ausfallverhalten	Oriented failure mode component
Be-/Entladearbeit (Beschickungs- und Entnahmearbeiten)	Loading (feeding)/unloading (removal) operations
Bedienperson	Operator
Befehlseinrichtung mit selbsttätiger Rückstellung (Tippschalter)	Hold-to-run control device
Befestigungspunkt	Application point
Befreiung und Rettung (einer Person)	Escape and rescue (of a person)
Begrenzungseinrichtung	Limiting device
Beleuchtung	Lighting
Benutzer	User
Benutzerfreundlichkeit (einer Maschine)	Usability (of a machine)
Benutzerinformation	Information for use
berührungslos wirkende Schutzeinrichtung	Sensitive protective equipment

Deutsch	Englisch
bestimmungsgemäße Verwendung einer Maschine	Intended use of a machine
Betreiben	Operation
Betriebsanleitung	Instruction handbook
Betriebsarten	Operating modes
Betriebsartenschalter	Mode selector
Betriebsteil	Operative part
bewegliche Elemente/Teile	Movable elements/parts
bewegliche trennende Schutzeinrichtung	Movable guard
Bühne/Arbeitsbühne	Platform
D	
Dampf, Gas	Vapor, gas
Demontage (einer Maschine)	Dismantling (of a machine)
Diagnosesystem	Diagnostic system
direktes Berühren	Direct contact
Druckentlastung	Depressurizing
durch Formschluss wirkende Schutzeinrichtung	Mechanical restraint device
E	
Einricht-/Einstellungspunkt	Setting point
Einrichten/Einstellen	Setting
Einrichtung zum Stillsetzen im Notfall	Emergency stop device
einstellbare trennende Schutzeinrichtung	Adjustable guard
elektrische Ausrüstung	Electrical equipment
elektrische Gefährdung	Electrical hazard
elektrischer Schlag	Electric shock
elektromagnetische Verträglichkeit	Electromagnetic compatibility
Emissionen	Emissions
Emissionswert	Emission value
Energietrennung und -abbau	Isolation and energy dissipation
Energieübertragungselement	Power transmission element
Energieversorgung/Energiequelle	Power supply
Ent-/Beladearbeit (Entnahme- und Beschickungsarbeiten)	Unloading (removal)/loading (feeding) operations
Entsorgung (einer Maschine)	Disposal (of a machine)

Deutsch	Englisch
entsprechende Risikominderung	Adequate risk reduction
ergänzende Schutzmaßnahmen	Complementary protective measures
ergonomischer Grundsatz	Ergonomic principle
explosionsfähige Atmosphäre	Explosive atmosphere
F	
Farbe	Color
Fehler	Fault
Fehlerbehebung	Rectification (Fault)
Fehlersuche	Fault finding
Fehlfunktion	Malfunction (malfunctioning)
Fehlverhalten (menschliches)	Error (Human)
feststehende trennende Schutzeinrichtung	Fixed guard
Feuchtigkeit	Moisture
Fundament	Foundation
Fußgängerwege/Laufstege	Walkways
G	
Gefahr	Danger
gefahrbringender Ausfall	Failure to danger
Gefährdung	Hazard
Gefährdung durch Abschneiden	Severing hazard
Gefährdung durch Ausrutschen	Slipping hazard
Gefährdung durch Durchstich/Einstich	Stabbing/puncture hazard
Gefährdung durch Einziehen/Fangen	Drawing-in/trapping hazard
Gefährdung durch Erfassen	Entanglement hazard
Gefährdung durch Fehlfunktion(en)	Hazardous malfunctioning
Gefährdung durch Herausspritzen von Flüssigkeiten unter hohem Druck	High pressure fluid ejection hazard
Gefährdung durch Lärm	Hazards generated by noise
Gefährdung durch Materialien und Substanzen	Hazards generated by materials and substances
Gefährdung durch Quetschen	Crushing hazard
Gefährdung durch Reibung/Abrieb	Friction/abrasion hazard
Gefährdung durch Scheren	Shearing hazard
Gefährdung durch Schneiden	Cutting/severing hazard

Deutsch	Englisch
Gefährdung durch Stolpern	Trip/tripping hazard
Gefährdung durch Stoß	Impact hazard
Gefährdung durch Strahlung	Hazards generated by radiation
Gefährdung durch Vernachlässigung ergonomischer Grundsätze	Hazards generated by neglecting ergonomic principles
Gefährdung durch Vibration	Hazards generated by vibration
Gefährdungsbereich	Danger zone (see also: hazard zone)
Gefährdungsbereich	Hazard zone (see also: danger zone)
Gefährdungsexposition (Begrenzung der)	Exposure to hazards (Limiting)
Gefährdungsexposition/Aussetzung einer Gefährdung	Exposure to hazard
Gefährdungskombination	Hazard combination
Gefährdungssituation/gefährdende Situation	Hazardous situation
Gefahrstoffe	Hazardous substances
Gehbereich	Walking area
Geräusch	Noise
Geschwindigkeit	Speed
Gesundheitsschädigung	Damage to health
gleichartige Ausfälle	Common mode failures
Grenze	Limit
H	
Handhabung	Handling
Handlung im Notfall	Emergency operation
Handsteuerung	Manual control (function)
Hebevorrichtung	Lifting equipment
Hebezeug	Lifting gear
Hitze	Heat
hydraulische Ausrüstung	Hydraulic equipment
I	
Identifizierung der Gefährdungen	Hazard identification
Immissionswert	Exposure value
Inbetriebnahme	Commissioning
indirekte Berührung	Indirect contact
Inspektion	Inspection

Deutsch	Englisch
Inspektion (Häufigkeit der)	Inspection (Frequency of)
Instandhaltbarkeit (einer Maschine)	Maintainability (of a machine)
Instandhaltung	Maintenance
Instandhaltungspersonal	Maintenance staff
Isolationsfehler	Insulation failure
K	
Kapselung/Fernhaltung (von Stoffen, usw.)	Containment (of materials etc.)
Kennzeichnungen	Markings
Konstrukteur/Entwickler	Designer
Konstruktion (einer Maschine)	Design (of a machine)
Konstruktionsfehler	Design error
kritisches Bauteil	Critical component
L	
Lagerung (einer Maschine)	Storage (of a machine)
Last	Load
Lebensdauer einer Maschine	Life limit of a machine
Leistungssteuerelement	Power control element
M	
Maschine	Machine/machinery
Maschinenanlage	Assembly of machines
Masseschwerpunkt	Centre of gravity
Maßnahme zur eigensicheren Konstruktion	Inherent design measure
max. Drehzahl rotierender Teile	Maximum speed of rotating parts
mechanisch zwangsläufige Wirkung	Positive mechanical action
mechanische Beanspruchung	Stress (Mechanical)
mechanische Gefährdung	Mechanical hazard
menschliches Verhalten	Human behavior
Messmethoden	Measurement methods
N	
nicht trennende Schutzeinrichtung	Protective device
normaler Betrieb	Normal operation
Notfall	Emergency situation

Deutsch	Englisch
P	
Piktogramm	Pictogram
pneumatische Ausrüstung	Pneumatic equipment
programmierbares elektronisches Steuersystem	Programmable electronic control system
R	
räumliche Grenze	Space limit
Redundanz	Redundancy
Reinigung	Cleaning
relevante Gefährdung	Relevant hazard
Restrisiko	Residual risk
Rettung und Befreiung (einer Person)	Rescue and escape (of a person)
Risiko	Risk
Risikoanalyse	Risk analysis
Risikobeurteilung	Risk assessment
Risikobewertung	Risk evaluation
Risikoeinschätzung	Risk estimation
Risikominderung	Risk reduction
Risikovergleich	Risk comparison
Rückhaltung (von gespeicherter Energie)	Containment (of stored energy)
S	
Schaden	Harm
Schaltmatte	Pressure sensitive mat
scharfe Kante	Edge (sharp)
Schmierung	Lubrication
Schneidelement	Cutting element
Schnittstelle „Bedienperson-Maschine“ oder Mensch-Maschine	Operator-machine interface
Schnittstelle „Maschine-Energieversorgung“	Machine-power supply interface
schriftlicher Warnhinweis	Written warning
Schrittschaltung	Limited movement control device
Schutzeinrichtung	Safeguard
Schutzeinrichtung mit Annäherungsreaktion	Trip/tripping device
Schutzmaßnahme	Protective measure

Deutsch	Englisch
Schwenkarmschalttafel (tragbare Steuereinheit/ tragbares Steuergerät)	Teach pendant (portable control unit)
Sensor/Messfühler	Sensor
Sicherheitsfunktion (direkt wirkende)	Safety function (safety critical function)
Signal	Signal
signifikante Gefährdung	Significant hazard
Sirene	Siren
Software	Software
Software (Zugriff auf/zur)	Software (Access to the)
Span	Chip
spannungsführendes Teil (der elektrischen Ausrüstung)	Live part (of electrical equipment)
Sperre	Barrier
spitzes Teil	Angular part
Sprache	Language
Sprache (der Betriebsanleitung)	Language (of the instruction handbook)
Standfestigkeit/Standsicherheit	Stability
statische Elektrizität	Static electricity
Staub	Dust
Stellteil	Actuator/manual control
Stellteil	Manual control (Actuator)
Stellteil zum Stillsetzen im Notfall	Emergency stop control
Steuereinrichtung, Steuerungseinrichtung	Control device
Steuernde trennende Schutzeinrichtung (s. a. trennende Schutzeinrichtung mit Start-funktion)	Control guard (see also: interlocking guard with a start function)
Steuersystem/Steuerung	Control system
Steuerung	Control
Steuerungsart	Control mode
Steuerungsart zum Einstellen	Setting (Control mode for)
Stichwortverzeichnis (in der Betriebsanleitung)	Index (of the instruction handbook)
Stillsetzen	Stopping
Stillsetzen im Notfall (Funktion zum)	Emergency stop (function)
Störung(en)	Disturbance(s)
Stoß	Impact

Deutsch	Englisch
Strahlung	Radiation
Stress	Stress (human)
Sturzgefährdung	Falling hazard
Symbol	Symbol
Symbol (in der Betriebsanleitung)	Symbol (in the instruction handbook)
T	
technische Schutzmaßnahmen	Safeguarding
thermische Gefährdung	Thermal hazard
tragbare Steuereinheit/tragbares Steuergerät (Schwenkarmschalttafel)	Portable control unit (teach pendant)
Transport	Transport
trennende Schutzeinrichtung	Guard
trennende Schutzeinrichtung mit Startfunktion (s. a.: steuernde trennende Schutzeinrichtung)	Interlocking guard with a start function (see also: control guard)
Treppen	Stairs
Tür	Door
U	
Überdrehzahl	Over speed
Überlast (elektrische)	Overloading (Electrical)
Überlastung (elektrische)	Electrical overloading
Überlastung (mechanische)	Overloading (Mechanical)
Umgebung	Environment
Umgebungseinflüsse	Environmental conditions
Umgehen (einer Schutzeinrichtung)	Defeating (of a protective device)
Umgehen (einer Warneinrichtung)	Defeating (of a warning device)
Umrüsten	Process changeover
Umweltbeanspruchung	Stress (Environmental)
unerwarteter/unbeabsichtigter Anlauf	Unexpected/unintended start-up
Unterweisung/Programmierung/Eingeben	Teaching (programming)
V	
Ventil	Valve
verbotene Anwendung	Prohibited usage/application
Verbrennung	Burn
Verbrühung	Scald

Deutsch	Englisch
vergleichende Emissionsdaten	Comparative emission data
Verhinderung des Zugangs	Prevention of access
Verhütung elektrischer Gefährdung	Electrical hazard (Preventing)
verminderte Geschwindigkeit	Reduced speed
vernünftigerweise vorhersehbarer Missbrauch	Reasonably foreseeable misuse
Verpacken (Tätigkeit)	Packaging (action)
Verpackung	Packaging
verriegelte trennende Schutzeinrichtung	Interlocking guard
verriegelte trennende Schutzeinrichtung mit Zuhaltung	Interlocking guard with guard locking
Verriegelungseinrichtung (Verriegelung)	Interlocking device (interlock)
Verwendung (einer Maschine)	Use (of a machine)
Vibration	Vibration
vorstehendes Teil	Protruding part
W	
Wärmequelle	Heat source
Warneinrichtung	Warning device
Warnhinweis	Warning
Wartungsstelle	Maintenance point
Werkstoff/Material	Material
Wiederanlauf	Restart/restarting
Z	
Zeichen	Marking
Zugang zu einem Gefährdungsbereich	Access to a hazard zone (to a danger zone)
Zugänge	Access means
Zugänglichkeit	Accessibility
Zugangsbeschränkung	Restriction of access
Zugangscode	Access code
Zuhalteeinrichtung	Guard locking device
Zustimmungseinrichtung	Enabling device
Zuverlässigkeit	Reliability
Zuverlässigkeit (einer Maschine)	Reliability (of a machine)
Zwangsläufig (verbunden)	Positive mode (Connected in the)
Zweihandschaltung	Two-hand control device

10 Normenlotse

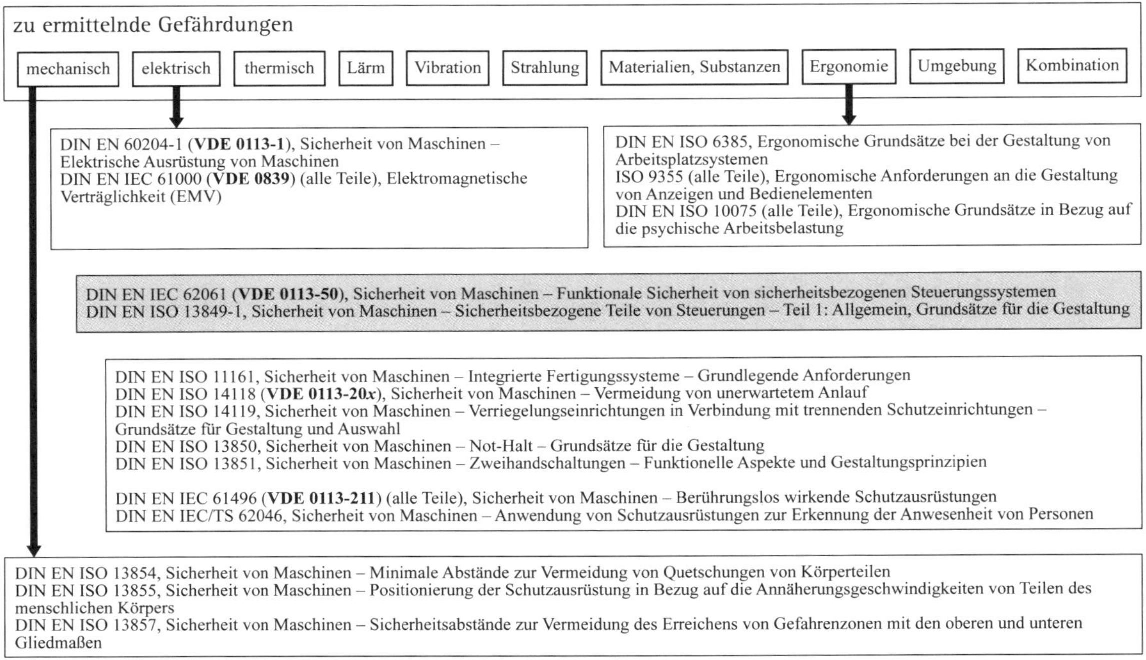

Bild 10.1 Übersicht relevanter Normen im Kontext der Funktionalen Sicherheit

Die nachfolgenden Normen sind grundsätzlich in der Maschinensicherheit anzuwenden.

Mechanische Gefährdungen

DIN EN ISO 13854, Sicherheit von Maschinen – Minimale Abstände zur Vermeidung von Quetschungen von Körperteilen

Kurzdarstellung

Ziel des Dokuments ist den Anwender (z. B. Normensetzer, Konstrukteure von Maschinen) in die Lage zu versetzen, Gefährdungen an Quetschstellen zu vermeiden.

Dieses Dokument legt dabei Mindestabstände in Abhängigkeit von Teilen des menschlichen Körpers fest und ist anwendbar, wenn durch dieses Verfahren eine angemessene Sicherheit erreicht werden kann.

Dieses Dokument ist auf Risiken der Gefährdungen durch Quetschen anwendbar und ist nicht anwendbar auf andere mögliche Gefährdungen, zum Beispiel Stoßen, Scheren, Einziehen. Gegen Gefährdungen durch zum Beispiel Stoßen, Scheren, Einziehen sind zusätzliche oder andere Maßnahmen erforderlich.

Bei der DIN EN ISO 13854 handelt es sich um eine Typ-B1-Norm (Sicherheitsfachgrundnorm für bestimmte Sicherheitsaspekte) nach DIN EN ISO 12100. Die Anforderungen in der Norm können durch eine Typ-C-Norm (Maschinensicherheitsnorm) ergänzt oder modifiziert werden.

Mechanische Gefährdungen

DIN EN ISO 13855, Sicherheit von Maschinen – Anordnung von Schutzeinrichtungen im Hinblick auf Annäherungsgeschwindigkeiten von Körperteilen

Kurzdarstellung DKE

Dieser Normentwurf befasst sich mit der Anordnung von Schutzeinrichtungen im Hinblick auf die Annäherungsgeschwindigkeiten von Körperteilen.

Es wird eine Vorgehensweise beschrieben, die es erlaubt, Sicherheitsabstände zwischen dem Schutzfeld spezieller Sensor- oder Betätigungseinrichtungen zu einem Gefahrenbereich zu bestimmen. Die hierbei verwendeten Parameter basieren auf Werten für Annäherungsgeschwindigkeiten von Teilen von Körperteilen.

Dieser Normentwurf ist vorgesehen als Ersatz für DIN EN 999 und beinhaltet neben neuen und überarbeiteten praktischen Ausführungsbeispielen vier neue informative Anhänge. Dieser internationale Normentwurf wurde von der ISO/TC 199/WG 6 „Sicherheitsabstände“ vom ISO/TC 199 „Sicherheit von Maschinen und Geräten“ in Zusammenarbeit mit dem CEN/TC 114 erstellt. Die nationalen Interessen wurden dabei vom Gemeinschaftsarbeitsausschuss NA 095-01-04 GA „Schutzeinrichtungen, Sicherheitsmaßnahmen und Verriegelungen“ des NASG wahrgenommen.

Bei der DIN EN ISO 13855 handelt es sich um eine Typ-B-Norm (Sicherheitsfachgrundnorm für bestimmte Sicherheitsaspekte) nach DIN EN ISO 12100. Die Anforderungen in der Norm können durch eine Typ-C-Norm (Maschinensicherheitsnorm) ergänzt oder modifiziert werden.

Auszug aus dem Anwendungsbereich

Diese internationale Norm behandelt die Anordnung von Schutzeinrichtungen im Hinblick auf die Annäherungsgeschwindigkeiten von menschlichen Körperteilen.

Diese Norm gibt Parameter an, die auf Werten für Annäherungsgeschwindigkeiten von Körperteilen basieren, und stellt ein Verfahren zur Ermittlung der Mindestabstände von Schutzfeldern oder Betätigungseinrichtungen von Schutzeinrichtungen zu einem Gefährdungsbereich zur Verfügung.

Die Werte für Annäherungsgeschwindigkeiten (Schrittgeschwindigkeit und Bewegung der oberen Gliedmaßen) in dieser internationalen Norm sind über lange Zeit erprobt und haben sich in der Praxis bewährt. Diese internationale Norm dient als Orientierungshilfe für typische Arten der Annäherung. Andere Arten der Annäherung, zum Beispiel Laufen, Springen oder Fallen werden in der vorliegenden internationalen Norm nicht berücksichtigt.

Die in dieser internationalen Norm berücksichtigten Schutzeinrichtungen umfassen:

a) berührungslos wirkende Schutzeinrichtungen [siehe DIN EN IEC 61496-*x* (**VDE 0113-20*x***), (alle Teile)], einschließlich:
   - Lichtvorhänge und Lichtgitter (AOPD);
   - Laserscanner (AOPDDR) und zweidimensionale Sichtsysteme;
b) druckempfindliche Schutzeinrichtungen (siehe DIN EN ISO 13856-1, DIN EN ISO 13856-2 und DIN EN ISO 13856-3), insbesondere Schaltmatten;
c) Zweihandschaltungen (siehe DIN EN ISO 13851);

d) verriegelte trennende Schutzeinrichtungen ohne Zuhaltung (siehe DIN EN ISO 14119).

Diese internationale Norm legt Mindestabstände vom Schutzfeld, der Schutzfläche, der -linie, dem Schutzpunkt oder der Zugangsstelle zur Verriegelungseinrichtung zum Gefährdungsbereich für Gefährdungen, die durch die Maschine verursacht werden (z. B. Quetschen, Scheren, Einziehen), fest.

Schutz gegen die Risiken von Gefährdungen durch das Herausschleudern fester oder flüssiger Materialien, durch Emissionen, Strahlung und Elektrizität wird in dieser internationalen Norm nicht behandelt. …

Die internationale Norm gilt nicht für Schutzeinrichtungen (z. B. mitführbare Zweihandschaltungen), die ohne Anwendung von Werkzeugen näher zum Gefährdungsbereich bewegt werden können, als es der berechnete Mindestabstand zulässt.

Die nach dieser internationalen Norm abgeleiteten Mindestabstände gelten nicht für Schutzeinrichtungen, die die Anwesenheit von Personen in einem Bereich erkennen, der bereits durch eine trennende Schutzeinrichtung oder eine berührungslos wirkende Schutzeinrichtung abgesichert ist.

Mechanische Gefährdungen

DIN EN ISO 13857, Sicherheitsabstände gegen das Erreichen von Gefährdungsbereichen mit den oberen und unteren Gliedmaßen

Kurzdarstellung DKE

Dieser internationale Normentwurf legt Werte für Sicherheitsabstände gegen das Erreichen von maschinellen Gefährdungsbereichen für gewerbliche und öffentliche Bereiche fest. Die Sicherheitsabstände sind geeignet für schützende Konstruktionen. Ferner enthält er Informationen über Abstände, die den freien Zugang durch die unteren Gliedmaßen verhindern. Diese Abstände sind anwendbar, wenn eine angemessene Sicherheit allein durch Abstand erreicht werden kann. Da Sicherheitsabstände von der Größe abhängen, kann es extrem großen Personen möglich sein, Gefahrenbereiche zu erreichen, obwohl die Anforderungen dieses internationalen Normentwurfs eingehalten sind. Die unteren Gliedmaße behandelnden Abschnitte in diesem internationalen Normentwurf gelten, wenn Zugang durch die oberen Gliedmaßen nach der Risikobeurteilung nicht vorhersehbar ist. Die Sicherheitsabstände sind dazu vorgesehen, solche Personen zu schützen, die unter den festgelegten Bedingungen Gefährdungsbereiche zu erreichen versuchen.

Bei der EN ISO 13857 handelt es sich um eine Typ-B-Norm (Sicherheitsfachgrundnorm für bestimmte Sicherheitsaspekte) nach DIN EN ISO 12100. Die Anforderungen in der Norm können durch eine Typ-C-Norm (Maschinensicherheitsnorm) ergänzt oder modifiziert werden.

Auszug aus dem Anwendungsbereich

Diese internationale Norm legt Werte für Sicherheitsabstände gegen das Erreichen von maschinellen Gefährdungsbereichen für gewerbliche und öffentliche Bereiche fest. Die Sicherheitsabstände sind geeignet für schützende Konstruktionen. Ferner enthält sie Informationen über Abstände, die den freien Zugang durch die unteren Gliedmaße verhindern (siehe 4.3).

Diese internationale Norm bezieht Personen von 14 Jahren und älter ein (das 5. Perzentil der Personen ab 14 Jahren entspricht etwa 1 400 mm). Nur für die oberen Gliedmaßen stellt sie zusätzlich Informationen für Kinder älter als drei Jahre (5. Perzentil der Personen ab 3 Jahren entspricht etwa 900 mm) bereit, wenn das Hindurchreichen durch Öffnungen zu berücksichtigen ist.

Anmerkung 1: Daten zur Vermeidung des Zugangs von Kindern mit den unteren Gliedmaßen werden nicht betrachtet.

Diese Abstände sind anwendbar, wenn eine angemessene Sicherheit allein durch Abstand erreicht werden kann. Da Sicherheitsabstände von der Größe abhängen, kann es extrem großen Personen möglich sein, Gefahrenbereiche zu erreichen, obwohl die Anforderungen dieser internationalen Norm eingehalten sind.

Anmerkung 2: Diese Sicherheitsabstände bieten keinen ausreichenden Schutz bei bestimmten Gefährdungen, z. B. Strahlung und Emission von Substanzen. Bei solchen Gefährdungen sind zusätzliche oder andere Maßnahmen zu treffen.

Die die unteren Gliedmaßen behandelnden Abschnitte in dieser internationalen Norm gelten, wenn Zugang durch die oberen Gliedmaßen nach der Risikobeurteilung nicht vorhersehbar ist.

Die Sicherheitsabstände sind vorgesehen solche Personen zu schützen, die unter den festgelegten Bedingungen (siehe 4.1.1) Gefährdungsbereiche zu erreichen versuchen.

Anmerkung 3: Diese internationale Norm ist nicht dazu vorgesehen, Maße gegen das Erreichen von Gefährdungsbereichen durch Überklettern bereitzustellen.

Ergonomie

DIN EN ISO 6385, Ergonomische Grundsätze bei der Gestaltung von Arbeitsplatzsystemen

Deutsche Normungsroadmap Innovative Arbeitswelt (2021)

Die Norm DIN EN ISO 6385:2016-12 ist die international akzeptierte Grundlagennorm für Arbeitssysteme und damit die Basis für die ergonomische Gestaltung des Zusammenwirkens von Arbeitenden und Arbeitsmitteln in einem Arbeitsraum beziehungsweise am Arbeitsplatz und einer Arbeitsumgebung. Ihre Inhalte haben Gültigkeit für verschiedenste Arbeitssysteme, d. h. beispielsweise für Systeme in der Produktion und in den Dienstleistungen.

In ihr sind grundsätzliche Konzepte von menschzentrierter Gestaltung eines Arbeitssystems und Gebrauchstauglichkeit von gegebenen Arbeitsmitteln verankert. Zudem sind zentrale Begriffe für die ergonomische Arbeitsgestaltung definiert und auch die wesentlichen Bestandteile eines Arbeitssystems benannt, die gestaltet werden müssen.

An diesen Elementen orientiert sich auch die vorliegende Kapitelstruktur. Wesentlich sind jedoch nicht nur die einzelnen Gestaltungselemente des Arbeitssystems, sondern, gerade in Zeiten vernetzter, dynamischer und komplexer Produktionssysteme, vor allem die Wechselwirkungen zwischen den Elementen.

Da Menschen häufig mit technischen Arbeitsmitteln (z. B. Maschinen, Werkbank) interagieren, werden dabei rechtliche Vorgaben relevant. Diese beziehen sich einerseits auf die Herstellung dieser Arbeitsmittel (z. B. EU-Maschinenrichtlinie) und andererseits auf ihren Einsatz im betrieblichen Alltag (z. B. Arbeitsstättenverordnung). In Ländern der europäischen Union spielt diese Aufteilung eine besondere Rolle, da in zugrunde liegenden Regelwerken zur weiteren Information auch auf sog. harmonisierte Normen verwiesen werden kann, die dann eine Konformitätsvermutung für eine erfolgreiche Umsetzung auslösen können. So sind sicherheitstechnische und ergonomische Anforderungen in der Maschinenrichtlinie beschrieben und mithilfe von Verweisen auf Normen spezifiziert. Orientiert sich die ergonomische Gestaltung von Arbeitsaufgaben an der Normenreihe DIN EN 614 und von Interaktions- und Informationsschnittstellen an der Normenreihe DIN EN 894, so sind damit wesentliche Anforderungen an die Gestaltung von Arbeitsaufgaben und Tätigkeiten an Maschinen umgesetzt.

Anmerkungen

Die festgelegten Begriffe und ergonomischen Grundsätze gelten für die Gestaltung optimaler Arbeitsbedingungen hinsichtlich des Wohlbefindens und der Sicherheit und der Gesundheit von Menschen einschließlich der Weiterentwicklung bestehender und dem Erwerb neuer Fertigkeiten, während gleichzeitig die technische und ökonomische Effektivität und Effizienz berücksichtigt werden. Die Grundsätze in dieser europäischen Norm sind auch anwendbar auf viele andere menschliche Tätigkeiten wie zum Beispiel die Gestaltung von Produkten für Haushalts- und Freizeittätigkeiten. Eine allgemeinere Beschreibung der Grundsätze in dieser Norm findet sich in DIN EN ISO 26800. Außerdem ist DIN EN ISO 6385 hilfreich bei der Anwendung von Managementsystemen wie OHSAS 18001.

Ergonomie

DIN EN ISO 10075 (alle Teile), Ergonomische Grundsätze in Bezug auf die psychische Arbeitsbelastung

Deutsche Normungsroadmap Innovative Arbeitswelt (2021)

Die Norm DIN EN ISO 10075-1 bis -3 dient der Arbeitswelt als Verständigungsgrundlage.

Sie besteht aus den drei Teilen: „Allgemeines und Begriffe", „Gestaltungsgrundsätze und Messung" und „Erfassung der psychischen Arbeitsbelastung"

Zu den erfassbaren Einflüssen, die in der Arbeit psychische Beanspruchung auslösen, liegen bereits zahlreiche gesicherte wissenschaftliche Erkenntnisse vor. Die europäische Standardorganisation CEN 3 hat die vorliegenden Teile der Norm DIN EN ISO 10075 als europäische Standards angenommen. Da psychische Belastung und Beanspruchung nach wie vor aus verschiedenen fachwissenschaftlichen Perspektiven betrachtet und bearbeitet werden, sind einheitliche Definitionen unumgänglich.

Anmerkungen

Diese Norm stellt eine Erweiterung der DIN EN ISO 6385 dar.

Diese Konzepte aus dem Bereich der psychischen Arbeitsbelastung umfassen die psychische Belastung, die psychische Beanspruchung und deren Auswirkungen.

Da es eine Vielzahl unterschiedlicher umgangssprachlicher und wissenschaftlicher Auffassungen zur psychischen Arbeitsbelastung, der psychischen Belastung und der psychischen Beanspruchung gibt, ist eine Normung der relevanten Konzepte und Begriffe im Bereich der Ergonomie erforderlich.

Diese Norm gilt für die Gestaltung von Arbeitsbedingungen in Bezug auf die psychische Arbeitsbelastung und ist dafür vorgesehen, einen einheitlichen Sprachgebrauch zwischen Fachleuten und Praktikern auf dem Gebiet der Ergonomie sowie im Allgemeinen zu fördern.

Ergonomie

DIN EN ISO 11161, Sicherheit von Maschinen – Integrierte Fertigungssysteme – Grundlegende Anforderungen

Diese internationale Norm legt Sicherheitsanforderungen für integrierte Fertigungssysteme (IFS) fest, die zwei oder mehr miteinander verbundene Maschinen für die Herstellung von Einzelteilen oder Baugruppen enthalten.

Diese Norm beschreibt Anforderungen und Empfehlungen für die sichere Konstruktion, den sicheren Einbau und Inbetriebnahme, technische Schutzmaßnahmen und Benutzerinformationen für diese Art von IFS. Anmerkung 1: Im Sinne dieser internationalen Norm bezieht sich der Begriff System auf ein integriertes Fertigungssystem. Anmerkung 2: Im Sinne dieser internationalen Norm, bezieht sich der Begriff Maschine auf Einzelmaschinen und dazugehörige Einrichtungen als Bestandteile des integrierten Fertigungssystems.

Diese internationale Norm verfolgt nicht die Absicht, Sicherheitsaspekte einzelner Maschinen und Einrichtungen zu behandeln, die in den für diese Maschinen und Einrichtungen relevanten Normen enthalten sein können. Werden Maschinen und Einrichtungen eines integrierten Fertigungssystems getrennt oder einzeln bedient, während die Schutzwirkung der technischen Schutzmaßnahmen, die für den Produktionsbetrieb vorgesehen wurden, umgangen oder außer Kraft gesetzt wurde, müssen die entsprechenden geltenden Sicherheitsnormen für diese Maschinen und Einrichtungen herangezogen werden.

Ergonomie

DIN EN ISO 14118, Sicherheit von Maschinen – Vermeidung von unerwartetem Anlauf

Diese internationale Norm legt konstruktive Maßnahmen fest, die darauf gerichtet sind, unerwarteten Anlauf (siehe 3.2) zu vermeiden, um sicheren Eingriff von Personen in Gefahrbereiche (siehe Anhang A) zu ermöglichen.

Diese internationale Norm bezieht sich auf unerwarteten Anlauf durch alle Arten von Energie, d. h.: – Energieversorgung, z. B. elektrisch, hydraulisch, pneumatisch; – gespeicherte Energie, z. B. durch Schwerkraft, gespannte Federn; – äußere Einflüsse, z. B. durch Wind.

In diesem Dokument werden keine Performance Level oder Sicherheitsintegritätslevel für sicherheitsrelevante Teile von Steuerungssystemen angegeben. Obwohl Maßnahmen, zur Vermeidung von unerwartetem Anlauf verfügbar sind, werden in diesem Dokument nicht die Maßnahmen zur Vermeidung eines unerwarteten Anlaufs für bestimmte Maschinen spezifiziert.

Ein Typ-C-Standard kann die erforderlichen Maßnahmen zur Verhinderung von Schäden aufgrund eines unerwarteten Anlaufs definieren. Andernfalls müssen die Anforderungen für eine bestimmte Maschine durch eine Risikobewertung außerhalb des Geltungsbereichs dieses Dokuments festgelegt werden.

Funktionale Sicherheit

DIN EN ISO 14119, Sicherheit von Maschinen – Verriegelungseinrichtungen in Verbindung mit trennenden Schutzeinrichtungen – Leitsätze für Gestaltung und Auswahl

Kurzdarstellung DKE

Diese Norm legt Leitlinien für die Gestaltung und Auswahl von Verriegelungseinrichtungen, unabhängig von der Energieart, in Verbindung mit trennenden Schutzeinrichtungen fest. Weiterhin enthält sie Anforderungen speziell für elektrische Verriegelungseinrichtungen und umfasst Teile von trennenden Schutzeinrichtungen, die Verriegelungseinrichtungen betätigen. Diese Norm stellt außerdem Maßnahmen bereit, um ein Umgehen von Verriegelungseinrichtungen auf eine vernünftigerweise vorhersehbare Art zu minimieren und richtet sich an Anwender, Maschinenhersteller und Hersteller von Verriegelungseinrichtungen. Diese Norm ist vorgesehen als Ersatz für DIN EN 1088. Die wesentlichen Änderungen gegenüber dem Vorgänger sind eine verbesserte Struktur als Ergebnis einer Differenzierung und Definition von vier Bauarten von Verriegelungseinrichtungen mit Beschreibung ihrer Technologie und ihrer Vorteile und Nachteile in den Anhängen, Definition und Berücksichtigung des „Umgehen auf eine vernünftigerweise vorhersehbare Art“, die Aufnahme erforderlicher Maßnahmen zum Minimieren eines möglichen Umgehens als Ergebnis der Risikoeinschätzung und die Berücksichtigung neuer Technologien und die Einbindung der neuen informativen Anhänge G, H und I. Für diese Norm ist das Gremium NA 095-01-04 GA „Schutzeinrichtungen, Sicherheitsmaßnahmen und Verriegelungen“ im DIN zuständig.

Funktionale Sicherheit

DIN EN ISO 13850, Sicherheit von Maschinen – Not-Halt – Grundsätze für die Gestaltung

Kurzdarstellung

In dieser Norm werden funktionale Anforderungen und Gestaltungsleitsätze für Not-Halt festgelegt, unabhängig von der Art der verwendeten Energie, für die Steuerfunktion fest.

Die Anforderungen zur Realisierung einer Not-Halt-Funktion, die auf einer elektrischen/elektronischen Technologie basiert, sind in der DIN EN 60204-1 (**VDE 0113-1**) beschrieben. Anforderungen an Not-Halt-Befehlsgeräte finden sich in der DIN EN 60947-5-5 (**VDE 0660-210**).

Auszug aus dem Anwendungsbereich

Diese Norm legt funktionale Anforderungen und Gestaltungsleitsätze für Not-Halt unabhängig von der Art der verwendeten Energie für die Steuerfunktion fest.

Die Anforderungen dieser Norm gelten für alle Maschinen, mit Ausnahme von:

- Maschinen, bei denen ein Not-Halt das Risiko nicht verringern würde;
- von Hand tragbaren und handgeführten Maschinen.

Diese Norm behandelt nicht die Funktionen wie Umkehr und Begrenzen von Bewegungen, Abweisen, Abschirmen, Bremsen oder Unterbrechen, die Teil der Not-Halt-Funktion sein können.

Im Buch „*Gehlen, P.*: Not-Halt oder Not-Aus?“ (VDE-Schriftenreihe Band 154) werden weitere Hintergründe und heutige praktische Umsetzungen erläutert.

Funktionale Sicherheit

DIN EN ISO 13851, Sicherheit von Maschinen – Zweihandschaltungen – Funktionelle Aspekte und Gestaltungsprinzipien

Dieses Dokument legt die Sicherheitsanforderungen einer Zweihandschaltung und die Abhängigkeit des Ausgangssignals von der manuellen Bedienung der Stellteile. Dieses Dokument beschreibt die Haupteigenschaften von Zweihandschaltungen zur Erlangung von Sicherheit und liefert Kombinationen von funktionalen Eigenschaften für drei Typen.

Dieses Dokument gilt nicht für Einrichtungen, die für die Verwendung als Zustimmungseinrichtung, Befehlseinrichtung mit selbsttätiger Rückstellung (Tippschalter) und als spezielle Steuereinrichtung bestimmt sind.

Dieses Dokument legt nicht fest, mit welchen Maschinen Zweihandschaltungen angewendet werden sollen. Es legt ebenfalls nicht fest, welche Typen von Zweihandschaltungen für eine bestimmte Anwendung verwendet werden sollen. Darüber hinaus legt es nicht den Abstand zwischen der Zweihandschaltung und dem Gefahrbereich fest (siehe 8.8), auch wenn hierzu Anleitungen gegeben werden.

Dieses Dokument liefert Anforderungen an die Gestaltung und Anleitungen zur Auswahl (als Ergebnis der Risikobeurteilung) von Zweihandschaltungen einschließlich der Verhinderung des Umgehens, des Vermeidens von Ausfällen und der Konformitätsüberprüfung.

Dieses Dokument gilt für alle Zweihandschaltungen, unabhängig von der Energie, einschließlich: – Zweihandschaltungen, die für die Montage komplett zusammengebaut vorliegen; – Zweihandschaltungen, die vom Maschinenhersteller oder -integrierer zusammengebaut werden.

Dieses Dokument gilt nicht für Zweihandschaltungen, die vor dem Veröffentlichungsdatum dieses Dokuments hergestellt wurden.

Auszug aus dem Anwendungsbereich

Diese Norm legt die Sicherheitsanforderungen einer Zweihandschaltung und die Abhängigkeit des Ausgangssignals von den Eingangssignalen fest.

Diese Norm beschreibt die Haupteigenschaften von Zweihandschaltungen zur Erlangung von Sicherheit und liefert Kombinationen von funktionalen Eigenschaften für drei Typen. Diese Norm gilt nicht für Einrichtungen, die für die Verwendung als Zustimmungseinrichtung, Befehlseinrichtung mit selbsttätiger Rückstellung (Tippschalter) und als spezielle Steuereinrichtung bestimmt sind.

Diese Norm legt nicht fest, mit welchen Maschinen Zweihandschaltungen angewendet werden sollen. Sie legt ebenfalls nicht fest, welche Typen von Zweihandschaltungen verwendet werden sollen. Darüber hinaus legt sie nicht den Abstand zwischen der Zweihandschaltung und dem Gefahrbereich fest.

Die Norm liefert Anforderungen und Anleitungen für die Gestaltung und Auswahl (als Ergebnis der Risikobeurteilung) von Zweihandschaltungen einschließlich ihrer Bewertung, der Verhinderung des Umgehens und des Vermeidens von Ausfällen.

Diese Norm gilt für alle Zweihandschaltungen, unabhängig von der Energie, einschließlich:

- Zweihandschaltungen, die integraler Bestandteil einer Maschine sind oder nicht;
- Zweihandschaltungen, die aus einer oder mehreren einzelnen Baugruppen bestehen.

Funktionale Sicherheit

DIN EN IEC 61496-*x* (VDE 0113-20*x*) (alle Teile), Sicherheit von Maschinen – Berührungslos wirkende Schutzausrüstung

Dieser Teil der DIN EN IEC 61496-*x* (**VDE 0113-20*x***) legt die allgemeinen Anforderungen für Gestaltung, Bau und Prüfung von berührungslos wirkenden Schutzeinrichtungen (BWS) fest, die speziell für die Erkennung von Personen als Teil eines sicherheitsbezogenen Systems entworfen werden. Besondere Aufmerksamkeit wird auf die Funktions- und Auslegungsanforderungen gelenkt, die sicherstellen, dass eine angemessene sicherheitsbezogene Ausführung erreicht wird.

Eine BWS kann zusätzliche sicherheitsbezogene Funktionen enthalten, für die spezielle Anforderungen aufgeführt sind.

Dieser Teil ist dazu gedacht, mit einem Folgeteil angewendet zu werden, der besondere Anforderungen auf Basis der Sensortechnologie nennt. Wenn kein die Sensortechnologie behandelnder Teil existiert, kann der Teil 1 als Leitlinie herangezogen werden.

Diese Norm legt weder die Abmessungen oder Konfiguration des Schutzfeldes und deren Anordnung in Bezug auf Gefährdungen für eine besondere Anwendung fest, noch, was für eine Maschine ein gefährdender Zustand ist. Sie ist beschränkt auf das Funktionieren der BWS und wie sie mit der Maschine verknüpft ist.

Diese Norm kann auch für andere Anwendungen als dem Schutz von Personen, zum Beispiel zum Schutz von Maschinen oder des Produktionsguts vor mechanischer Beschädigung, relevant sein. In solchen Anwendungsfällen können andersartige Anforderungen notwendig sein, z. B. wenn die durch die Sensorfunktion zu erkennenden Materialien andere Eigenschaften als Personen haben.

Diese Norm behandelt Anforderungen an die Störfestigkeit aber keine Anforderungen in Bezug auf EMV-Störausstrahlung.

Funktionale Sicherheit

DIN EN IEC 62046 (VDE 0113-211), Sicherheit von Maschinen – Anwendung von Schutzausrüstungen zur Anwesenheitserkennung von Personen

Dieses Dokument spezifiziert Anforderungen an Auswahl, Positionierung, Konfiguration und Inbetriebnahme von Schutzeinrichtungen zum Erkennen von Personen in Gefahrenbereichen für den Schutz dieser Personen vor gefahrbringenden Teilen von Maschinen in industriellen Anwendungen. Dieses Dokument behandelt die Anwendung von berührungslos wirkenden Schutzeinrichtungen (BWS) nach DIN EN IEC 61496-*x* (**VDE 0113-20*x***) (alle Teile) und Schaltmatten und Schaltplatten nach DIN EN ISO 13856-1.

Dieses Dokument berücksichtigt Merkmale der Maschinen, der Schutzeinrichtung, der Umgebung und menschliche Interaktion durch Personen im Alter von 14 Jahren und darüber.

Dieses Dokument enthält informative Anhänge als Leitlinie zur Anwendung von Schutzeinrichtungen zum Erkennen von Personen. Diese Anhänge enthalten Beispiele zur Veranschaulichung der Grundsätze dieses Dokuments. Diese Beispiele sind nicht als die einzige Lösung für eine gegebene Anwendung zu verstehen und sollen kein Hindernis für technische Neuerungen oder die Weiterentwicklung der Technologie darstellen. Die Beispiele sind lediglich als repräsentative Lösungen zur Darstellung einiger der Integrationskonzepte für Schutzeinrichtungen gedacht; sie wurden zur Verdeutlichung vereinfacht und können somit unvollständig sein.

Funktionale Sicherheit

DIN EN IEC 62061 (VDE 0113-50), Sicherheit von Maschinen – Funktionale Sicherheit von sicherheitsbezogenen Steuerungssystemen

DIN EN ISO 13849-1, Sicherheit von Maschinen – Sicherheitsbezogene Teile von Steuerungen – Teil 1: Allgemeine Gestaltungsleitsätze

Elektrische Gefährdungen

DIN EN 60204-1 (VDE 0113-1), Sicherheit von Maschinen – Elektrische Ausrüstung von Maschinen

DIN EN 61000-*x*-*y* (VDE 0839-*x*-*y*) (alle Teile), Elektromagnetische Verträglichkeit (EMV)

Für die Funktionale Sicherheit gilt vor allem die **DIN EN 61000-6-7 (VDE 0839-6-7)**

11 Die Software „FSP"

11.1 Quick Start (Portable und Start)

FSP – Functional Safety Projectmanagement

Das Software-Tool FSP ist eine Windows-Anwendung, die eine Hilfestellung bei der Bewertung des Entwurfs von sicherheitsbezogenen Steuerungssystemen gemäß DIN EN IEC 62061 (**VDE 0113-50**) (SCS) und DIN EN ISO 13849-1 (SRP/CS) bietet.

Die Kenntnis und korrekte Anwendung der beiden Normen sind eine Voraussetzung für die Verwendung dieses Software-Tools. Das Tool unterstützt den Anwender bei

- der Erfassung der grundlegenden Informationen,
- bei Berechnungen (jedoch sind entsprechende Kenntnisse erforderlich, um die Ergebnisse zu bewerten),
- der Erstellung einer normengerechten Dokumentation.

Hinweis

Obwohl mit äußerster Sorgfalt gemäß dem Stand von Wissenschaft und Technik vorgegangen wurde, um die Korrektheit der Software zu gewährleisten, besteht immer die Möglichkeit von Fehlern.

Es kann keine Garantie in Bezug auf die Genauigkeit von Auswahlen oder anderen Ausgaben gegeben werden, die sich aus der Verwendung der Software ergeben.

Systemanforderungen (und Hardware)

- Betriebssystem Windows 10
- Microsoft .NET Framework 4.8
- Microsoft Office 2007 oder höher (für die Berichterstellung)
- Mindestens 10 MB freier Festplattenspeicher oder USB Laufwerk

Einstellungen Windows 10 Anzeige

- Mindest-Bildschirmauflösung 1 920 × 1 080 mit Skalierung 100 %

Bei einer Bildschirmauflösung 2 560 × 1 440 kann eine Skalierung 125 % ausgewählt werden.

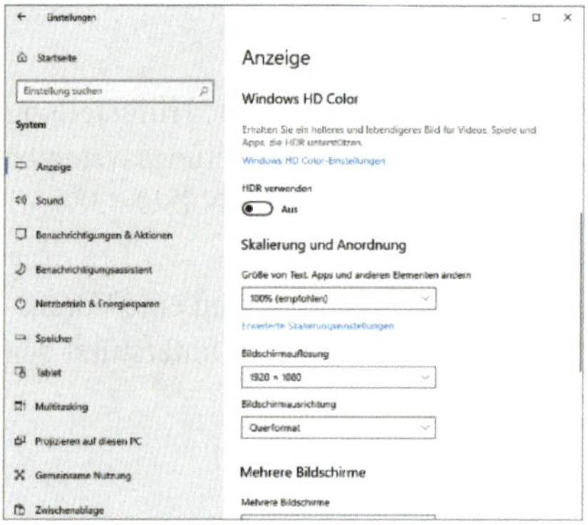

Grundlegende Information

Es sind keine Administrator-Rechte für Windows 10 erforderlich.

Es wird keine Installation vorgenommen („Portable"-Software).

Portable Software (keine Installation erforderlich) auf den Rechner übertragen

1. Die FSP.ZIP in ein Verzeichnis (mit Lese- und Schreibrechte) entpacken

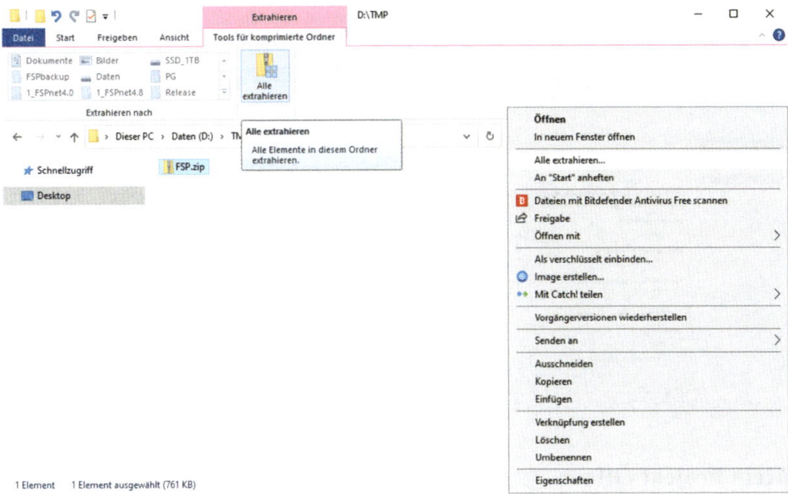

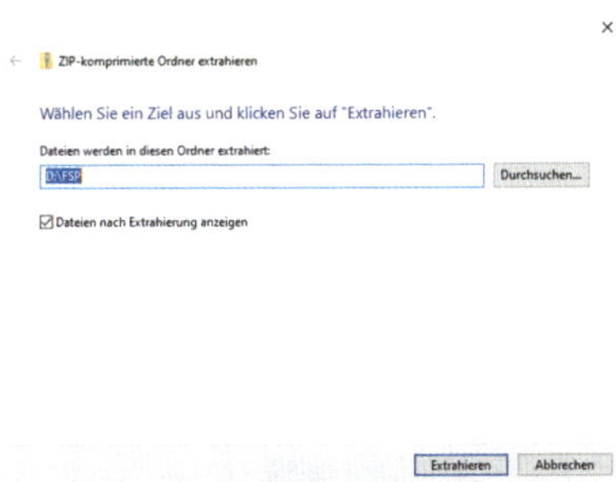

Ergebnis:

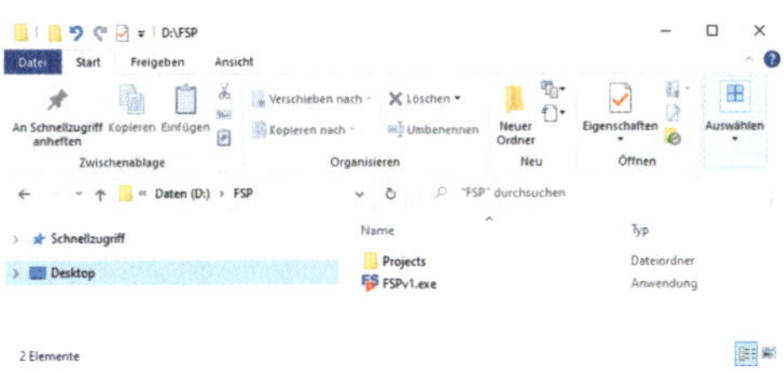

2. Programm starten mit FSP.EXE

Es erscheint folgende Benutzeroberfläche (Windows Fenster)

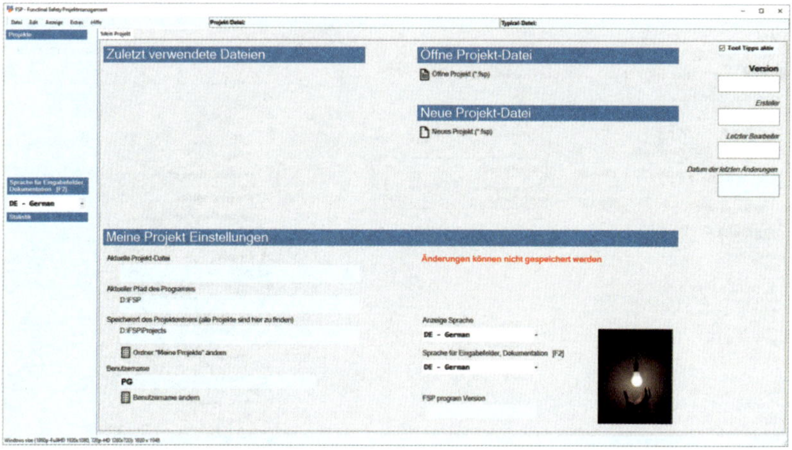

Mein Projekt Öffnen

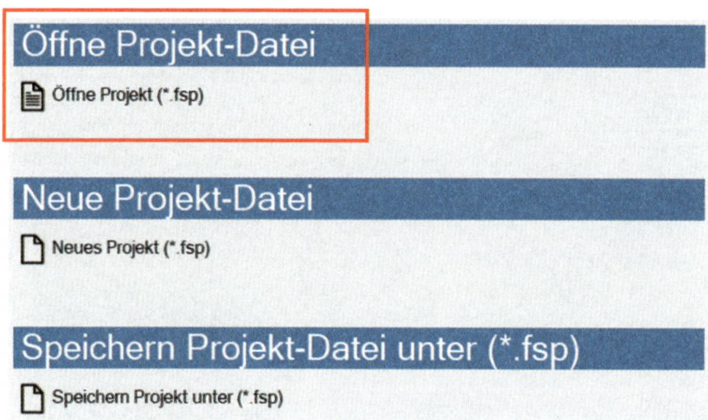

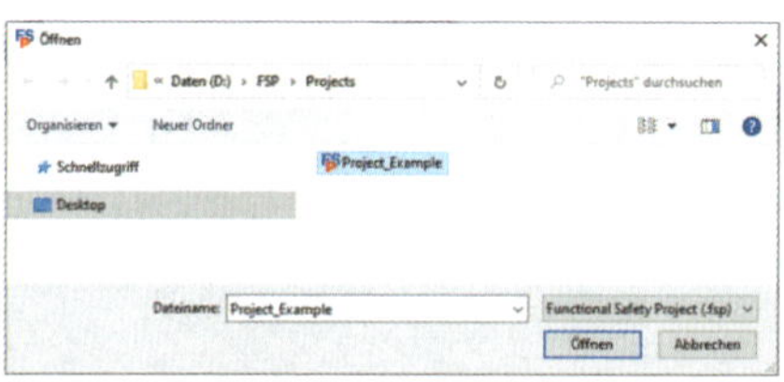

Dateien und Bezeichnungen

Namensgebung	Bedeutung
*.fsp (oder *.FSP)	Projekt-Datei
*.fspt (oder *.FSPT)	Typical-Datei Produkte (Geräte-Typ 1, 2 oder 3) werden hier individuell angelegt und können in einem Projekt verwendet werden Es muss immer eine Typical-Datei ausgewählt werden Es muss nicht für jedes Projekt eine Typical-Datei angelegt werden; es bietet sich an immer wieder die selber Typical-Datei zu verwenden
*. html (oder *.HTML)	Exportierter Bericht
Speicherorte	
\Projects\	Frei änderbar

Speicherorte	
\Projects\	Frei änderbar

Sobald das „Projekt.fsp“ geöffnet wurde, erscheint folgende Programmoberfläche:

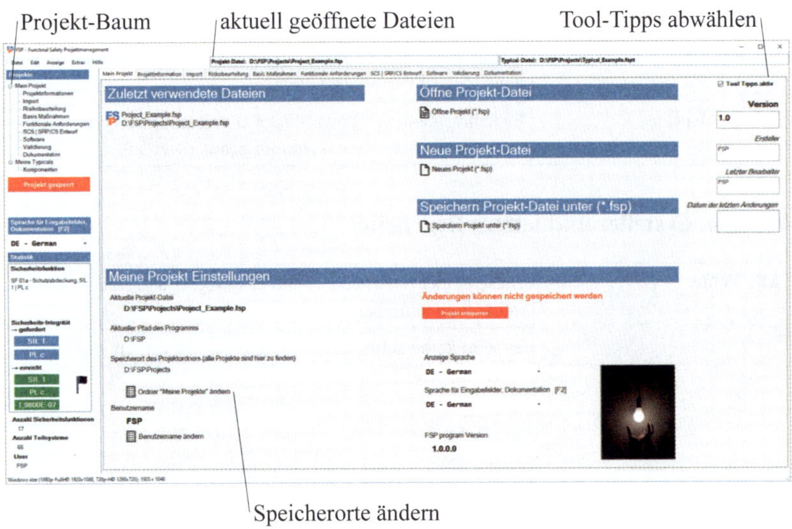

Neue Projekt-Datei erstellen

Es wird eine „leere“ Datei erstellt:

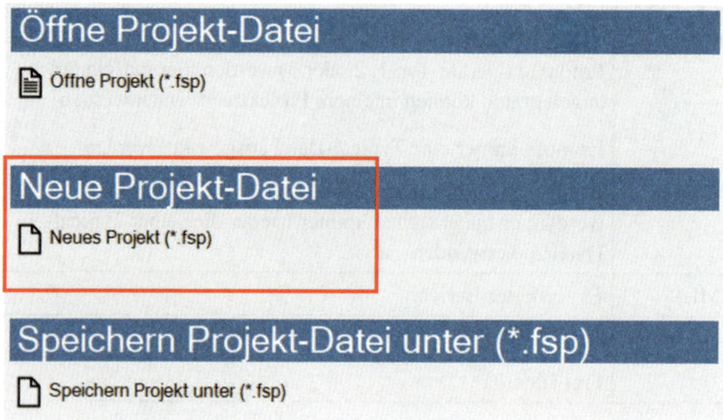

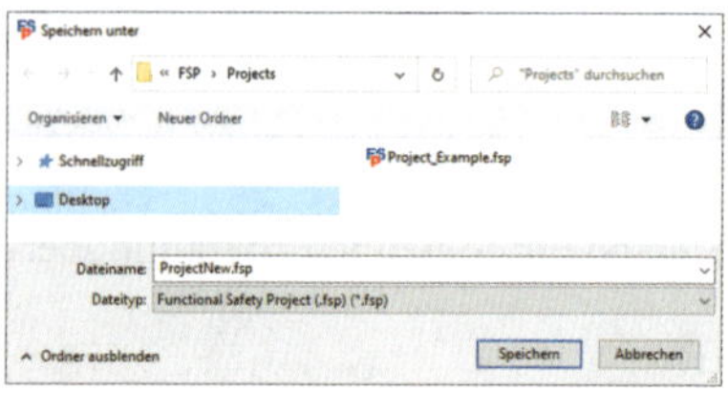

Datei (*.fsp)	Sobald eine neue Projekt-Datei erstellt wurde, erscheint diese unter *Zuletzt verwendete Dateien*
Datei (*.fspt)	Es kann eine neue Typical-Datei angelegt werden oder aber die bereits verwendete weiterhin genutzt werden

Version, Ersteller und letzter Bearbeiter

Alle Felder	Diese Felder beziehen sich auf das Projekt und sind jederzeit individuell änderbar
	Es wird keine automatische Versionierung vorgenommen

Dateien Handhabung

Im Programm wird die Datei „MeinProjekt.fsp“ geöffnet (*Öffne Projekt-Datei*) und „MeineTypicals.fspt“ ist als Typical-Datei hinterlegt.

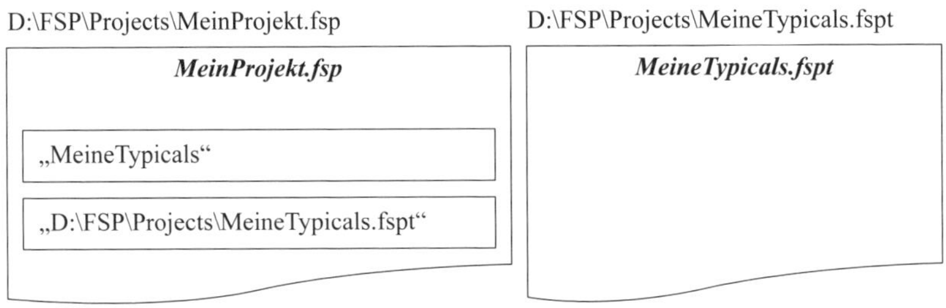

Im Programm wird die Datei „MeineTypicals.fspt“ unter „MeineTypicals_V1.fspt“ gespeichert.

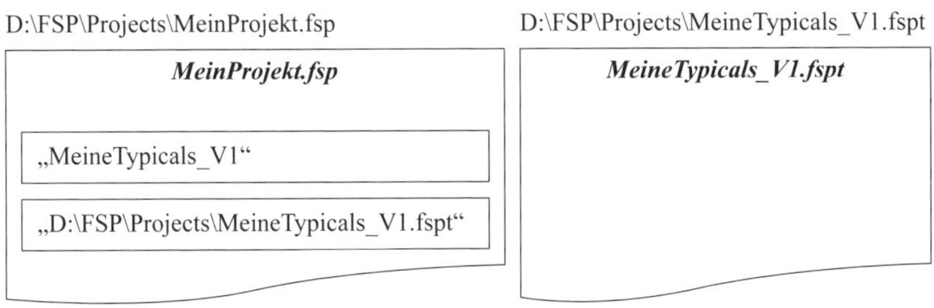

Das Programm wird beendet und beide Dateien werden nach „D:\TMP“ im Explorer kopiert. Die Dateien haben jetzt folgende Informationen.

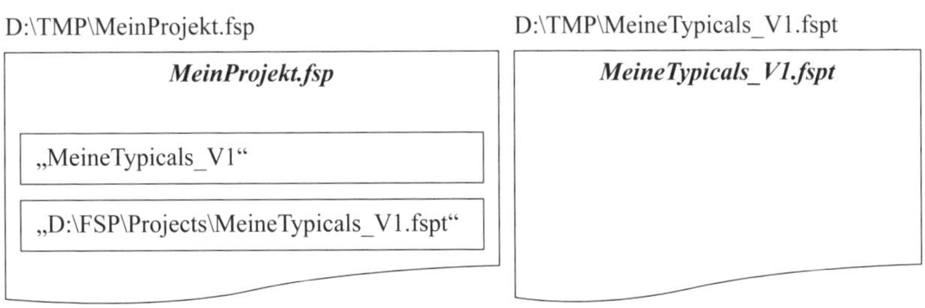

Das Programm wird erneut gestartet und „D:\TMP\MeinProjekt.fsp“ wird als Projekt-Datei geöffnet.

Da „MeineTypicals_V1“ auch als Datei unter „D:\TMP“ gefunden wird, wird diese Datei geöffnet, und <u>nicht</u> die Datei unter „D:\FSP\Projects“.

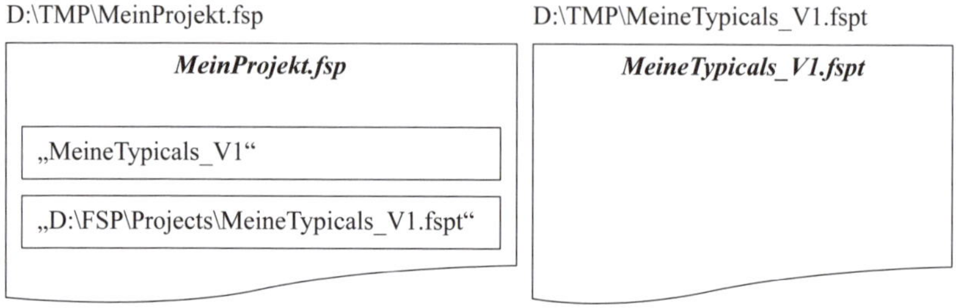

Im Programm wird das Projekt gespeichert und jetzt erst wird der absolute Datei-Pfad für „D:\TMP\MeineTypicals_V1.fspt“ in der Projekt-Datei aktualisiert.

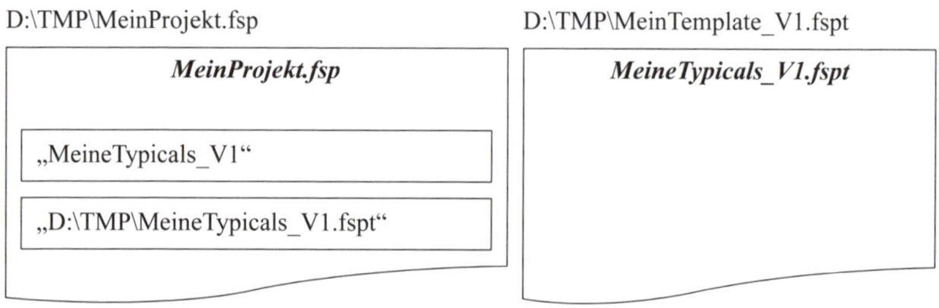

Mit dieser Handhabung kann jederzeit eine Projekt-Datei mit der entsprechenden Typical-Datei in einen beliebigen Datei-Pfad mit dem Explorer kopiert werden – also unabhängig von dem ursprünglichen Datei-Pfad zum Zeitpunkt der Erstellung.

Alternativ kann im Programm die Projekt- und Typical-Datei mit „Speichern unter“ in „D:\TMP“ gespeichert werden.

Wenn die Projekt-Datei alleine nach „D:\TMP“ kopiert worden wäre, dann kann das Programm im Pfad „D:\TMP“ keine „MeineTypicals_V1.fspt“ finden und es wird „D:\FSP\Projects\MeineTypicals_V1.fspt“ als Typical-Datei geöffnet.

Die ursprüngliche Information „D:\FSP\Projects\MeineTypicals_V1.fspt“ bleibt unverändert in der Projekt-Datei erhalten.

Mein Projekt Einstellungen

Benutzername	Frei änderbar (Default: Windows Login Name)
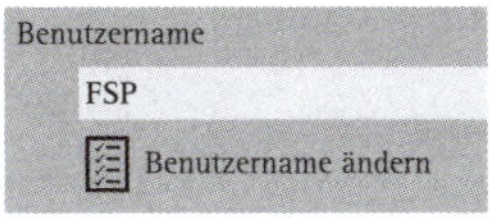	Dient der internen Dokumentation
	Keine Rechteverwaltung

Anzeigen Sprachen	Die Sprache der Bedienoberfläche ist Default auf Deutsch gesetzt.
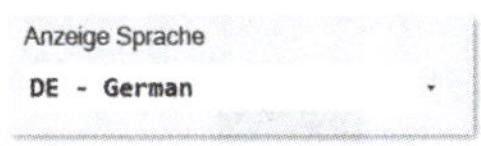	Zwischen beiden Sprachen kann jederzeit mit dem Dropdown-Feld gewechselt werden.

Sprache für Eingabefelder	Ein Projekt wird in Deutsch und Englisch erstellt.
F2	Zwischen beiden Sprachen kann jederzeit mit dem Dropdown-Feld gewechselt werden, oder mit der Taste ***F2***.
	Die alphabetische Sortierung (z. B. Sicherheitsfunktionen oder Teilsysteme) erfolgt nach der deutschen Eingabe, wenn die Sprache der Bedienoberfläche Deutsch (*Anzeige Sprachen*) ist.

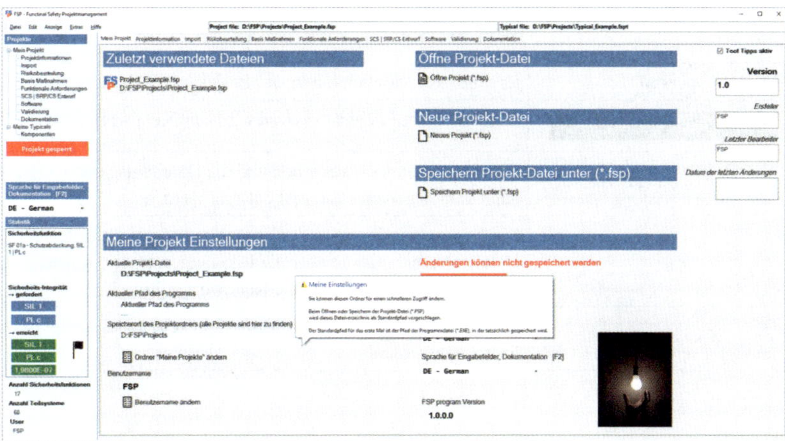

Mein Projekt Einstellungen

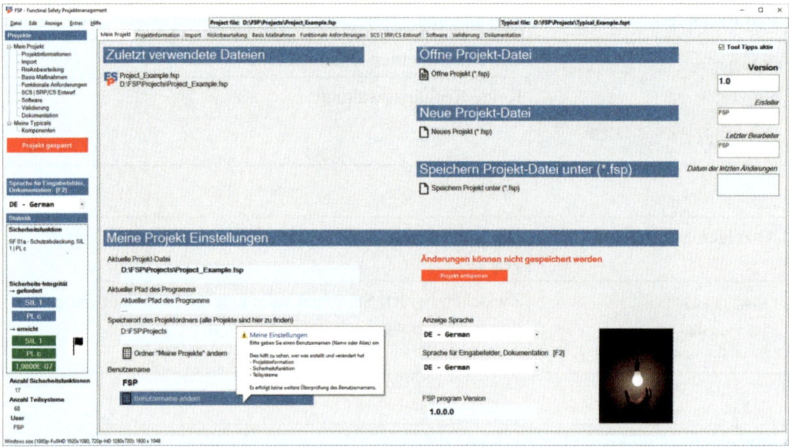

Projekt entsperren **Projekt entsperren**	Änderungen können erst gespeichert werden, wenn das Projekt entsperrt wurde.
	Es können trotzdem Änderungen im Projekt zu Testzwecken vorgenommen werden.
	Die Änderungen können aber nicht in das Projekt übernommen werden.

Projekt sperren	Es gibt zwei Möglichkeiten, ein Projekt zu sperren.
Projekt sperren	Durch Klick auf ***Projekt sperren*** wird kein Kennwort hinterlegt.
Kennwort entfernen	Wenn ein Kennwort vergeben und die Datei entsperrt wurde, dann kann das Kennwort erst entfernt werden
	Ein Kennwort wird erst mit ***Kennwort entfernen*** aus der Datei entfernt, solange aber die Datei nur entsperrt wurde, solange bleibt das bestehende Kennwort gültig.
Neues Kennwort	Durch Klick auf ***Neues Kennwort*** kann kein neues Kennwort festgelegt werden.

Mein Projekt Einstellungen

Projekt sperren	Kennwort vergeben
Projekt sperren	Durch Klick auf ***Übernehmen*** kann ein neues Kennwort festgelegt für die Projekt-Datei werden.
Neues Kennwort •••• •••• Übernehmen	In den beiden Kennwort Feldern muss dasselbe Kennwort stehen, ansonsten erscheint eine Warnmeldung und die Übernahme wird abgebrochen.
Kennwort zeigen	Solange auf ***Kennwort zeigen*** geklickt wird, solange werden die eingegebenen Kennwörter in den Feldern im Klartext angezeigt.

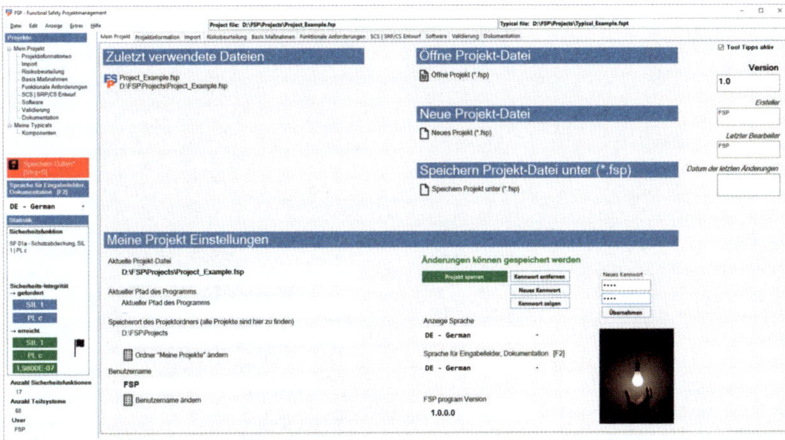

Das Projekt wurde mit einem Kennwort gesperrt und Änderungen können erst wieder gespeichert werden, wenn das Kennwort eingegeben wurde.

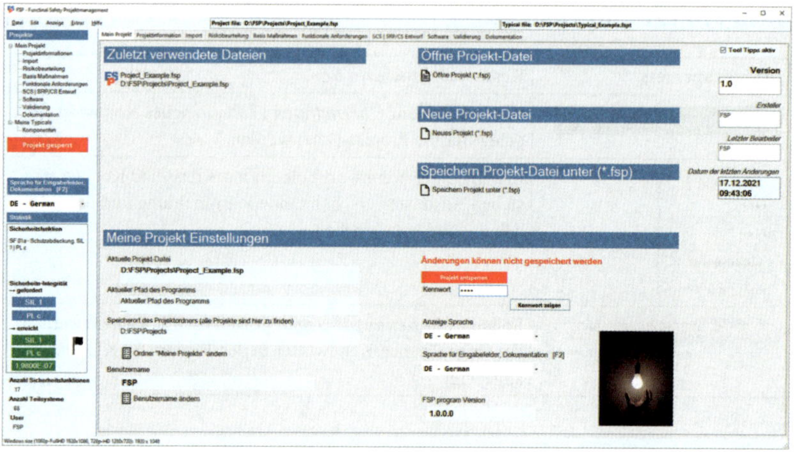

11.2 Projektinformation

Die allgemeinen Informationen zu dem Projekt können hier erfasst werden.

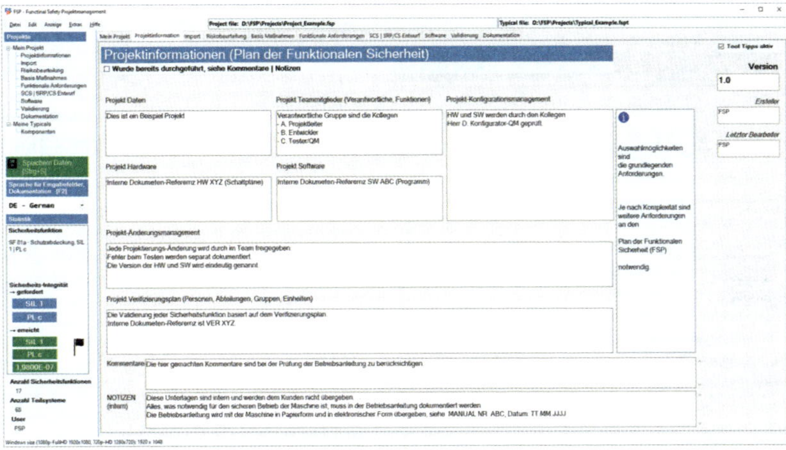

Wenn dies bereits an anderer Stelle erfolgt ist, dann kann bewusst die Erfassung der Daten abgewählt werden mit der Checkbox.

Wurde bereits durchgeführt, siehe Kommentare | Notizen

Alle Projekt-Felder	Werden grau hinterlegt und nicht im Bericht erfasst.
	Im Bericht erscheint ein Hinweis, dass diese Daten nicht erfasst wurden.
Kommentare **NOTIZEN**	Diese Felder werden trotzdem im Bericht erscheinen.
	Hier die Informationen bzw. Quellen Angaben machen, woher die Projektdaten bezogen werden oder hinterlegt sind.

Version, Ersteller und letzter Bearbeiter

Alle Felder	Diese Felder beziehen sich auf das Projekt und sind jederzeit individuell änderbar.
	Es erfolgt keine automatische Versionierung. Die Angaben sind identisch, mit denen unter der Lasche „Mein Projekt“.

11.3 Import

Aus einem anderen Projekt können Sicherheitsfunktionen in das aktuelle Projekt importiert werden.

Öffnen des Projekts, aus dem Sicherheitsfunktionen importiert werden sollen.

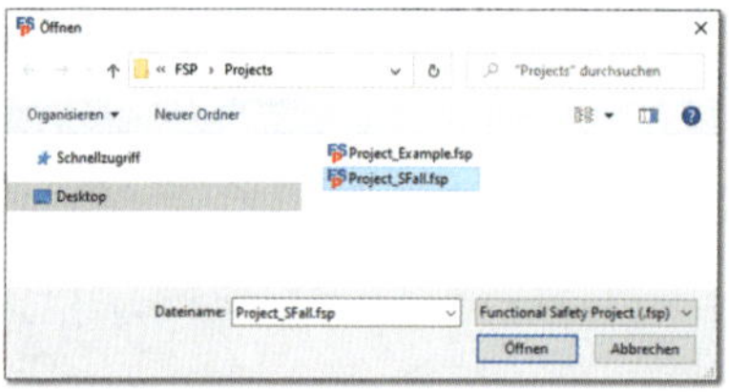

Die Projekt-Datei, aus der Sicherheitsfunktionen importiert werden sollen, wird aufgerufen und die enthaltenen Sicherheitsfunktionen werden in einer Liste dargestellt.

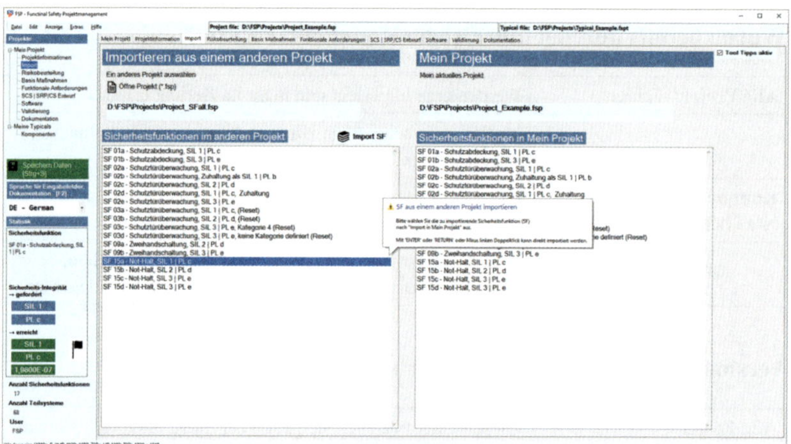

	Die ausgewählte Sicherheitsfunktion wird importiert.
Maus links Doppelklick 	

Die importierte Sicherheitsfunktion erscheint mit dem Präfix „*Import_*“.
In diesem Beispiel wurde ***Import_SF 09b Zweihandschaltung, SIL 3 | PL e*** erstellt.

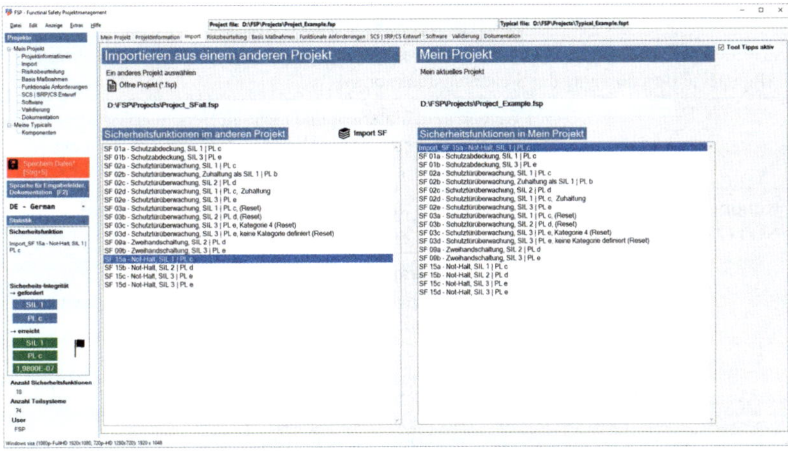

11.4 Risikobeurteilung

Die allgemeinen Informationen zur Risikobeurteilung können hier erfasst werden.

Ziel ist es, relevante Informationen zu dokumentieren, die auf die Spezifikation der Sicherheitsfunktionen Einfluss haben, und somit auch bei der Definition der Sicherheitsfunktionen berücksichtigt werden müssen.

Wenn dies bereits an anderer Stelle erfolgt ist, dann kann bewusst die Erfassung der Daten abgewählt werden mit der Checkbox.

Wurde bereits durchgeführt, siehe Kommentare | Notizen

Erforderliche Informationen aus der Risikobeurteilung gemäß DIN EN ISO 12100-Prozess Allgemeine Beschreibung der Sicherheitsfunktionen	
	Werden grau hinterlegt und nicht im Bericht erfasst. Im Bericht erscheint ein Hinweis, dass diese Daten nicht erfasst wurden.
Kommentare **NOTIZEN**	Diese Felder werden trotzdem im Bericht erscheinen.
	Hier die Informationen bzw. Quellen Angaben machen, woher die Daten zur Risikobeurteilung bezogen werden oder hinterlegt sind.

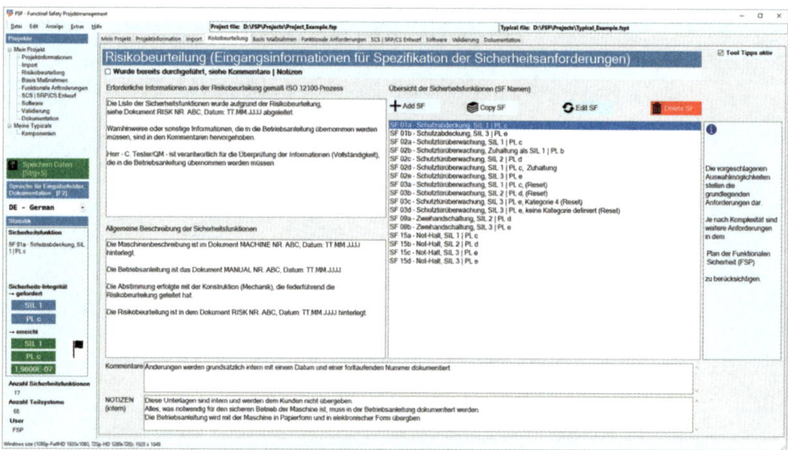

Übersicht der Sicherheitsfunktionen

	Hinzufügen, Kopieren oder Ändern von Sicherheitsfunktion (SF).
1. Vorgehensweise	Durch Klick auf die entsprechende Schaltfläche wird ein entsprechender Dialog aufgerufen.
2. Vorgehensweise	Mit einer Tastenkombination können dieselben Dialoge aufgerufen werden, wenn eine Anwahl im Listenfeld erfolgte.

Tasten	
Einfg oder A oder +	Hinzufügen einer neuen Sicherheitsfunktion.
Strg + C	Auswahl der zu kopierenden Sicherheitsfunktion.
Strg + V	Einfügen der vorher ausgewählten Sicherheitsfunktion (mit Ctrl+C oder Strg+C).
Einfg oder D oder –	Löschen der ausgewählten Sicherheitsfunktion.
↵	Ändern der ausgewählten Sicherheitsfunktion.
Maus	
Klick (links)	Auswahl einer Sicherheitsfunktion.
Doppel-Klick (links)	Der Dialog zum Ändern der ausgewählten Sicherheitsfunktion wird aufgerufen.

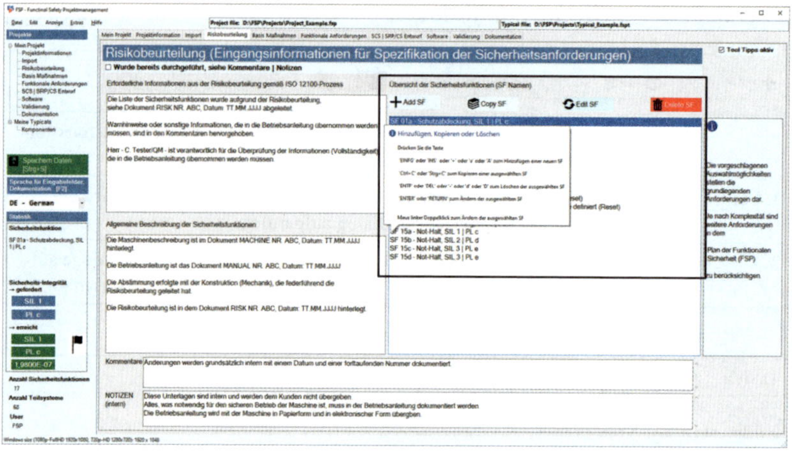
Risikobeurteilung (Eingangsinformationen für Spezifikation der Sicherheitsanforderungen)
Wurde bereits durchgeführt, siehe Kommentare | Notizen
Erforderliche Informationen aus der Risikobeurteilung gemäß ISO 12100-Prozess
Übersicht der Sicherheitsfunktionen (SF Namen)
Add SF
Copy SF
Edit SF
Delete SF
Hinzufügen, Kopieren oder Löschen
Allgemeine Beschreibung der Sicherheitsfunktionen
SF 15a - Not-Halt, SIL 1 | PL c
SF 15b - Not-Halt, SIL 2 | PL d
SF 15c - Not-Halt, SIL 3 | PL e
SF 15d - Not-Halt, SIL 3 | PL e
Kommentare
NOTIZEN (intern)

Übersicht der Sicherheitsfunktionen

<table>
<tr><th>Maus</th><th></th></tr>
<tr><td>Rechter Mausklick</td><td>Alle Auswahldialoge können so ebenfalls ausgewählt werden.
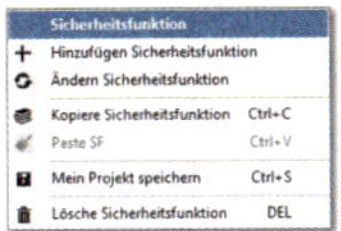
</td></tr>
<tr><td></td><td>Das Einfügen einer zu kopierenden Sicherheitsfunktion (Paste SF) ist erst dann anwählbar (nicht grau hinterlegt) wenn eine Sicherheitsfunktion vorher angewählt wurde (Kopiere Sicherheitsfunktion).</td></tr>
</table>

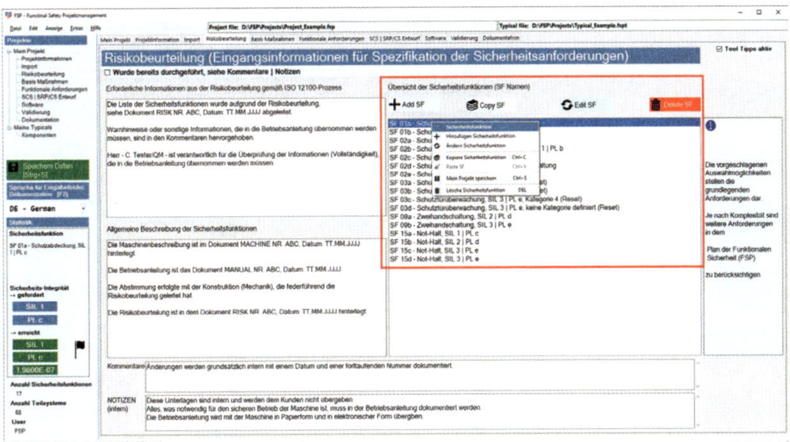

Sicherheitsfunktion – Anforderungen auswählen

Mit Change SF oder Ändern Sicherheitsfunktion wird ein neuer Dialog aufgerufen.

In diesem Dialog werden alle wichtigen Informationen bezüglich der genauen Anforderungen an die Beschreibung der Sicherheitsfunktion und den geforderten SIL bzw. PL abgefragt.

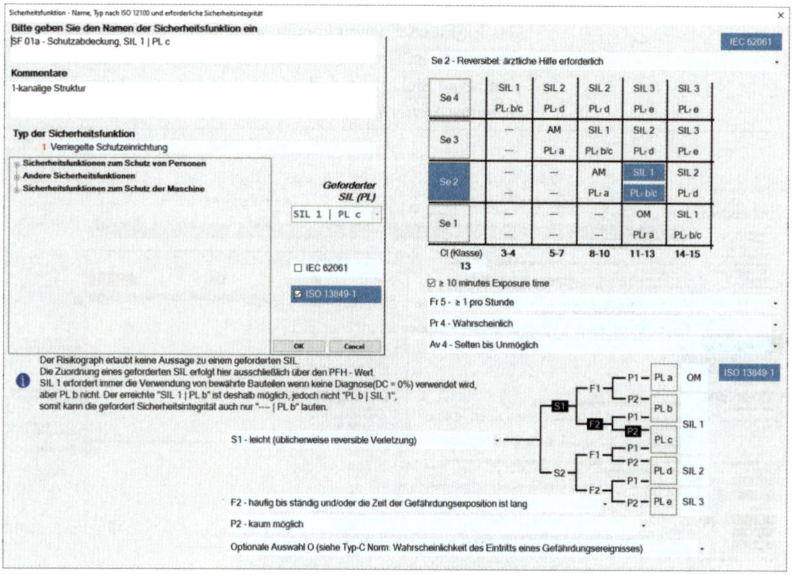

Name	Der Name der Sicherheitsfunktion.
↵	Mit Return wird der Name übernommen. Der Name wird immer ohne Umbruch (CR) abgespeichert.
Strg + C	Ein markierter Text kann in die Zwischenablage gespeichert werden.
Strg + V	Ein vorher kopierter Text (Zwischenablage) kann an der Position des Cursors eingefügt werden.

Sicherheitsfunktion – Anforderungen auswählen

Jede Sicherheitsfunktion kann als ein Typ dokumentiert werden und hilft bei der präzisen Beschreibung der funktionalen Aspekte.

Typ der Sicherheitsfunktion	Die Art bzw. der Typ der Sicherheitsfunktion muss immer ausgewählten werden, ansonsten kann <u>nicht</u> mit ***OK*** der Dialog beendet werden.
Baumstruktur	Die Sicherheitsfunktionen sind in den drei grundlegenden Gruppen aufgeteilt: ***Sicherheitsfunktionen zum Schutz von Personen*** ***Andere Sicherheitsfunktionen*** ***Sicherheitsfunktionen zum Schutz der Maschine***
Auswahl	Der ausgewählte Typ wird in das Feld ***Typ der Sicherheitsfunktion*** übernommen.

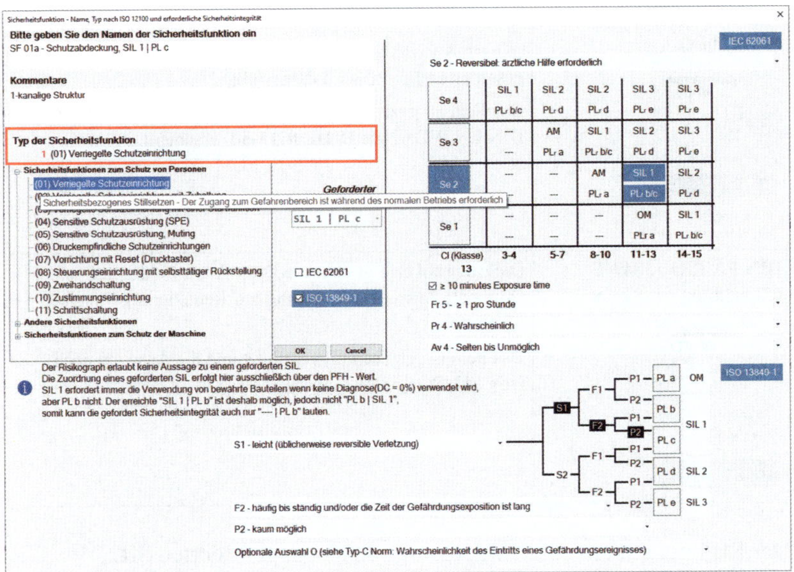

Sicherheitsfunktion – Anforderungen auswählen

Die Auswahl des geforderten SIL | PL kann entweder direkt erfolgen oder aber auch auf Basis der DIN EN IEC 62061 (**VDE 0113-50**) oder DIN EN ISO 13849-1.

Geforderter SIL | PL (Drop-down-Feld)	Über ein Drop-down-Feld kann folgende Auswahl direkt erfolgen: 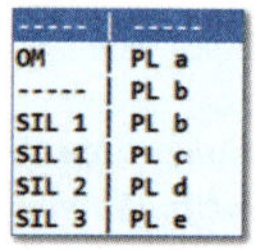
DIN EN IEC 62061 (**VDE 0113-50**) DIN EN ISO 13849-1	Die Auswahlboxen müssen abgewählt sein, damit eine Direkteingabe möglich ist.
DIN EN IEC 62061 (VDE 0113-50) (Checkbox) 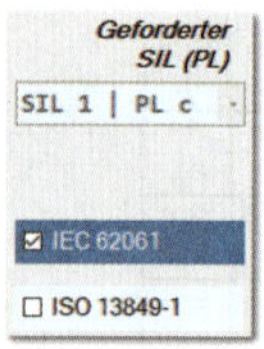	Die Auswahl erfolgt über die Drop-down-Felder Se, Fr, Pr und Av. Je nach Auswahl wird eine Klasse Cl errechnet und der geforderte SIL | PL wird dargestellt. Das Feld ist jetzt schreibgeschützt und die Auswahl nach DIN EN IEC 62061 (**VDE 0113-50**) erscheint.
DIN EN ISO 13849-1 (Checkbox) 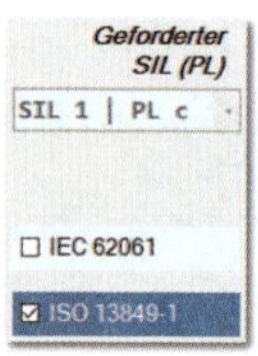	Die Auswahl erfolgt über die Drop-down-Felder S, F und P. Optionale Auswahl von O führt zur Reduzierung um eine PL-Stufe. Das Feld ist jetzt schreibgeschützt und die Auswahl nach DIN EN ISO 13849-1 erscheint.

Der Risikograph erlaubt keine Aussage zu einem geforderten SIL.

Die Zuordnung eines geforderten SIL erfolgt hier ausschließlich über den *PFH*-Wert.

SIL 1 erfordert immer die Verwendung von bewährten Bauteilen, wenn keine Diagnose (*DC* = 0 %) verwendet wird, aber PL b nicht.

Der erreichte „SIL 1 | PL b" ist deshalb möglich, jedoch nicht „PL b | SIL 1", somit kann auch nur die gefordert Sicherheitsintegrität „---- | PL b" lauten.

11.5 Basis-Maßnahmen

Grundlegende Maßnahmen die bei allen Sicherheitsfunktion angewandt werden, können hier ausgewählt werden. Insbesondere die Maßnahmen gegen systematische Ausfälle (Vermeidung oder Beherrschung) werden für jede Sicherheitsfunktion benötigt.

Wurde bereits durchgeführt … *(Checkbox)*	Die Felder in dieser Lasche werden grau hinterlegt und können nicht ausgefüllt werden. Im Bericht werden diese Felder nicht dargestellt, lediglich die beiden Felder ***Kommentare*** und ***NOTIZEN*** werden im Bericht aufgenommen.
Maßnahmen zur Vermeidung/Beherrschung *(Checkboxen)*	Für alle Sicherheitsfunktionen anwendbar
Dokumente	Weiterführende Informationen
Verwendung von grundlegenden und bewährten Sicherheitsprinzipien	
Verwendung von bewährten Bauteilen	Diese Maßnahmen können für alle Sicherheitsfunktionen grundsätzlich gelten.
CCF-Maßnahmen	In einem Teilsystem kann ggf. etwas anderes für CCF definiert werden.

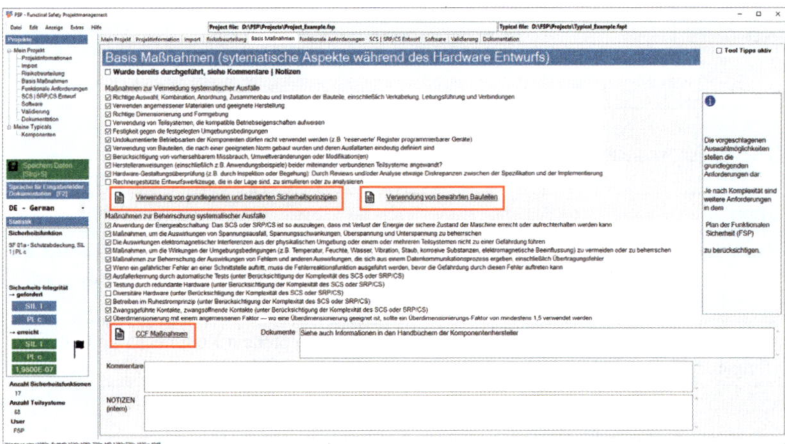

Verwendung von grundlegenden und bewährten Sicherheitsprinzipien

Maus	
Klick (links)	Auswahl der Sicherheitsprinzipien, indem ein neues Fenster zur Auswahl geöffnet wird. Je nach Technologie kann ausgewählt werden.
Kommentare (Eingabefeld)	Für alle Technologien kann hier für grundlegende und bewährte Sicherheitsprinzipien ein Kommentar hinterlegt werden

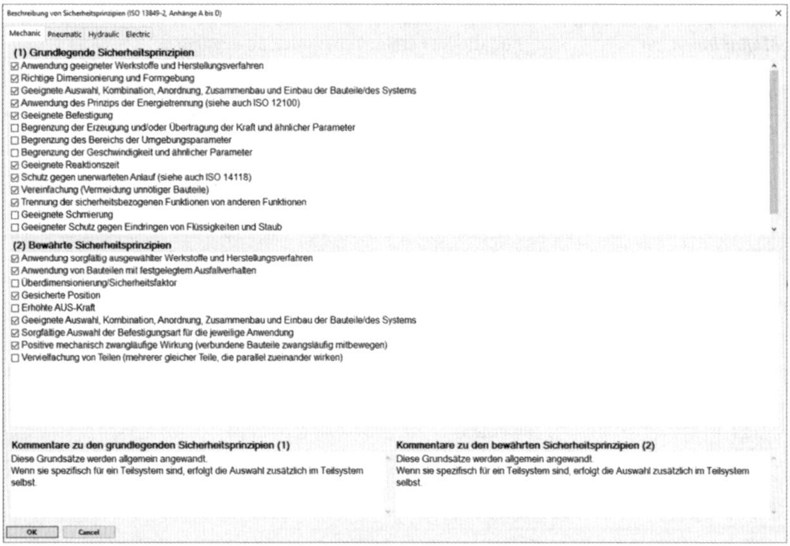

Verwendung von bewährten Bauteilen

Maus	
Klick (links)	Auswahl der bewährten Bauteile, indem ein neues Fenster zur Auswahl geöffnet wird. Je nach Technologie kann ausgewählt werden.
Kommentare (Eingabefeld)	Für alle Technologien kann hier ein Kommentar hinterlegt werden

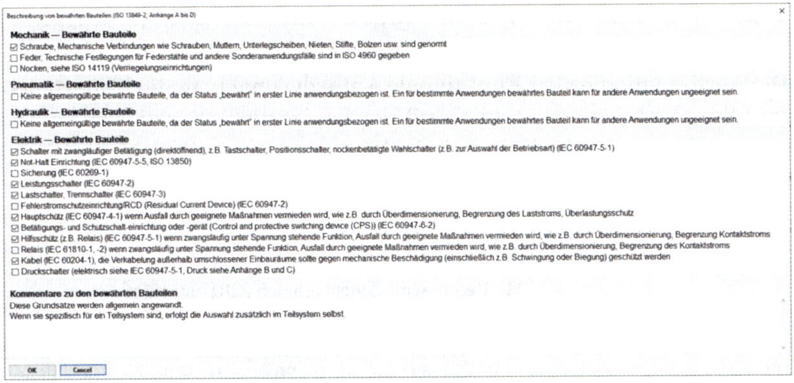

CCF-Maßnahmen	
Maus	
Klick (links)	Auswahl der CCF-Maßnahmen, indem ein neues Fenster zur Auswahl geöffnet wird. Gemäß DIN EN IEC 62061 (**VDE 0113-50**) oder DIN EN ISO 13849-1 kann ausgewählt werden.
Kommentare (Eingabefeld)	Für beiden Normen kann ein eigener Kommentar hinterlegt werden.

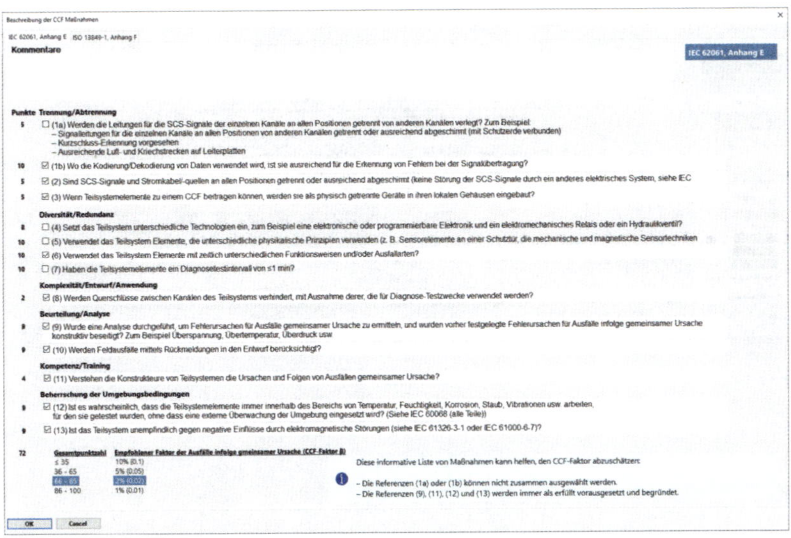

11.6 Funktionale Anforderungen (einer Sicherheitsfunktion)

Die Ausformulierung der **Funktionale Anforderungen an die Sicherheitsfunktion** sind besonders wichtig, weil hier die eigentliche Funktion im Vordergrund steht – und nicht die technische Lösung mit einem SCS oder SRP/CS.

Alle Felder	Alle Eingaben können mehrere Zeilen haben – es gibt keine Beschränkung
↵	Mit Return wird Zeilenumbruch (CR) eingefügt.
Pfeil-Tasten	In einem Feld kann mit den Pfeil-Tasten in einem mehrzeiligen Text navigiert werden.
Strg + C	Ein markierter Text kann in die Zwischenablage gespeichert werden.
Strg + V	Ein vorher kopierter Text (Zwischenablage) kann an der Position des Cursors eingefügt werden.

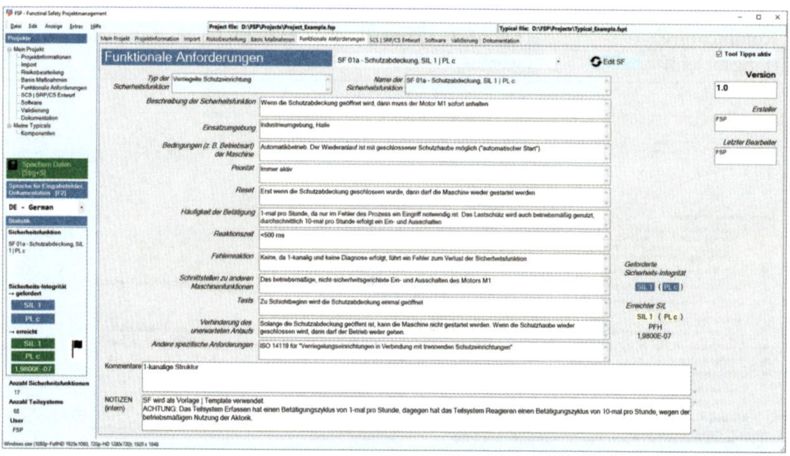

Funktionale Anforderungen an die Sicherheitsfunktion

Die Auswahl einer anderen Sicherheitsfunktion kann über das Drop-down-Feld erfolgen.

Drop-down-Feld	Auswahl einer anderen Sicherheitsfunktion anstelle über die Lasche ***Risikobeurteilung***.
	Wie unter der Lasche ***Risikobeurteilung*** kann die Änderung der Beschreibung und des geforderten SIL | PL mit einem Mausklick auf diese Schaltfläche erfolgen.

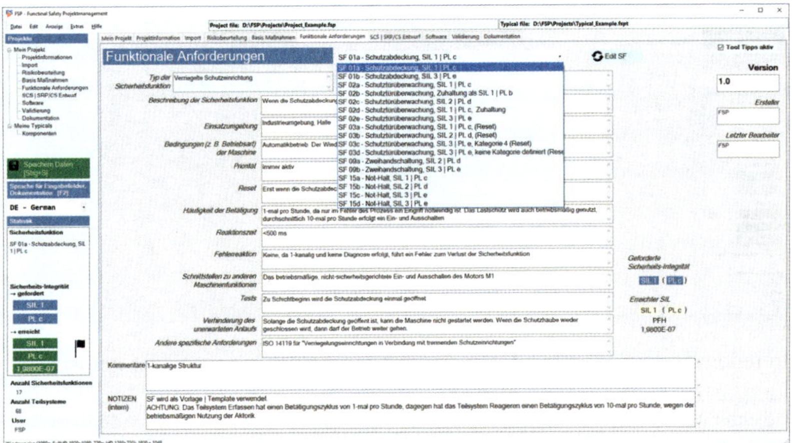

11.7 SCS oder SRP/CS

Die Sicherheitsfunktion wird in der Lasche ***SCS | SRP/CS*** in Hardware Komponenten abgebildet bzw. entworfen. Dabei werden drei Bereiche angeboten:

URSACHE (Sensoren)	***LOGIK***	***WIRKUNG (Aktoren)***
(Teilsysteme)	(Teilsysteme)	(Teilsysteme)

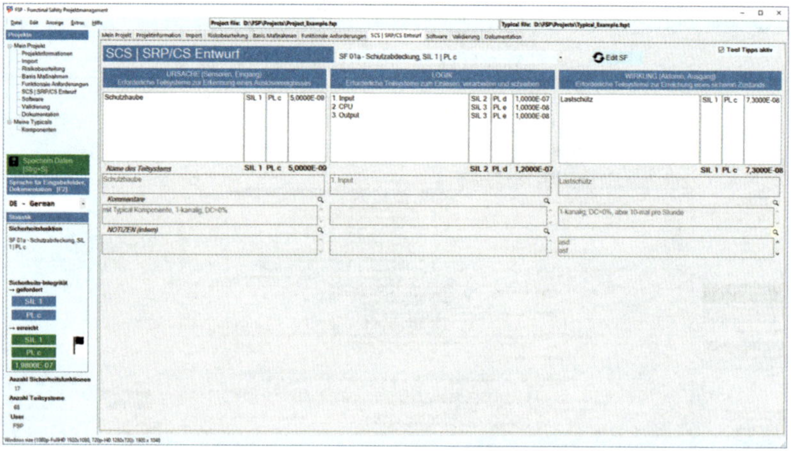

In jedem Bereich werden Teilsysteme hinzugefügt, kopiert oder gelöscht.

Rechter Mausklick	Erlaubt das Einfügen, Kopieren und Löschen von Teilsystemen

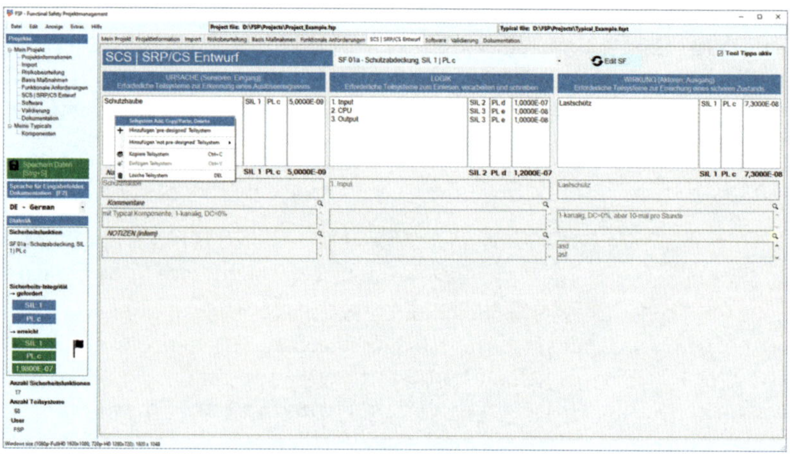

Vereinfachte Blockdiagramme der Teilsysteme

Die folgenden Blockdiagramme werden verwendet, damit eine vereinfachte grafische Darstellung der Teilsysteme möglich ist.

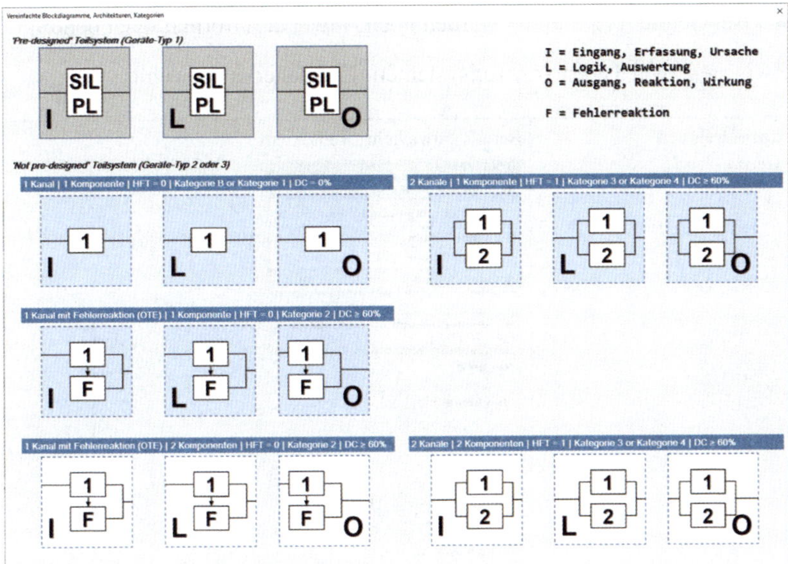

Die Architektur, ob bei DIN EN IEC 62061 (**VDE 0113-50**) als *HFT* = 0 bzw. *HFT* = 1 oder bei DIN EN ISO 13849-1 als Kategorie bezeichnet, können gegenübergestellt werden.

Architektur-Einschränkungen (IEC 62061) und Kategorien (ISO 13849-1)

	Hardware Fehlertoleranz (HFT) (siehe Anmerkung 1) 1-kanaliges Teilsystem HFT = 0 (siehe Anmerkung 3)		2-kanaliges Teilsystem HFT = 1		
DC_{avg} (ISO 13849-1) (siehe Anmerkung 2) SFF (IEC 62061)	Kategorie (ISO 13849-1) Basis Teilsystem Architektur (IEC 62061)	Max. PL Max. SIL	Kategorie (ISO 13849-1) Basis Teilsystem Architektur (IEC 62061)	Max. PL Max. SIL	Basis Anforderungen (siehe Anmerkung 4)
"Kein" –	Kategorie B –	PL a Kein SIL (OM)	– –	– Kein SIL (OM)	Grundlegende Sicherheitsprinzipien (siehe Anmerkung 5)
"Kein" –	Kategorie B –	PL b –	– –	– –	
"Kein" < 60 %	Kategorie 1 Architektur A - bewährte Bauteile - CCF nicht relevant	PL c SIL 1	– Architektur B - bewährte Bauteile - CCF relevant	– SIL 1	Grundlegende Sicherheitsprinzipien und Bewährte Sicherheitsprinzipien
"Niedrig" 60 % – < 90 %	Kategorie 2 Architektur C - CCF relevant	PL c SIL 1	Kategorie 3 Architektur D - CCF relevant	PL d SIL 2	
"Mittel" 90 % – < 99 %	Kategorie 2 (siehe Anmerkung 6) Architektur C - CCF relevant	PL d SIL 2	Kategorie 3 Architektur D - CCF relevant	PL e SIL 3	
"Hoch" ≥ 99 %	Keine entsprechende Kategorie Architektur C - CCF relevant	– SIL 3	Kategorie 4 Architektur D - CCF relevant	PL e SIL 3	

OM
Wenn kein SIL gefordert ist werden andere Maßnahmen angewendet
Das entspricht PL a

CCF
Ausfälle gemeinsamer Ursachen werden betrachtet,
wenn HFT = 0 und DC > 60% oder wenn HFT = 1

ANMERKUNG 1 Eine Hardware-Fehlertoleranz von N bedeutet, dass N+1 Fehler zu einem Verlust der Sicherheitsfunktion führen können

ANMERKUNG 2 "Niedrig", "mittel" und "hoch" sind die Bezeichnungen, die in ISO 13849-1 im Zusammenhang mit der Quantifizierung und Klassifizierung von DCavg-Bereichen verwendet werden

ANMERKUNG 3 Für HFT=0 und SFF>= 99 % können die folgenden Einschränkungen relevant sein:
Es wird dringend empfohlen, das Maximum von SIL 2 zu begrenzen, wenn Fehlerausschlüsse auf Fehler angewandt wurden, die zu einem gefährlichen Ausfall führen könnten; bei einigen Anwendungen ist nicht zu erwarten, dass alle Ausfälle mit ausreichender Sicherheit für SIL 3 ausgeschlossen werden können; SIL 3 kann nur beansprucht werden, wenn eine kontinuierliche Überwachung der korrekten Funktion des Elements stattfindet Typischerweise ist hierfür eine elektronische Technologie erforderlich.

ANMERKUNG 4 Grundlegende Sicherheitsprinzipien und bewährte Sicherheitsprinzipien sind unabhängig von der gewählten Kategorie oder Architektur erforderlich, siehe auch ISO 13849-2:2012, Anhang A bis D. Beispiele sind
- für grundlegende Sicherheitsprinzipien die Auswahl und Verwendung geeigneter Materialien;
- für bewährte Sicherheitsprinzipien die Anwendung des Abschaltprinzips;
- für bewährte Komponenten die Verwendung von Schützen oder Positionsschaltern.

ANMERKUNG 5 Wenn Produktnormen, z. B. IEC 61800-5, IEC 61131-2, ... verwendet werden, kann davon ausgegangen werden, dass grundlegende Sicherheitsprinzipien erfüllt werden können

ANMERKUNG 6 Nach ISO 13849-1 kann PL d nur erreicht werden, wenn der Ausgang (OTE, als Fehlerreaktionsfunktion) einen sicheren Zustand einleitet. Es ist nicht ausreichend, dass der Ausgang der Prüfeinrichtung OTE nur eine Warnung ausgibt.

Teilsysteme

Abhängig der verwendeten Komponenten ergeben sich zwei Vorgehensweisen:

- Bei Geräte-Typ 1 liegen bereits SIL, PL und ein *PFH*-Wert vor.
- Bei Geräte-Typ 2 und 3 werden noch Anwenderinformationen benötigt.

Zwischen zwei Typen von Teilsystemen wird daher ausgewählt:

<table>
<tr><td>„pre-designed“
Geräte-Typ 1</td><td>Bereits entwickeltes Teilsystem
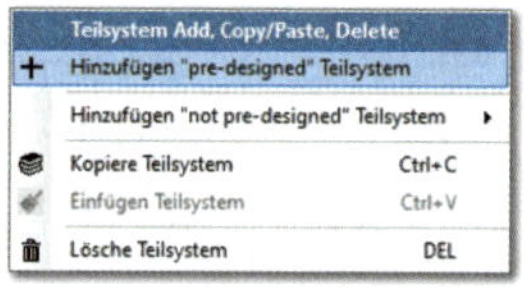

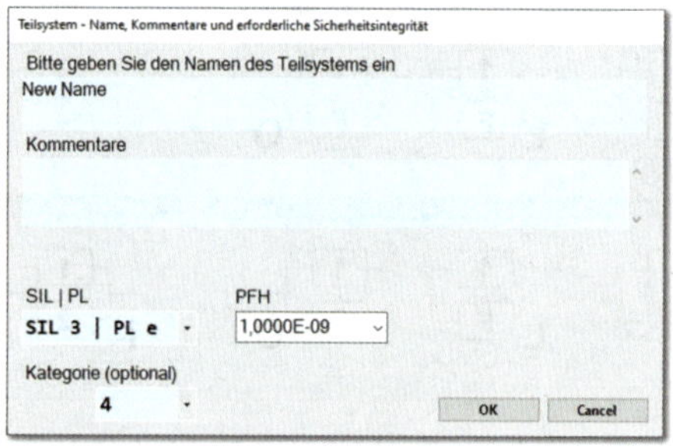
</td></tr>
<tr><td>SIL, PL und PFH-Wert</td><td>Werte liegen vor (Herstellerangabe)</td></tr>
<tr><td>„not pre-designed“
Geräte-Typ 2 und 3</td><td>Anwenderinformationen notwendig, der Entwurf erfolgt noch in den nächsten Schritten
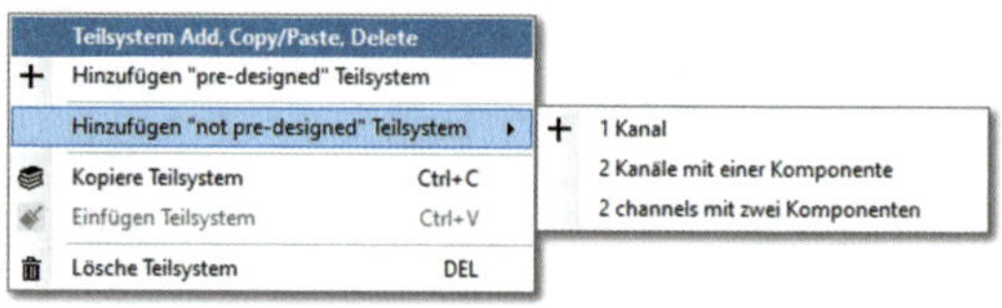

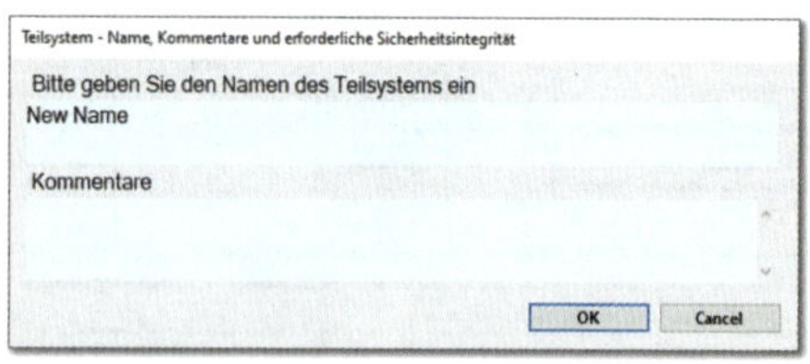
</td></tr>
<tr><td>B_{10}/B_{10D}- oder $MTTF_D$-Werte</td><td>Notwendige Anwender Informationen sind Architektur (Kategorie), DC, Häufigkeit der Anforderung.</td></tr>
</table>

„pre-designed“ Teilsysteme

Darstellung der Angaben: Die Kategorie Angabe ist optional.

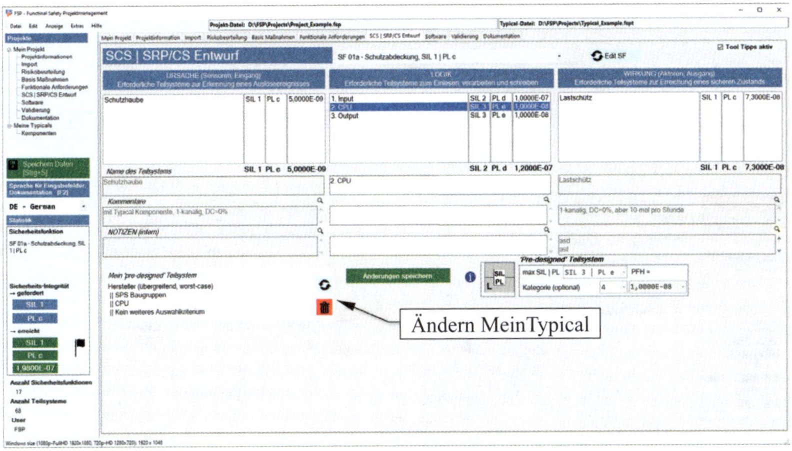

„not pre-designed“ Teilsysteme

Darstellung der Angaben: Die Architektur wird ausgewählt, dann ergeben sich die Diagnose *DC* Eingaben und die Auswahl der verwendeten Komponenten.

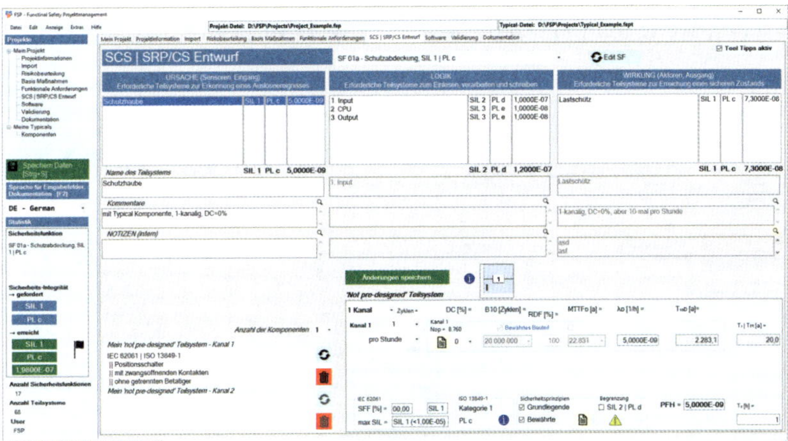

Änderungen speichern	Die Änderungen werden erst dann übernommen und das Ergebnis wird in der Liste der Teilsysteme aktualisiert

„pre-designed“ Teilsysteme – ohne MeinTypical

Die Daten zu dem Teilsystem werden händisch eingegeben und sind nicht abhängig von der Typical-Datei.

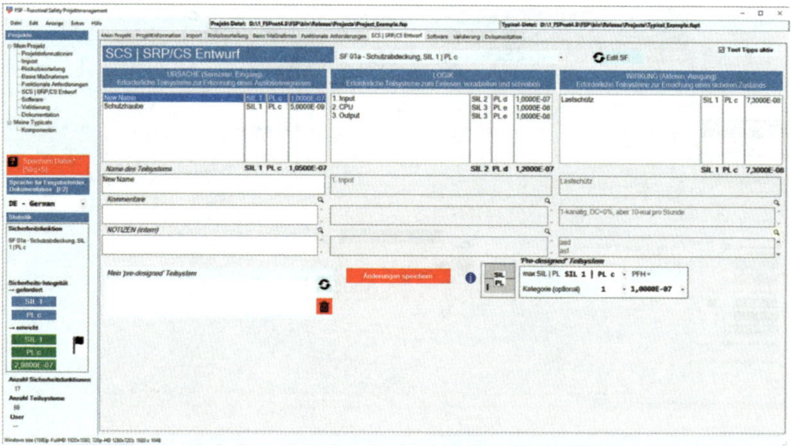

„not pre-designed“ Teilsysteme – ohne MeinTypical

Die Daten zu dem Teilsystem werden händisch eingegeben und sind nicht abhängig von der Typical-Datei: Hier sind die B_{10}- und *RDF*-Werte bzw. die $MTTF_{D}$-Werte frei wählbar.

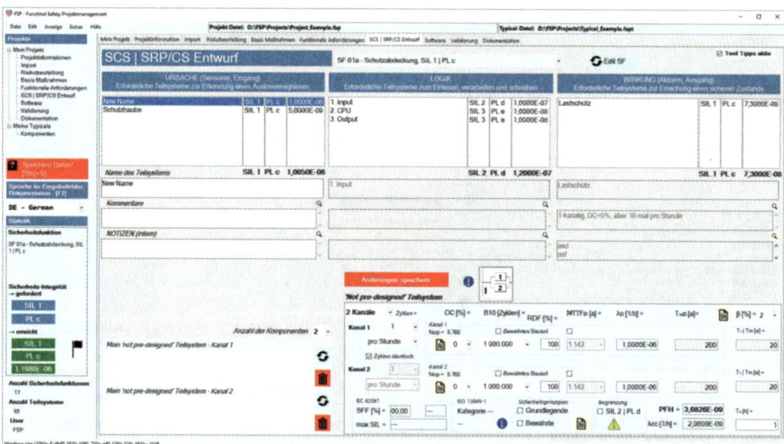

Mein „pre-designed" Teilsystem – mit MeinTypical

Die verwendeten Komponenten können aus den in der Typical-Datei angelegten Komponenten ausgewählt werden.

Die entsprechenden Werte werden dann übernommen und können hier nicht geändert werden. Wenn in der Typical-Datei die Werte geändert werden, dann wird das mit ***Änderungen speichern*** in Rot signalisiert.

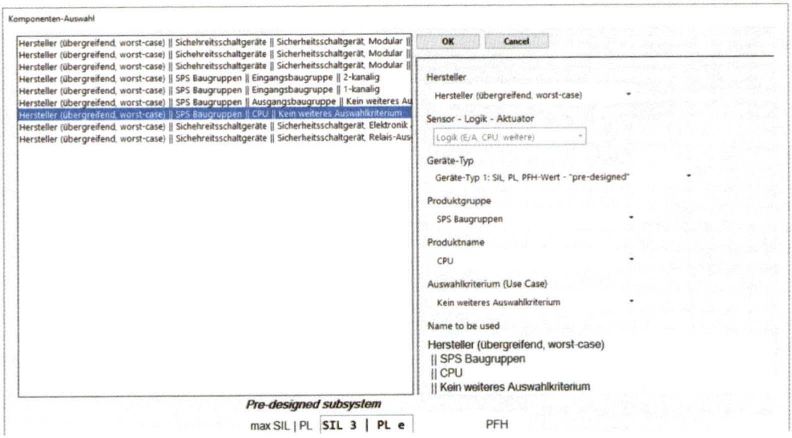

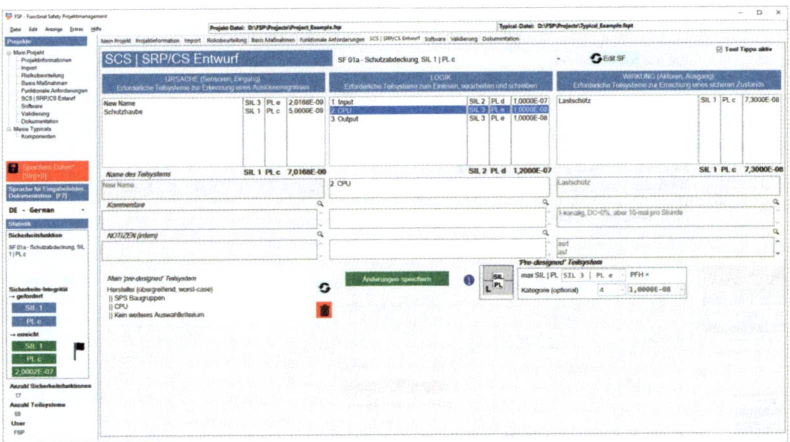

Mein „not pre-designed“ Teilsystem – mit MeinTypical

Die verwendeten Komponenten können aus den in der Typical-Datei angelegten Komponenten ausgewählt werden.

Die entsprechenden Werte werden dann übernommen und können hier nicht geändert werden. Wenn in der Typical-Datei die Werte geändert werden, dann wird das mit ***Änderungen speichern*** in Rot signalisiert.

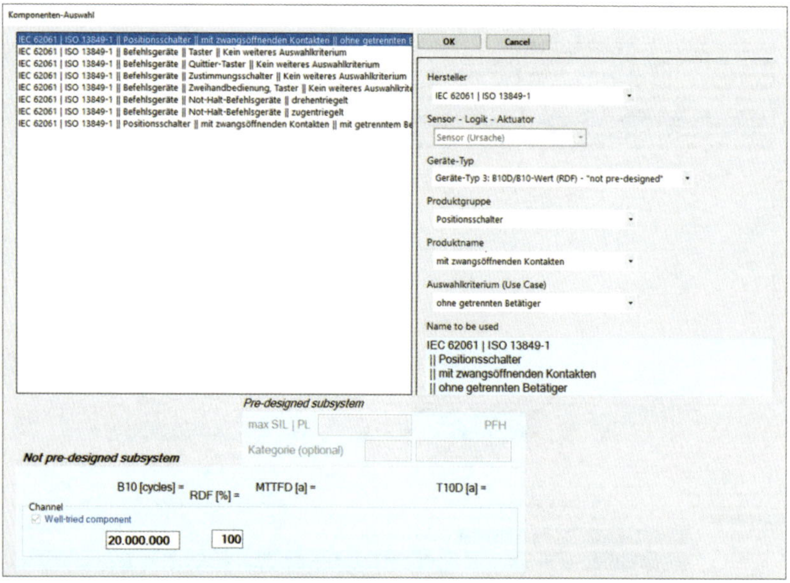

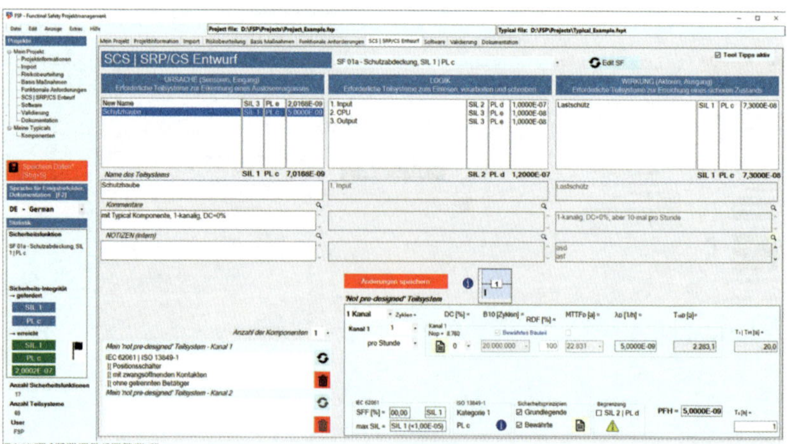

DC-Maßnahmen dokumentieren

Für die Diagnose können mit Mausklick auf die Maßnahmen ausgewählt werden, die zur Begründung des *DC*-Werts herangezogen wurden.

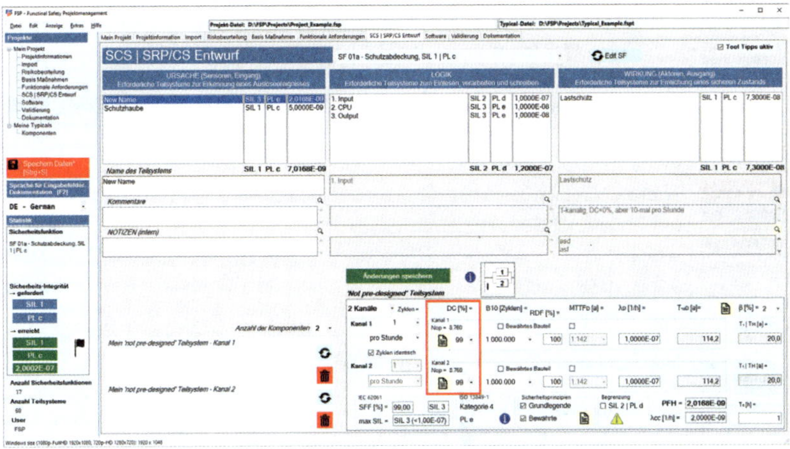

Das nachfolgende Fenster erscheint:

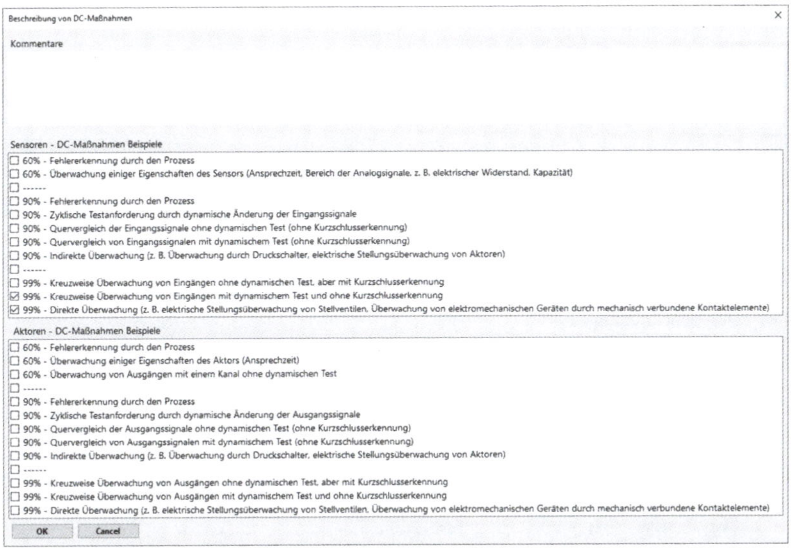

CCF-Maßnahmen dokumentieren

Mit Mausklick auf [icon] können die Maßnahmen zur Vermeidung Ausfälle gemeinsamer Ursache (CCF) ausgewählt werden, die zur Begründung des β-Faktors herangezogen wurden.

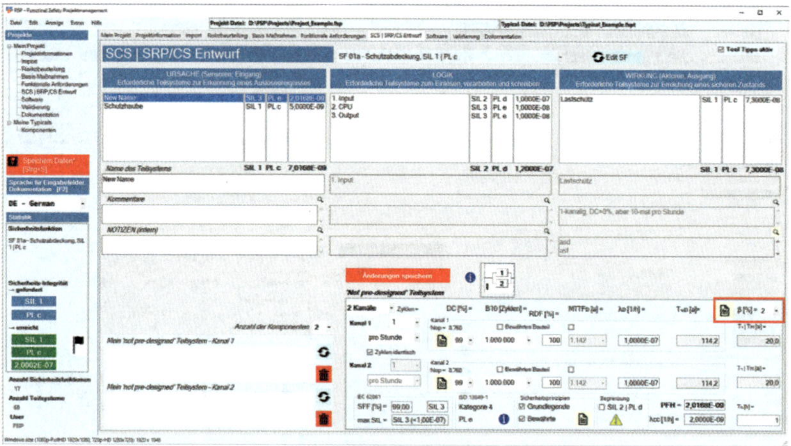

Entweder kann das gemäß der DIN EN IEC 62061 (**VDE 0113-50**) gemacht werden.

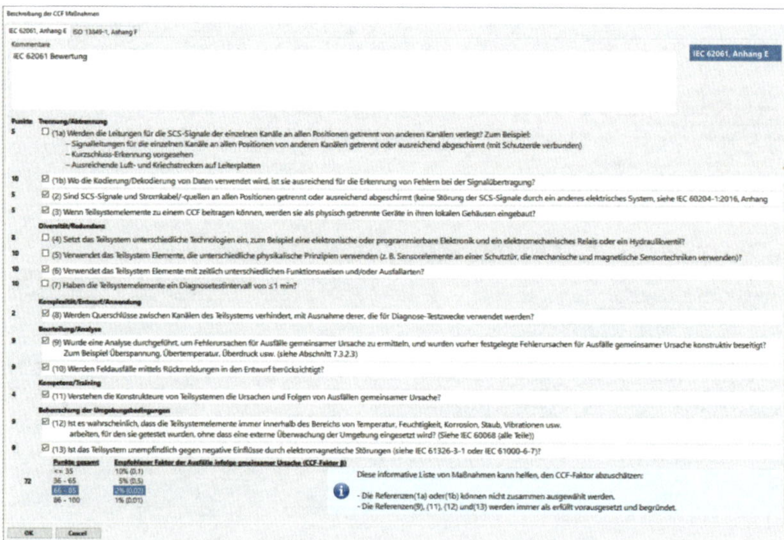

Oder aber diese Bewertung der Maßnahmen werden gemäß
DIN EN ISO 13849-1 begründet.

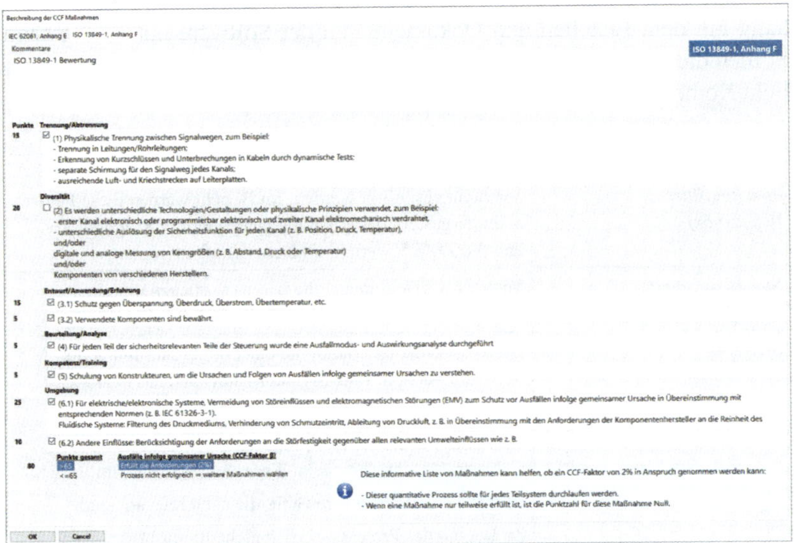

Die ausgewählten Maßnahmen werden im Bericht aufgenommen.

11.8 Software

In dieser Lasche können Informationen hinterlegt werden, die im Zusammenhang mit dem Erstellen und Dokumentieren der Software notwendig sind. Sollten diese Informationen bereits woanders vorliegen, dann sollte dies im Feld Kommentare oder NOTIZEN hinterlegt werden.

Wurde bereits durchgeführt … *(Checkbox)*	Die Felder in dieser Lasche werden grau hinterlegt und können nicht ausgefüllt werden. Im Bericht werden diese Felder nicht dargestellt, lediglich die beiden Felder ***Kommentare*** und ***NOTIZEN*** werden im Bericht aufgenommen.
Spezifikationen, …	Verweis auf Dokumente die bereits vorliegen mit einer eindeutigen Erläuterung.
Signatur	Diese Information erlaubt die eindeutige Zuordnung der Software Version. Eine Signatur kann auch aus einem CRC bestehen.
Protokolle *(Checkboxen)*	Wenn die entsprechende Checkbox zu einem Thema angewählt wurde, dann erscheint diese Auswahl auch im Bericht. Es nur die Themen ausgewählt, die auch relevant sind. Zu Beginn des Projekts werden nicht alle Informationen bereits vorliegen, aber spätestens zum Schluss.

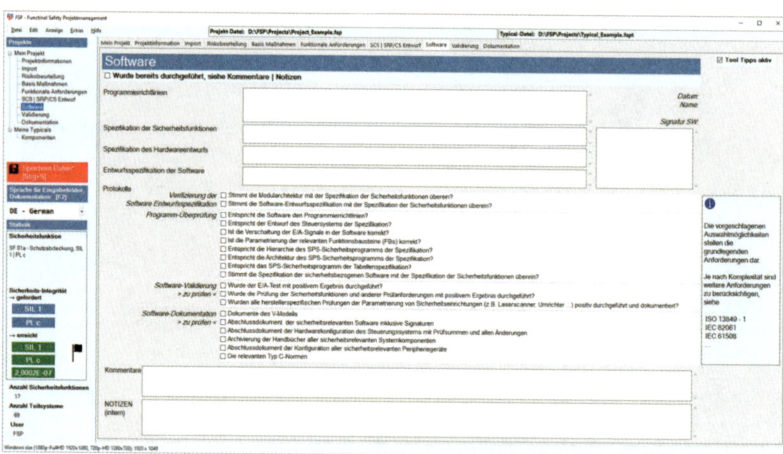

11.9 Validierung

Jede Sicherheitsfunktion muss validiert werden. Die angebotenen Checkboxen zu den verschiedenen Themen zeigen die Mindestanforderungen. Je nach Komplexität sind nicht alle Themen relevant.

Wurde bereits durchgeführt … *(Checkbox)*	Die Felder in dieser Lasche werden grau hinterlegt und können nicht ausgefüllt werden. Im Bericht werden diese Felder nicht dargestellt, lediglich die beiden Felder ***Kommentare*** und ***NOTIZEN*** werden im Bericht aufgenommen.
Informationen zur Validierung … verfügbar	Diese Informationen sollten am Ende der finalen Inbetriebnahme vorliegen.
Verifikation … (SRS)	Diese Informationen müssen zum Schluss vorliegen.
Validierung durch Tests … Validierung jeder Sicherheitsfunktion …	Diese Informationen werden zu Beginn des Projekts noch nicht vorliegen, aber spätestens zum Schluss.
Berichte	Da die Validierung für jede Sicherheitsfunktion erfolgt, werden verschiedene Berichte erstellt werden. Diese sollten hier referenziert werden. Alternativ kann auch ein Hauptdokument zitiert werden.

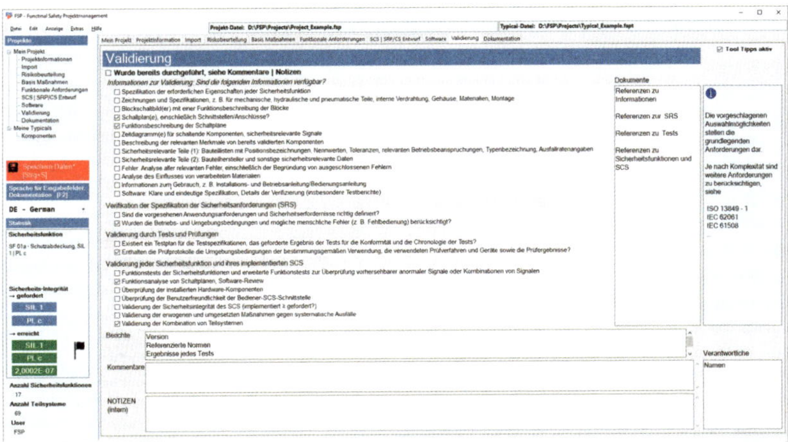

11.10 Dokumentation

Es kann ein elektronischer Bericht für das Projekt erstellt werden. Die Ausgabe des Berichts kann in einem HTML-Format erfolgen, oder aber nach Microsoft WORD exportiert werden. Der Druck des Berichts kann in dieser Lasche direkt angestoßen werden.

Eine exportiert HTML-Datei kann mit einem Webbrowser angeschaut werden und auch aus diesem Webbrowser heraus gedruckt werden.

Die exportierte WORD-Datei kann nach dem Export mit Microsoft WORD geöffnet werden.

Sprache Bericht	Der Bericht wird in der entsprechend ausgewählten Sprache erstellt.
	Alle Felder und Namen (Sicherheitsfunktionen, Teilsysteme) können in Deutsch und Englisch ausgefüllt werden. Mit der Taste ***F2*** kann zwischen den Sprachen gewechselt werden.
Anzeige Optionen *(Checkboxen)*	Je nach Bedarf können die DC-, CCF-Maßnahmen, MeineTypical-Informationen im Bericht angewählt werden.
Aktualisieren	Der Bericht wird aktualisiert und in dem Bereich erneut dargestellt, sodass vorab der Bericht angeschaut werden kann (HTML Darstellung im Webbrowser).
Seite einrichten	Kopf- und Fußzeile können hier bestimmt werden.

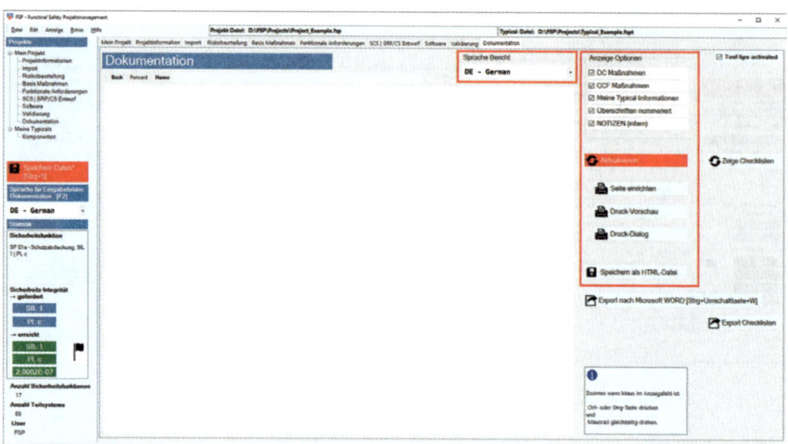

Druck-Vorschau	Eine Druckgröße von 80 % ist optimal für die Ausgabe.
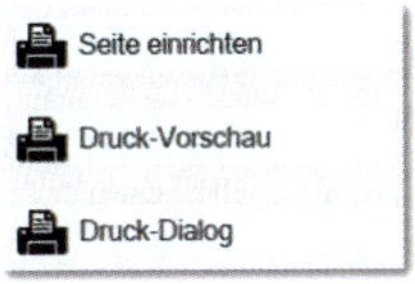	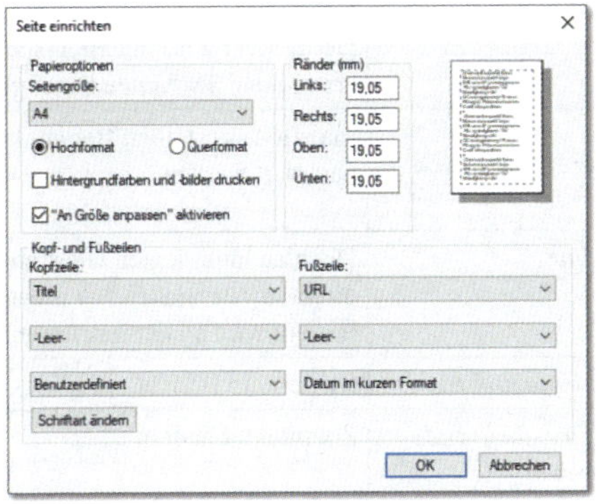

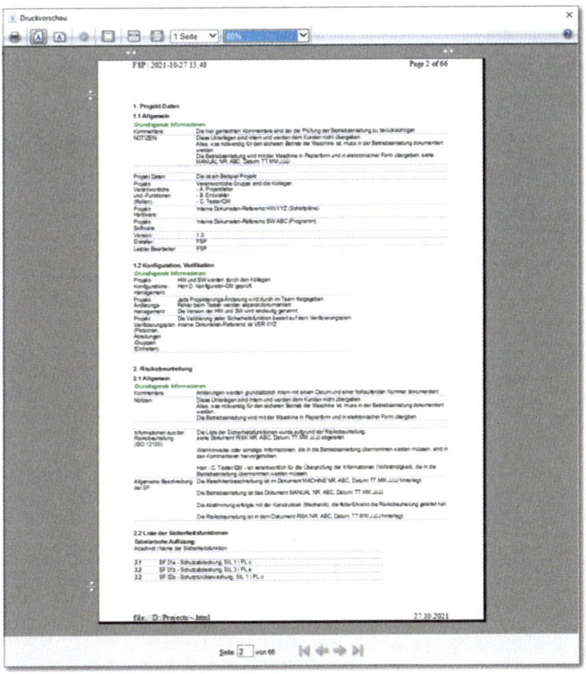

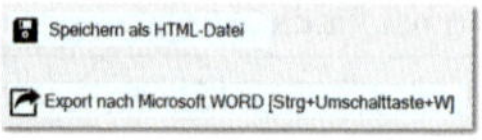	Der Bericht wird in der entsprechend ausgewählten Sprache erstellt und in einer ***.html** Datei gespeichert.
	Der Bericht wird in der entsprechend ausgewählten Sprache erstellt und als ***.docx** Datei gespeichert.
	In dem dargestellten Bericht kann mit den Schaltflächen navigiert werden.
Maustaste links	Die blau hinterlegten Überschriften können mit der Maus direkt mit der linken Maustaste angeklickt werden und der Bericht wird an der gewünschten Stelle dargestellt.
Mausrad alleine drehen	Blättern im Bericht
Ctrl- oder Strg-Taste und Mausrad drehen	Zoomfaktor ändern

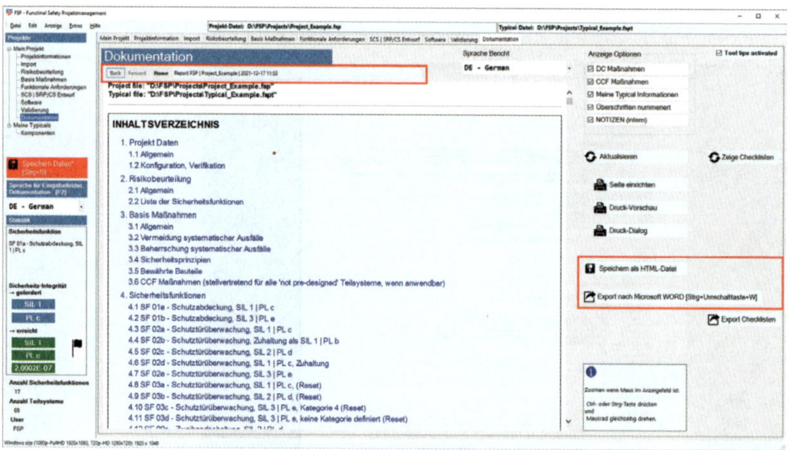

11.11 MeineTypicals (oder Vorlagen)

Jede Projekt-Datei muss auf eine Typical-Datei verweisen, selbst wenn keine Komponenten aus dieser Typical-Datei in der Projekt-Datei verwendet werden.

Eine Typical-Datei kann unter einem neuen Namen gespeichert werden, und dieser neue Name wird in der Projekt-Datei hinterlegt.

Damit ergibt sich folgende Datei Verwaltung, wenn eine Projekt-Datei geöffnet wird (dann arbeitet das Programm wie folgt):

1. Zuerst wird versucht die Typical-Datei mittels des eindeutigen Namens in demselben Verzeichnis (Datei-Pfad) der Projekt-Datei zu öffnen.
2. Wenn die Typical-Datei nicht in demselben Verzeichnis (Datei-Pfad) der Projekt-Datei gefunden wird, dann wird der zuletzt abgespeicherte absolute Datei-Pfad der Typical-Datei verwendet.
3. Sollte auch dann keine Typical-Datei gefunden werden, wird eine leere Typical-Datei angelegt.

Projekt- und Typical-Datei in einem gemeinsamen Verzeichnis speichern	Der Vorteil dieser Datei Verwaltung ist, dass eine Projekt-Datei (*.fsp) und die entsprechende Typical-Datei (*.fspt) mittels des Explorers gemeinsam in ein anderes Verzeichnis kopiert werden können.
	Die Projekt-Datei findet immer die entsprechende Typical-Datei wenn diese beiden Dateien sich im gleichen Verzeichnis befinden.
Siehe 11.1 Datei Handhabung	Die Datei Handhabung ist dort nochmals visuell dargestellt

MeineTypicals-Einstellungen

Typical entsperren	Änderungen können erst gespeichert werden, wenn die Typical-Datei entsperrt wurde
	Die Komponenten können angeschaut werden, aber es sind keine Änderungen möglich

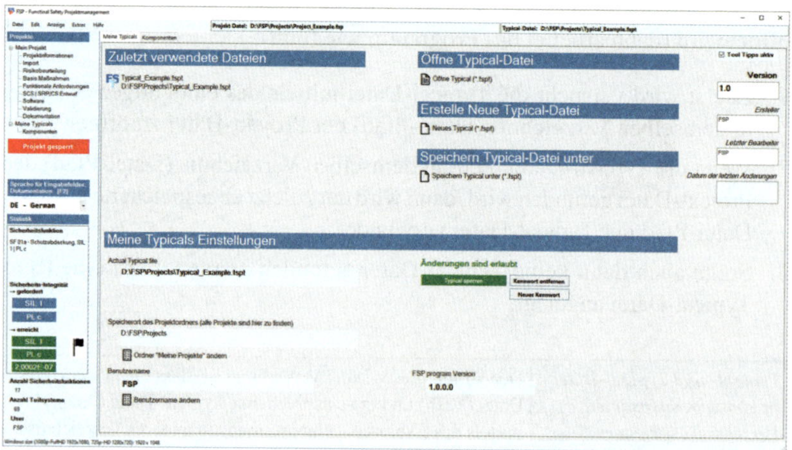

Typical sperren	Es gibt zwei Möglichkeiten, ein Typical zu sperren.
Ohne Kennwort arbeiten	Durch Klick auf ***Typical sperren*** wird kein Kennwort hinterlegt.
Kennwort entfernen	Wenn ein Kennwort vergeben und die Datei entsperrt wurde, dann kann das Kennwort erst entfernt werden.
	Ein Kennwort wird erst mit ***Kennwort entfernen*** aus der Datei entfernt, solange aber die Datei nur entsperrt wurde, solange bleibt das bestehende Kennwort gültig.
Neues Kennwort	Durch Klick auf ***Neues Kennwort*** kann kein neues Kennwort festgelegt werden.

MeineTypicals-Einstellungen

Typical sperren	Es gibt zwei Möglichkeiten, ein Typical zu sperren.
	Durch Klick auf ***Übernehmen*** kann ein neues Kennwort festgelegt für die Typical-Datei werden.
	In den beiden Kennwort Feldern muss dasselbe Kennwort stehen, ansonsten erscheint eine Warnmeldung und die Übernahme wird abgebrochen.
Kennwort zeigen	Solange auf ***Kennwort zeigen*** geklickt wird, solange werden die eingegebenen Kennwörter in den Feldern im Klartext angezeigt.

Das Projekt wurde mit einem Kennwort gesperrt und Änderungen können erst wieder gespeichert werden, wenn das Kennwort eingegeben wurde.

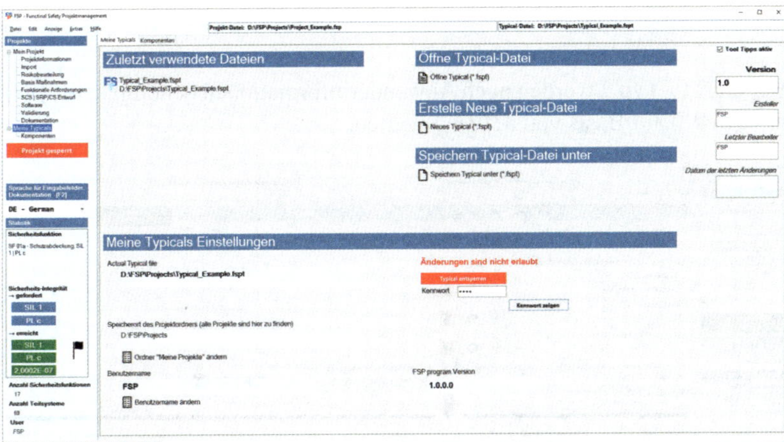

Meine Komponenten

Alle Komponenten, die für ein Teilsystem verwendet werden, können grundlegend in drei Gruppen aufgeteilt werden, die mit Geräte-Typ 1, 2 oder 3 bezeichnet werden. Die Auswahl erfolgt über das Drop-down-Auswahlfeld ***Geräte-Typ*** (in Gelb hervorgehoben).

Bei **Geräte-Typ 1** liegen bereits SIL, PL und ein *PFH*-Wert vor (***„pre-designed“***).

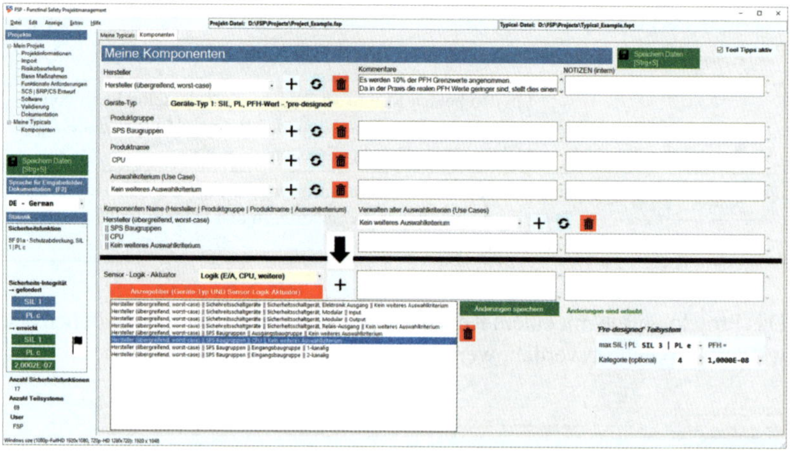

Bei **Geräte-Typ 2** werden noch Anwenderinformationen benötigt (***„not pre-designed“***) auf Basis von $MTTF_D$-Werten.

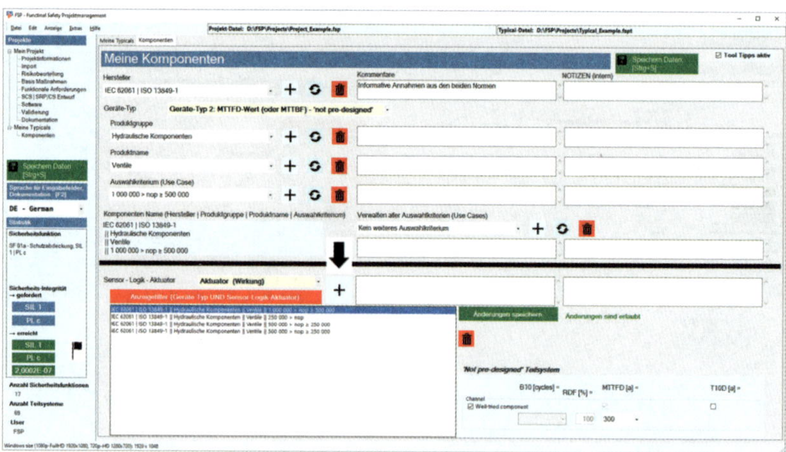

Meine Komponenten

Bei **Geräte-Typ 3** werden noch Anwenderinformationen benötigt („***not pre-designed***“) auf Basis von B_{10}-/B_{10D}-Werten.

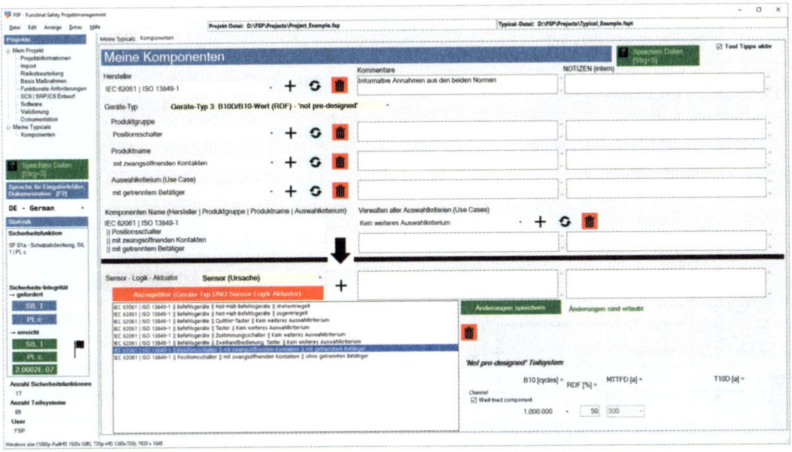

Die möglichen Werte zur Bearbeitung werden je nach Auswahl des Geräte-Typs rechts unten in der Programmoberfläche angezeigt.

Grundsätzlich werden im oberen Teil die Produkte über Hersteller, Geräte-Typ, Produktgruppe, Produktname und Auswahlkriterium erfasst: Ein Komponenten-Name wird aus den einzelnen Feldern erstellt oder sichtbar.

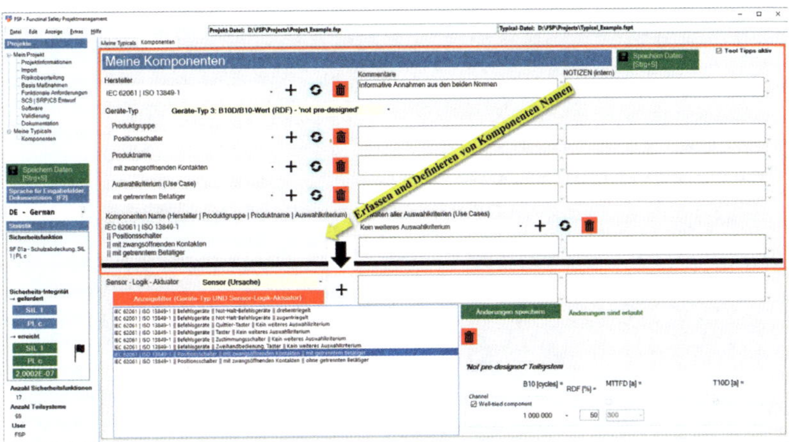

Der Komponenten-Name kann jetzt genutzt werden, um daraus einen Eintrag in der Liste der Typical-Komponenten zu erstellen. Je nach Geräte-Typ müssen dann noch die entsprechenden Daten angegeben werden.

In dem Beispiel wurde bereits eine Typical-Komponente erstellt und ein erneuter Mausklick auf + würde zu einer Fehlermeldung führen, da dieser Eintrag bereits existiert:

IEC 62061 | ISO 13849-1
|| Positionsschalter
|| mit zwangsöffnenden Kontakten
|| mit getrenntem Betätiger

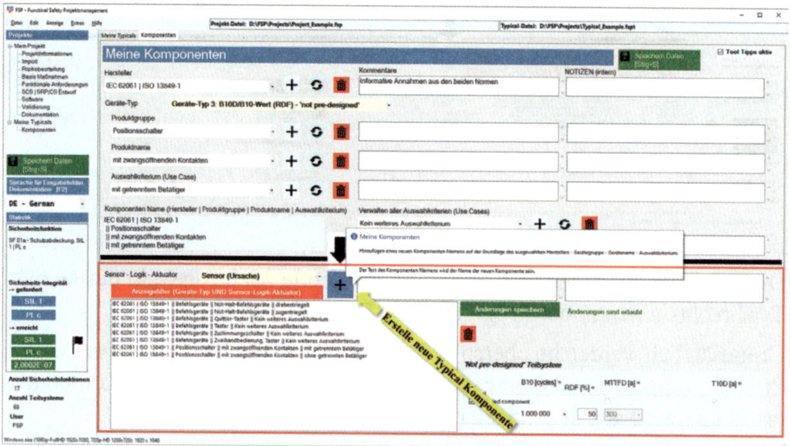

Hersteller Feld

Für alle Drop-down-Felder gilt dieselbe Vorgehensweise wie für den *Hersteller*.

Hersteller (Drop-down-Feld)	Auswahl eines Herstellers
+	Hinzufügen eines neuen Herstellers 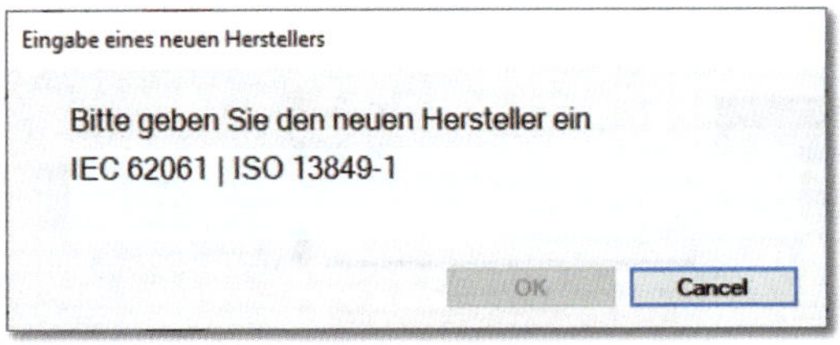
	Ändern eines Herstellernamens 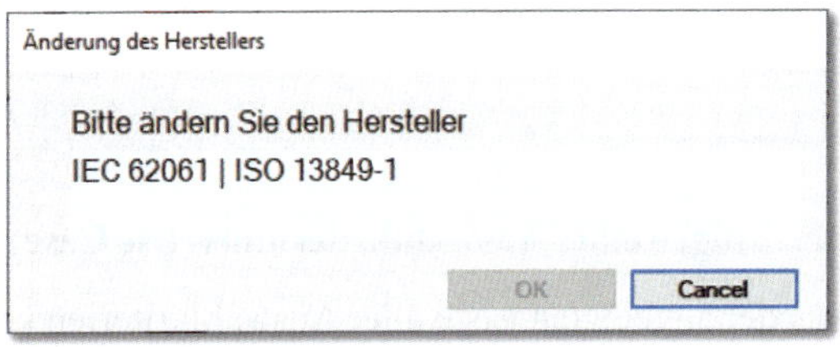 Wenn der Herstellername nachträglich geändert wird, dann werden die Einträge der bereits erstellten Typical-Komponenten aktualisiert
	Löschen eines Herstellers 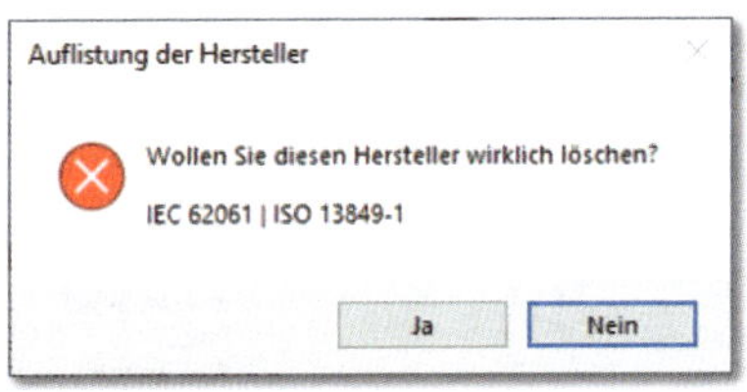 Alle Produktegruppen, Produktnamen, Auswahlkriterien werden entfernt, und die Einträge der bereits erstellten Typical-Komponenten werden entfernt.

Verwalten aller Auswahlkriterien (Use Cases)

Hier wird die Liste aller Auswahlkriterien hinterlegt, die für die Komponenten Auswahl hinzugefügt werden können.

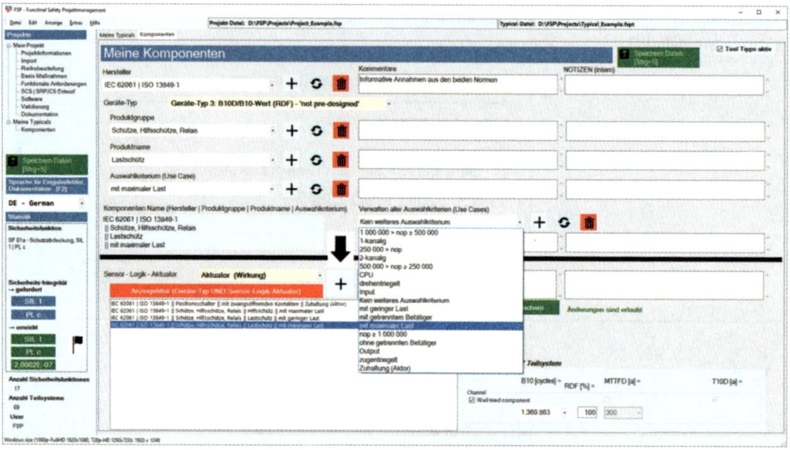

Hinzufügen eines Auswahlkriteriums (Use Case) für einen Produktnamen

Aus der angelegten Liste aller Auswahlkriterien kann dann für den Produktnamen ein neues Auswahlkriterium hinzugefügt werden, das rechts ausgewählt wurde unter „Alle Auswahlkriterien (Use Case)“

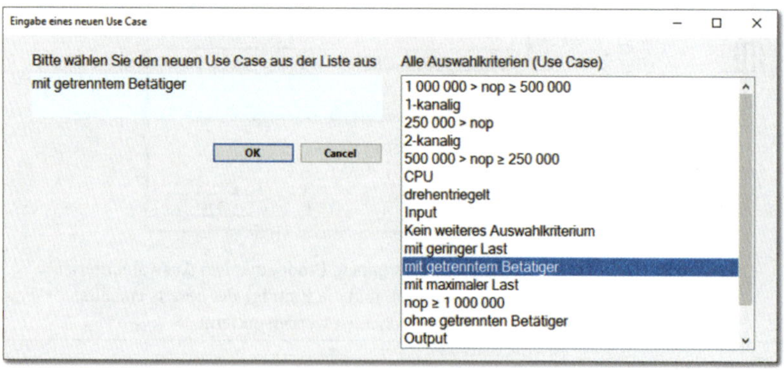

Ändern Hersteller, Produktgruppe, Produktname, Auswahlkriterium

Wenn, nachdem bereits in der Liste der Komponenten-Namen angelegt wurden, der Hersteller, Produktgruppe, Produktname, Auswahlkriterium im Nachhinein geändert wird, dann wird dies mit *Komponenten Name aktualisieren* angezeigt, und erst mit *Änderungen speichern* wird der Komponenten-Name aktualisiert.

Nachdem die Änderung übernommen wurde, ist dieser Listeneintrag aktualisiert worden.

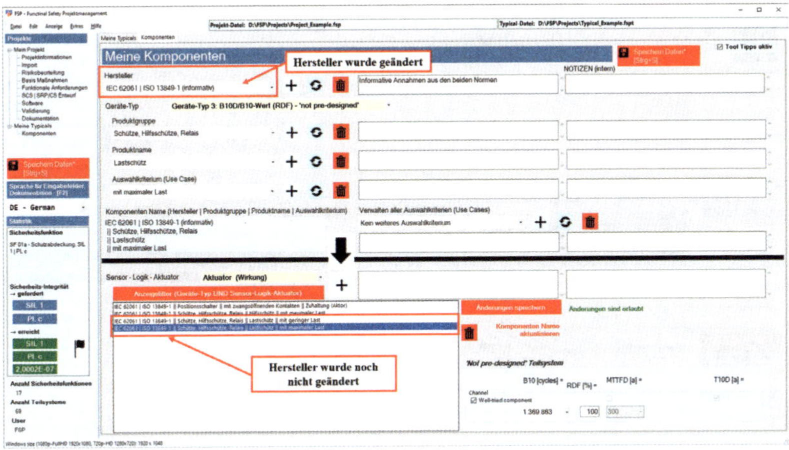

Alle Einträge, die aktualisiert werden sollen, können einzeln durch Anwahl jedes einzelnen Eintrags in gleicher Weise geändert werden. Diese Vorgehensweise erlaubt eine selektive und bewusste Änderung der Komponenten-Namen und verhindert eine automatische Aktualisierung.

Wenn ein Komponenten-Name geändert wurde, dann wird diese Komponente im Projekt unter der Lasche *SCS | SRP/CS* mit Änderungen speichern signalisiert, sobald ein Teilsystem ausgewählt wurde.

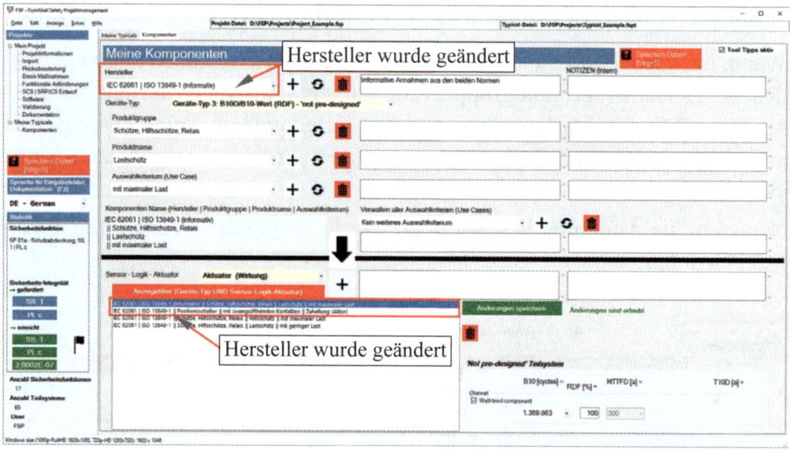
Meine Komponenten
Hersteller wurde geändert
Hersteller wurde geändert

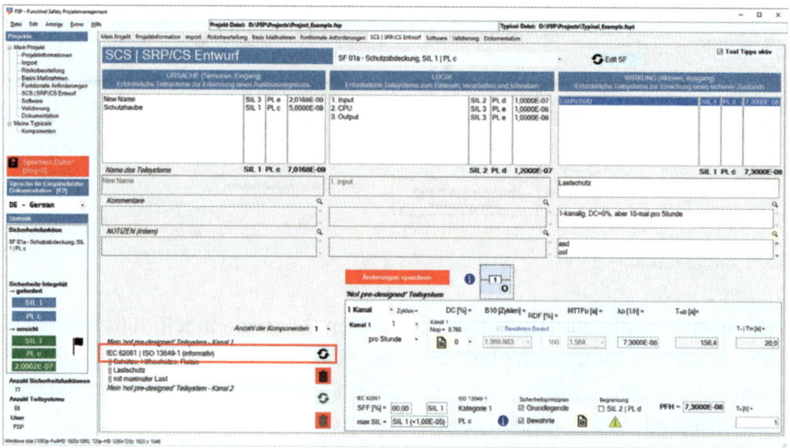
SCS | SRP/CS Entwurf